Informatik – Fachberichte

Informatik-Fachberichte

Herausgegeben von W. Brauer
im Auftrag der Gesellschaft für Informatik (GI)

92

Offene Multifunktionale Büroarbeitsplätze und Bildschirmtext

Berlin, 25.–29. Juni 1984
Proceedings

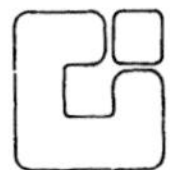

Herausgegeben von
F. Krückeberg, S. Schindler und O. Spaniol

Springer-Verlag Berlin Heidelberg GmbH

Herausgeber

F. Krückeberg
GMD Bonn
Postfach 1240, 5205 St. Augustin

S. Schindler
TU Berlin, Sekr. FR 6–3, FB 20
Franklinstr. 28/29, 1000 Berlin 10

O. Spaniol
RWTH Aachen, Lehrstuhl für Informatik IV
Templergraben 64, 5100 Aachen

CR Subject Classifications (1982): C. 2, H. 4.1, H. 4.3, I. 7

ISBN 978-3-540-15186-9   ISBN 978-3-662-09043-5 (eBook)
DOI 10.1007/978-3-662-09043-5

VORWORT

Das Thema "Offene Multifunktionale Büroarbeitsplätze und Bildschirmtext" steht für eine neue kommunikationstechnische Entwicklungsstufe, auf der sich unsere Gesellschaft in absehbarer Zeit ansiedeln wird. Im Vorfeld dieser gesamtgesellschaftlichen Reorganisation drängen sich neuartige und wichtige technisch-wissenschaftliche Fragestellungen. Auf Empfehlung der Fachgruppe "Rechnernetze" des Fachbereichs "Rechnerarchitektur und Betriebssysteme" hat die GI (unterstützt von der NTG) vom 25. bis 29. Juni 1984 diese erste Fachveranstaltung zu diesem Technologiekomplex durchgeführt — bisher hatten wir es in diesem speziellen Bereich ja lediglich mit Messen und ähnlichem zu tun. Den Vorsitz des Programmkomitees hatten F. Krückeberg und O. Spaniol.

Nach bewährtem Muster aus vergangenen Jahren wurden die ersten beiden Tage der Veranstaltung durch ein Tutorium genutzt, während die letzten drei Tage für die eigentliche Arbeitstagung zur Verfügung standen.

Die im Tutorium behandelten Themenbereiche kann man folgendermaßen zusammenfassen:

- Btx — Einführung, Technik und Anwendungsbeispiele.

- Textsysteme — Benutzerschnittstellen und zukünftige Entwicklungen.

- Telematikdienste und -geräte.

In der Arbeitstagung selbst haben Experten der einzelnen Teilbereiche ihre speziellen Kenntnisse zur Diskussion gestellt. Die fünf dafür verfügbaren halben Tage waren den folgenden Themenkomplexen gewidmet:

- Deutsche und europäische Rahmenbedingungen für Informationstechnik und Telematik.

- Btx — Dienst, Technik, Einsatz und Trends.

- Büroarbeitsplätze — Herstellerkonzepte und Neuentwicklungen.

- Dokumente — Bearbeitung und Umlauf.

- Bürotechnologie — Sicherheit, Analyse und Anwendungsbeispiele.

Sigram Schindler
-Tagungsleitung-

Inhaltsverzeichnis

EUROPÄISCHE AKTIVITÄTEN ZUR HARMONISIERUNG
NATIONALER PROGRAMME IN DER TELEINFORMATIK

K. Zander
Hahn-Meitner-Institut für Kernforschung Berlin GmbH
Bereich Datenverarbeitung und Elektronik
Glienicker Straße 100, 1000 Berlin 39

1. Einleitung
2. Die Situation
3. Die Motivation
4. European Harmonization Action
5. Die Auswirkungen
6. Ausblick in die Zukunft

1. EINLEITUNG

Information ist der erste und notwendige Schritt zur Kooperation.

Überall auf der Welt entstehen moderne und mehr oder weniger komplexe Informationssysteme, die letztlich über eine verbesserte
Kommunikationsmöglichkeit verschiedener Benutzergruppen nicht nur
im wirtschaftlichen Bereich bessere Betriebsergebnisse erwarten
lassen, sondern auch dazu dienen können, auf wissenschaftlichen
Gebieten neue Möglichkeiten zu einer (auch) interdisziplinären Kooperation zwischen Wissenschaftlern in der akademischen und indu-
striellen Welt zu schaffen. In der Bundesrepublik Deutschland einschließlich West-Berlin ist im Rahmen des neuen Informationstechnik-
Programmes der Bundesregierung neben den Gebieten Büroautomati-
sierung und Bildschirmtext in diesem Sinne auch das Deutsche For-
schungsnetz, ein "offener", heterogener Rechnerverbund für die Wissenschaft, mit Unterstützung durch das BMFT in Angriff genommen worden. Dadurch wird - wie in der Teleinformatik ganz allgemein - eine
Problematik deutlich, wie sie auch die hier auf dieser Tagung zu
behandelnden Themenkreise berührt: Innovative technische Entwicklungen sollen neuartige, effektive und transparente Kooperationsmöglichkeiten gestaltbar machen. In demselben Maße aber, wie die
Kommunikationsmöglichkeiten nicht nur innerhalb der Bundesrepublik
sondern auch europa- und weltweit qualitativ wachsen und als Infra-

struktur auch für eine internationale Zusammenarbeit geeignet sind, werden Kooperationsformen möglich, deren effektive Nutzung nicht selbstverständlich ist.

Diese neuartigen und für viele Anwender ungewohnten und ungewöhnlichen Möglichkeiten erzeugen automatisch ein Führungs- (Management-) Problem: Es gilt, diejenigen, die zu einer Kooperation fähig und auch willens sind, zu motivieren, ihre eigene wissenschaftliche Arbeit in einen Wettbewerb mit anderen zu stellen, den man wegen der denkbaren Effizienz einer Zusammenarbeit, der Schnelligkeit der Ergebnisdarstellung und einer daraus folgenden Transparenz des Wirkens einer Arbeitsgruppe als "Echtzeit-Wettbewerb" bezeichnen kann. Die Motivation, an die ich denke, ist nicht eine skalare, sondern eine vektorielle Größe. Es erscheint mir eine aufregende Herausforderung zu sein, junge Wissenschaftler für die Nutzung der neuen Kommunikationstechniken - vom einfachen Mail-System bis zum anspruchsvollen und leistungsfähigen Rechnerverbund - auszubilden und sie zielorientiert (gerichtet) in neuartige Aufgabenstellungen einzuweisen. Das Beispiel dezentralisierter und dennoch effektiv zusammenarbeitender Forscher- oder Arbeitsgruppen läßt uns hoffen, daß wir die Psyche des Echtzeitwettbewerbes und das damit nun einmal verbundene Risiko nachweisbarer Unzulänglichkeiten der eigenen Arbeit beherrschen lernen.

Ferner wird man davon ausgehen können, daß innerhalb der nächsten Jahre Tausende von Personalcomputern (PC's) ihren Einzug in die Universitäten und die Wirtschaft halten werden. Die Nutzung dieser ungeheuren (verteilten), immer leistungsfähiger werdenden Rechnerkapazität oder Intelligenz setzt deren Einbindung in lokale Netze voraus, die ihrerseits über Kommunikationssysteme der Weitverkehrsnetze oder Satellitenverbindungen gekoppelt sind. Eine Kopplung dezentraler Netze - mögen sie nun lokal oder bundesweit sein - mit anderen Netzen erfordert jedoch immer eine Harmonisierung des Netzverhaltens und der auf dem Netz ablaufenden Dienste. Selbst das Vorhandensein von internationalen Standards und Spezifikationen ist noch keine Garantie dafür, daß bei der Implementierung der erforderlichen Kommunikationssoftware kompatible Systeme entstehen. Internationale Standards sind häufig Produkte von Kompromissen oder lassen aus anderen Gründen Optionen zu, deren unterschiedliche Auswahl und Gebrauch selbst bei nur kleinen Abweichungen zu imkompatiblen Informationssystemen führen muß. Es ist deshalb eine notwendige aber auch schwierige Aufgabe, für eine Harmonisierung der verschiedenen nationalen Netze und deren Anwendungen zu sorgen. Dieses stellt insbesondere die Informationstechnologie (IT)-Industrie mitunter vor große Probleme. Müssen doch Schnittstellen offengelegt und in ihrer Funktionsweise hard- und softwarekompatible (multifunktionale) Endgeräte erstellt werden.

Hier kann auch die Wissenschaft als Nutzergemeinschaft solcher Systeme in der Diskussion über Spezifikationen und Festlegungen beim Aufbau von Informationssystemen eine hilfreiche katalysatorische Wirkung ausüben, indem sie ihrerseits Vorschläge zur Erstellung und Nutzung von Standards und Spezifikationen den zuständigen Gremien unterbreitet. In diesem Sinne soll über eine europäische Harmonisierungsaktion berichtet werden, die - wenn auch bezogen auf verschiedene nationale europäische Rechnerverbundsysteme - darlegen möchte, wie durch das Zusammenführen von motivierten und engagierten Spezialisten aus verschiedenen Mitgliedsstaaten der Europäischen Gemeinschaft (EG) Ergebnisse und damit Voraussetzungen erzielt wurden, die eine möglichst einheitliche europäische Ausrichtung der nationalen Programme mit ihren weitreichenden Auswirkungen auch auf Forschung und Entwicklung ermöglichen sollen.

2. DIE SITUATION

Die Existenz von leistungsfähigen postalischen (PTT) Netzwerken in den europäischen Ländern und deren Verbindung untereinander bieten eine solide Basis, um nationale Programme auch in der Teleinformatik (Telekommunikation) zu beginnen. Ein weiteres Fundament, um auch anspruchsvollere digitalisierte Dienste in Netzwerken anzustreben, ist das ISO-OSI (Open Systems Interconnection) 7-Schichten-Referenzmodell sowie die CCITT-Empfehlungen X.25 für Paketvermittlungs-Netzwerke.

In Europa sind beide Übereinkünfte gemeinhin akzeptiert, und alle nationalen Programme richten ihre Netzwerk-Architekturen und diejenige der angestrebten Kommunikationssoftware danach aus. Dazu bedarf es der ISO-OSI Standards für die verschiedenen Netzdienste und international anerkannter Absprachen für die Implementierung der Protokolle für die verschiedenen Schichten.

In der Anwendung der vorhandenen ISO-OSI-Standards gibt es jedoch praktisch keinen weit genug reichenden Konsens über die verschiedenen Implementierungsmöglichkeiten, die ihrerseits noch von der Einführung der verschiedenen Versionen der CCITT-X.25-Empfehlung abhängen. Die Auswirkungen von unterschiedlichen Implementierungen der Kommunikations-Software auf offene, heterogene Rechnernetzwerke sind fatal: Die bisherige Unverträglichkeit heterogener Rechner im Verbund wird durch die Inkompatibilität nationaler offener Verbundsysteme ersetzt.

Dabei ist das Investment von Geist und Geld in die nationalen Netzwerk-Programme beträchtlich - in der EG z. B. (geschätzt) etwa 300 Mio. DM -, und das bei gleicher oder doch annähernd gleicher Zielsetzung der zu erstellenden Endprodukte in Soft- und Hardware.

Für jedes nationale Programm gilt dabei der Erfahrungsgewinn und ein Know-how-Transfer zwischen Rechnern und Software-Herstellern und -Anwendern als erstrebtes weites Ziel einer Innovations-Diffusion zwischen allen Beteiligten. Entsprechend wird durch die nationalen Programme eine engere Kooperation zwischen Herstellern und Anwendern und jeweils untereinander nicht nur ermöglicht, sondern geradezu notwendig.

Insbesondere sollen aber auch neue Nutzergruppen identifiziert und an die entstehenden Techniken herangeführt werden, um rechtzeitig zu lernen, welche Funktionsmerkmale im Netz und Endgerät ihre Kooperationswünsche erfordern. Von hierher muß über multifunktionale, intelligente Arbeitsplätze vertieft nachgedacht werden, will doch niemand bei Benutzung sowohl der Telematik wie auch der Telekommunikationsdienste von etwa drei, vier oder noch mehr Bildschirmen umgeben sein. Denn ein typisches Merkmal zukünftiger Kooperationen wird die zunehmende Interdisziplinarität der Kooperationspartner sein, insbesondere dann, wenn eine Zusammenarbeit durch die Nutzung von Größtgeräten wie Beschleunigern oder Windkanälen sowie gemeinsamen Forschungseinrichtungen natürlicherweise Ländergrenzen überschreitet. Aber dort, wo auf den Verkehrsstraßen Schlagbäume den Verkehr behindern, müssen zwischen inkompatiblen nationalen Netzen Gateway-Rechner eingesetzt werden, um Dolmetscher-Funktionen zu übernehmen: Diese aber sind für alle Beteiligten zeit- und kostenaufwendig, wie die überflüssigen Schlagbäume an nationalen Ländergrenzen.

3. DIE MOTIVATION

Die Aufzählung dieser recht trivialen Tatsachen soll lediglich die absolut notwendige Kooperation zwischen den nationalen Netzwerkprogrammen auf dem Gebiet der Teleinformatik in Europa deutlich machen. Zumindest und gerade in den Mitgliedsstaaten der EG ist leicht einsehbar, daß eine Koordination der ohnehin anstehenden nationalen Anstrengungen nicht nur den Erfahrungsaustausch über Ländergrenzen hinweg verbessert, sondern auch unabwendbar beträchtliche Erweiterungsmöglichkeiten an intellektuellen und finanziellen Einsätzen mit sich bringt. Diese wiederum, in intelligenteren Lösungen z. B. für die Anwenderschichten investiert, könnten multiplikativen Nutzen für alle mit sich bringen.

Denn erst das Ziel einer europaweiten Zusammenarbeit und von Kooperationsmöglichkeiten im Rahmen harmonisierter nationaler Programme, d. h. in einem wirklich offenen europäischen Informations-Austauschsystem, schafft auch für die europäischen IT-Firmen den erwünschten größeren Markt.

4. EUROPEAN HARMONIZATION ACTION

Die dargelegte Situation ist auch für unsere europäischen Kollegen so einheitlich und selbstverständlich, daß es vielleicht nur eines Initialisierungsschrittes von West-Berlin aus bedurfte, um im Oktober 1983 in Brüssel mit Unterstützung der KEG - Task Force Information Technology - Vertreter von acht interessierten Ländern sowie des Forschungszentrums CERN zusammenzuführen. Unter dem Stichwort "European Harmonization Action - EHA -" sollten anstehende Fragen einer beschränkenden, aber zugleich einheitlichen Auswahl von Möglichkeiten (Optionen) aus den bereits vorhandenen internationalen Standards und Empfehlungen erörtert werden. Folgende nationalen Programme und Organisationen nahmen an der EHA teil:

    CEG (Commission of the European Communities)
    CERN
    Dänemark
    Deutschland (DFN)
    England (ALVEY-PROGRAMME)
    Frankreich (ARCHITEL)

Griechenland

Irland

Italien (OSIRIDE)

Niederlande,

sowie Vertreter der ISO[1], SC 6 und SC 16, und der ECMA[2].

Schon während dieser ersten Zusammenkunft wurde sehr schnell eine gemeinsame Strategie zur Harmonisierung der Implementierung der nationalen Programme zur Erstellung von Rechnernetzen ausgearbeitet. Im Rahmen des ESPRIT-Programmes, Abschnitt "Information Exchange Systems", fanden in schneller Folge sechs Arbeitstagungen statt:

20. Oktober	1983	Strategies
14./15. November	1983	Network Layer
19./20. Dezember	1983	Transport Layer
12./13. Januar	1984	Terminal Access
23./24. Januar	1984	LAN Operations
13./14. Februar	1984	Session Layer
17./18. Februar	1984	Terminal Access.

Die Ergebnisse wurden/werden von der WGS-OSC[3] (einer Einrichtung der Europäischen Kommission) redaktionell bearbeitet und in mehreren COS[4]-Papieren veröffentlicht. Sie stellen für

- Network layer services
- Transport layer protocol and services
- Session layer protocol and services sowie
- Triple x (x3, x28, x29) for terminal access

eine Auswahl von technischen Lösungen, Protokoll-Klassen und Untermengen von Definitionen dar, die von qualifizierten Experten der nationalen Programme und von Standard-Entwicklern getroffen wurden. Damit verfügen die Entwickler von Kommunikations-Software für die verschiedenen Protokolle über eine solide Basis für die zukünftige

---

[1] International Standardization Organization
[2] European Computer Manufacturer Association
[3] Working Group on Standardization, Subcommittee Open System Connection
[4] Common Use of OSI-Standards

Implementation neuer bzw. für die konvergierende Evaluierung älterer Software.

5. DIE AUSWIRKUNGEN

Die selbst unter dem Zeitdruck angelaufener nationaler Programme überraschend schnelle Einigung in der EHA über wesentliche Fragen der unteren Schichten offener Kommunikationssysteme wird, wenn auch indirekt, durch die Harmonisierung der nationalen Netze zu einem kompatiblen europäischen Informations-Austausch-System führen, das - basierend auf anspruchsvollen nationalen Programmen - neben ein ESPRIT Information Exchange System - EIES - tritt. EIES ist eine industrielle Entwicklung auf der Basis von UNIX-Arbeitsplatzrechnern und folgt ebenfalls der ISO-OSI-Architektur.

Eine enge Zusammenarbeit zwischen dem EIES und den in EHA vertretenen nationalen Programmen würde nicht nur weitgehende Kompatibilität der technnischen Lösungen in beiden Systemen sicherstellen, sondern auch den Austausch von Software-Entwicklungen zwischen den verschiedenen Netzen ermöglichen.

Schließlich wurden die EHA-Ergebnisse den zwölf großen europäischen Firmen auf dem Gebiet der Informationstechnik ("the 12") und der ECMA übermittelt, in der Hoffnung, auch hier in naher Zukunft zu einer wesentlichen Übereinstimmung in Grundfragen zu kommen.

Sicherlich wird man davon ausgehen können, daß noch von verschiedener Seite Anregungen kommen, diese oder jene Auslegung zu präzisieren oder zu ergänzen. Wichtig ist und bleibt, daß Bewegung in die Festlegung auf bestimmte Optionen und Verfahrensweisen gekommen ist.

6. AUSBLICK IN DIE ZUKUNFT

Auch Teilerfolge zählen, weil sie Hoffnung auf weitere geben. Und diese werden benötigt! Eine formale und nicht notwendigerweise vollständige Auflistung der noch anstehenden Themenkreise sieht wie folgt aus:

A: Presentation Layer

B: + File Transfer Access and Management (FTAM)
   + Message Handling System (MHS)
   + Grafik in Netzen (basierend auf dem Grafik-Kern-System GKS)
   + Job Transfer and Manipulation
   + Certification and Testing Policies
   + Formal Description Techniques
   + Distributed Data Bases

C: + Satelliten-Kommunikation
   + Videotext

D: Demonstrationsprojekte mit den großen 12 IT-Firmen und anderen in den oben genannten Gebieten.

Ein breit gefächertes Spektrum von Anwendungen wird damit beschrieben; sie nicht nur im nationalen, sondern im europäischen und darüber hinaus internationalen Rahmen anzugehen ist eine herausfordernde Aufgabe. Gilt es doch, nicht nur harmonisierte nationale Verbundnetze in Europa zu erstellen, sondern auch möglichst bald praktische Erfahrungen mit sehr komplexen verteilten Systemen zu gewinnen, die Tausende von Teilnehmern und Maschinen vereinen. Praktische Erfahrungen aber führen am ehesten zu vernünftigen, intelligenten Arbeitsplätzen und -Systemen.

So ist sie noch lange nicht am Ziel, die "European Harmonization Action", aber es lohnt sich, für sie zu arbeiten.

ANMERKUNG

Für viele Anregungen zur EHA, ihrer Durchführung und Darstellung auch in diesem Vortrag möchte ich mich bei meinen Mitarbeitern am HMI, insbesondere bei Herrn Dr. R. Popescu-Zeletin, bedanken.

Bildschirmtext-
Ein Fernmeldedienst der Deutschen Bundespost

Dipl.-Ing. Hans Utpadel
Bundesministerium für das Post- und Fernmeldewesen

Gliederung

1. Allgemeines
2. Grundprinzip
3. Die neue Systemtechnik
4. Der neue Darstellungsstandard in Verbindung mit der neuen Systemtechnik
5. Erweiterte Leistungsmerkmale
6. Ausblick

1. Allgemeines

Bildschirmtext, im Weiteren kurz Btx genannt, ist ein neuer
Fernmeldedienst der Deutschen Bundespost, der sowohl für den
privaten, wie auch für den geschäftlichen Nutzer von Bedeutung
sein kann. Nach einer Phase der Erprobung in Feldversuchen und
der Eröffnung eines eingeschränkten Dienstes nach dem neuen
Darstellungsstandard der CEPT - Konferenz der Europäischen
Verwaltungen für Post und Fernmeldewesen - beginnt nun der
bundesweite Ausbau der neuen Systemtechnik.

Durch eine hohe Standardisierung ermöglicht Btx die
universelle Verwendung von angeschlossenen Endgeräten. Ob es
nun Bildschirmgeräte einfacher Art, oder auch in Verbindung
mit Personal-Computern (PC)sind. Personal-Computer erlauben
in gewisser Weise eine Automatisierung der möglichen
Btx-Anwendungen. Aber es sei hier noch einmal verdeutlicht,
Btx ist von seinem Ursprung her für eine Mensch-Maschine-Kommunikation ausgelegt und dies wird seine

Leistungsmerkmale auch in der Zukunft prägen.

Die enge Einbindung von Btx in das bestehende Fernmeldenetz und ihre anwendungsbezogene Neutralität weisen der Deutschen Bundespost, wie den Fernmeldeverwaltungen in anderen Ländern auch, eine natürliche Trägerrolle für dieses technische System zu.

In der Bundesrepublik Deutschland versteht sich die Deutsche Bundespost bei Btx, wie bei ihren anderen Dienstleistungen, als technischer Mittler zwischen den Kommunikationspartnern. Sie nimmt dieses Medium nicht für sich in Anspruch, sondern stellt es den Interessierten zur Benutzung zur Verfügung. Damit ist es selbstverständlich, daß die inhaltsbezogenen Regelungen zum Btx in einem Staatsvertrag der Länder der Bundesrepublik Deutschland niedergelegt sind.

2.Grundprinzip

Bildschirmtextnutzer benötigen einen Fernsehempfänger neuer Generation mit einem "Bildschirmtext-Decoder". Dieser speichert die über die Fernsprechleitung empfangenen Informationen und wandelt sie in stehende Fernsehbilder -Bildschirmtextseiten- um. Zusätzlich zum Telefonanschluß ist eine sogenannte Anschlußbox erforderlich, welche den Fernsehempfänger an das Telefonnetz anpaßt.

Daneben werden, sich an einem Anschließungsort ständig wieder-holende Vorgänge, wie Anwahl der nächstgelegenen Btx-Vermitt-lungsstelle, Identifizierung des Anschlusses und die Durchführung von Prüfprozeduren von der Anschlußbox automatisch durchgeführt. Diese beiden Zusatzeinrichtungen - Btx-Decoder und Anschlußbox - genügen, um vom gewohnten Fernsehplatz aus Btx zu benutzen. Für den Dialog mit der Bildschirmtext-Zentrale wird die Fernbedienung des Fernsehempfängers verwendet.

Die Btx-Zentralen bilden die Schaltwerke des Btx-Systems. Sie vermitteln zu den Informationen der Anbieter, die in den Zentralen selbst zwischengespeichert sind oder stellen auf Wunsch des Nutzers Datenverbindungen zu den DV-Systemen der Anbieter her. Jede Btx-Zentrale versorgt einen bestimmten Einzugsbereich und stellt sicher, daß ihre Teilnehmer auch Zugang zu allen verfügbaren Informationen erhalten.

3. Die neue Systemtechnik

Um die Basis für einen Massendienst zu schaffen ist es notwendig, eine neue Systemtechnik einzusetzen. Die Anforderung, ausbaubar für eine große Anzahl von Teilnehmern bei günstiger Kostenstruktur zu sein, erfüllt ein hierarchisches Netzkonzept sicherlich am wirtschaftlichsten.

Eine Leitzentrale wird mit regionalen Btx-Vermittlungsstellen sternförmig verbunden, an welche die Teilnehmer angeschlossen werden. In der Leitzentrale, deren Standort in Ulm ist, sind alle Originaldateien gespeichert. D. h., jede Information der Anbieter aus dem gesamten Netz, alle Teilnehmerdaten oder auch persönlich adressierte Mitteilungen.

Ein Btx-Teilnehmer wird aber mit der Leitzentrale nicht direkt in Verbindung treten, sondern über seine regionale Btx-Vermittlungsstelle am Dienst teilnehmen, unabhängig ob er regionale oder bundesweite Angebote nutzt.

Die Btx-Vermittlungsstellen bestehen aus einer Anzahl von Rechnereinheiten, die entsprechend ihrer Lokation bestimmte Funktionen wahrnehmen.

Beginnend mit dem Teilnehmerrechner, der bis zu 100 Btx-Verbindungen gleichzeitig bearbeiten kann, wird der angeschaltete Teilnehmer zu den Informationen geleitet. Der Teilnehmerrechner als kleinste eigenständige Einheit verfügt über ein Speichervolumen von ca 50 000 Seiten. Ist die gesuchte Information nicht vorhanden, wird automatisch in der übergeordneten Ebene des Datenbankrechners nachgefragt. Bis zu 6 solcher Teilnehmerrechner greifen auf einen gedoppelten Datenbankrechner zu. Sein Speichervolumen beträgt ca 90 000 Seiten. Ist aber auch hier die Anfrage erfolglos, wird die Leitzentrale eingeschaltet.

Eingehende Untersuchungen haben gezeigt, daß bei dieser Größe der Speichervolumen des Teilnehmer- und Datenbankrechners nur in 2% aller Fälle eine Nachfrage in der Leitzentrale notwendig ist.

Die Kopie einer Original-Information der Leitzentrale gelangt also von dort über den Datenbankrechner in den Teilnehmerrechner des angeschalteten Teilnehmers und wird für weitere Abfragen zwischengespeichert. Steht keine freie Speicherkapazität mehr zur Verfügung, so wird die am Seltensten abgefragte Kopie gelöscht. Die abgefragte Information wird solange zwischengespeichert, bis sie entweder von dem Informationsanbieter überarbeitet, gelöscht oder sie das gleiche Schicksal wie die herausgealterte Kopie ereilt. Auf diesem Wege kann eine wirtschaftliche Datenübertragung gewährleistet werden. Bei der vorgehaltenen absoluten Daten- menge in der Leitzentrale kann man davon ausgehen, daß wenige Informationen regionalbezogen häufig, viele dagegen nur selten abgefragt werden. Die Speichervolumen vor Ort werden deshalb nur so bemessen wie nötig , um dem Teilnehmer ohne merkbarem Zeitverlust eine Information zuzuführen. Dieses Verfahren (Paging-Konzept) ist eine effiziente Zugriffsmethode für große Teilnehmerzahlen und viele Informationsseiten.

Externe Rechnerverbindungen unterliegen diesem Verfahren nicht. Es erfolgt über sogenannte Verbundrechner ein Durchschalten über das Datex-P-Netz zum angeschalteten Teilnehmer. Es werden hier, wie bei den Datenbankrechnern, bis zu 6 Teilnehmer-Rechner zusammengefaßt.

4. Der neue Darstellungsstandard in Verbindung mit der neuen Systemtechnik

Hauptanliegen der Standardisierung war es, den heute jeweils national begrenzten Buchstabenvorrat der in England, Frankreich und Deutschland eingesetzen Systeme so zu erweitern, daß alle europäischen, lateinischen Schriften darstellbar werden. Mit einem Repertoire von 316 Buchstaben, Ziffern und Zeichen wurde dieses Ziel erreicht. Bei einem Grundalphabet von nur 26 Buchstaben mag diese Zahl auf den ersten Blick recht hoch erscheinen, jedoch allein der Buchstabe A ist in Europa in 20 Variationen vertreten, wovon wir in Deutschland vier benutzen, nämlich A, a, Ä, ä, mitunter sogar noch als fünftes das `a. Und so unverzichtbar die Umlaute für die deutsche Sprache sind, so gilt Entsprechendes für die Sonderbuchstaben der anderen Länder.

Das graphische Gesicht der gegenwärtigen Bildschirmtext-Systeme wird im wesentlichen durch die flächenhaften Mosaikelemente geprägt.

Eine Schreibstelle wird dabei in 6 Rechteckfelder unterteilt, so daß sich 64 Kombinatsmöglichkeiten ergeben. Von dieser charakteristischen "Legographik" nimmt der neue Standard Abschied, da er zusätzlich 64 Zeichen mit Schrägflächenelementen und weitere 32 Zeichen mit Liniengraphiken für Tabellen und Diagramme enthält.

Alle Buchstaben und Graphikzeichen können im neuen Standard in beliebiger Kombination zwischenraumfrei nebeneinander gestellt werden.

Die Decoder können mit frei gestaltbaren Zeichen geladen werden, wodurch die graphische Leistungsfähigkeit von Bildschirmtext noch weiter verbessert wird. Hierfür steht in dem Decoder ein Zeichensatz mit 94 Plätzen zur Verfügung (Dynamically redefinable character set DRCS). Die Zeichen können bei Bedarf von Seite zu Seite neu gestaltet werden, ih-

re Form wird dabei in demselben feinen Punktraster übertragen,
in dem die Buchstaben des Grundzeichenvorrats abgebildet werden.

Mittels DRCS lassen sich nicht-lateinische Buchstaben (grie-
chisch, kyrillisch), einzelne Sonderzeichen (Messer und Gabel
für Speisewagen; Bad, Dusche, Telefon für Hotelbeschreibungen;
mathematische Symbole), zusammengesetzte Zeichen (chinesische
Schriftzeichen, Signets, Auszeichnungsschriften) sowie beliebig geformte Ränder von Flächengraphiken abbilden.

In einem Mehrfarbenmode können vier benachbarte Bildpunkte
eines DRCS-Zeichens eine individuelle Farbe erhalten. Damit
werden mehrfarbige Graphiken möglich, so daß sich künftig auch
die farbigen Linien eines U-Bahn-Plans an den Umsteigebahnhö-
fen problemlos kreuzen lassen.

Diese Komponenten geben Btx ein ansprechendes
Erscheinungsbild. Die hohe Bildpunktauflösung von 12 Punkten
je Schreibstelle, das sind 480 Punkte je Zeile, garantiert
eine extrem gute Schriftdarstellung und eine einwandfreie
Wiedergabe von Kleinflächengrafiken für Signets,
Firmenzeichen, aber auch für kleinere Abbildungen.

Nicht zuletzt hierdurch können Btx-Geräte die ergonomischen
Anforderungen einhalten, die an Bildschirmarbeitsplätze
gestellt werden. Durch eine Umschaltung von 24- auf
20-Zeilen-Betrieb ist dies sogar bei der kombination von
großbuchstabigen Umlauten mit Unterstreichung möglich.

Der Feldversuchs-Standard erlaubte die Verwendung von acht Vor-
dergrund- und Hintergrundfarben (einschließlich weiß und
schwarz) sowie als weitere Attribute die doppelte Schrifthöhe,
Blinken, gerasterte Mosaikgraphik, verdeckte Darstellung sowie
die Texteinblendung in das Fernsehbild bei Videotext-Betrieb.
Jeder Attributwechsel benötigte eine eigene Schreibstelle auf
dem Bildschirm. Dabei entstand entweder ein Zwischenraum mit
der gerade aktuellen Hintergrundfarbe oder das unmittelbar

davorstehende Mosaikzeichen wurde wiederholt (hold graphics).

Der neue Standard bringt als weitere wichtige Verbesserung die
zwischenraumfreie Umschaltbarkeit aller Attribute sowie zusätzlich die Möglichkeit, mehrere Attribute an derselben Schreibstelle zu verändern. Insgesamt werden in einer Textzeile bis
zu 40 Attribut- und Zeichengruppenwechsel möglich.

Auch hinsichtlich der Attribute selbst gibt es einige Erweiterungen: Schwarz wird als Vordergrundfarbe aktiviert, alle Farben werden sowohl in voller als auch in reduzierter Intensität
nutzbar sein. Die Hintergrundfarbe kann für den gesamten Bildschirm, d. h. einschließlich des heute immer schwarzen Randbe-
reichs, angegeben werden. Durch die neuen Attribute "transparente Farbe" und "Fenster" läßt sich Bildschirmtext mit
Fernsehbildern koppeln; eine wichtige Voraussetzung für die
künftige Verbindung mit der Laser-Bildplatte.

Als weitere Attribute stehen doppelte Schriftbreite (besonders
in Kombination mit der doppelten Schrifthöhe interessant),
Unterstreichen, Invertieren (Vertauschung von Vorder- und Hintergrundfarbe) sowie unterschiedliche Blinkphasen zur Verfügung. Ferner sind das Durchrollen von ganzen Seiten oder Teilen davon, sowie die Bereitstellung einer individuellen Farbpa-
lette vorgesehen. Als optionale Ergänzung für Spezialanwendun-
gen wird es möglich sein, Telesoftware, alphageometrische und
alphafotografische Darstellungen zu nutzen.

Die erweiterten Darstellungsmöglichkeiten ergeben naturgemäß
einen höheren technischen Aufwand im Btx-Decoder. Die
Weiterentwicklung der Halbleitertechnologie hat aber erreicht,
daß der CEPT-Decoder 1983 nicht teurer war, als der Decoder
nach altem Standard 1980. Die anfängliche Preisuntergrenze von
3000 DM für Btx-Endgeräte mit eingebautem Decoder bewegt sich
erfreulicher Weise nun auf 2000 DM zu.

Für den Informationsanbieter wird der neue Darstellungsstandard in Verbindung mit den erweiterten Leistungsmerkmalen
der neuen Zentralentechnik die Eingabe der meisten Seiten
vereinfachen.

Im Nachfolgenden sollen hier nur schlaglichthaft einige
Beispiele genannt werden:
  - Ein einziger Befehl färbt den gesamten Bildschirm
  - Zwischenraumfreier Attributwechsel
  - Fernladen von Zeichen und Farben ermöglichen im Sinne der
    "corporate identity" Verwendung von Firmenzeichen und
    Hausfarben
  - Hochauflösende Grafik erspart hierbei schirmfüllende
    Darstellung
  - Die Systemtechnik überwacht den Ladezustand des Decoders
    so, daß nur bei Anbieterwechsel oder notwendigen Änderun-
    gen der frei definierbaren Zeichen ein automatisches Laden
    erfolgt
  - Bis zu 3 Referenzsätze können für eine Btx-Seite
    herangezogen werden
  - Durch geschickte Dramaturgie des Bildaufbaus lassen sich
    Wartezeiten überbrücken
  - Sogenannte Combined-Seiten erlauben ein Überschreiben von
    Btx-Seiten bzw Seitenteilen

5. Erweiterte Leistungsmerkmale

Neben den aus den Versuchen und der Übergangsphase bekannten
Leistungsmerkmalen wird es eine ganze Reihe von
Vereinfachungen, Erweiterungen und Verbesserungen geben.

Dies kann nicht alles vom ersten Tag an zur Verfügung gestellt
werden, wird aber in weiteren Ausbaustufen realisiert,ohne zum
Beispiel auf die weitere Verwendbarkeit von angeschlossenen
Endgeräten Einfluß zu nehmen.

Einige Änderungen seien hier aufgezeigt:
- Telefonnummer wird gleich der Btx-Nummer sein
- Anbietervergütung wird als 0,00 DM ausgewiesen
- Ankündigung der Anbietervergütung in der Fußzeile vorab,
  alte Seite bleibt solange auf dem Bildschirm, bis durch
  Eingabe von # Abruf erfolgt
- Eingegangene Mitteilungen werden in Übersichtslisten ein-
  getragen
- Geschlossene Benutzergruppen können mit verschiedenen
  Berechtigungsklassen erstellt werden
- In der nächsten Stufe lassen sich Mitbenutzer einrichten,
  deren Gebühren und Vergütungen zwar beim Teilnehmer
  verrechnet werden, die aber sonst weitgehend den Dienst
  eigenständignutzen
- Neben den bundesweiten Angeboten ist dann auch eine Regio-
  nalisierung der Angebote möglich. Abgrenzungen werden den
  31 Regierungsbezirken entsprechen
- Angebote fremder Regionen können von den Teilnehmern gegen
  eine zusätzliche Gebühr abgerufen werden.
- Neue Systematik der Leitseitennummerierung, Leitseiten
  bundesweiter Angebote beginnen mit 2 ---- 6, regionalen
  Teilangeboten wird die Ziffer 8 vorgestellt. Rein regionale Angebote beginnen mit der Ziffer 9

Die Elemente einer Btx-Seite seien hier nur angedeutet, da in
der Kürze der zur Verfügung stehenden Zeit auf die vielfälti-
gen Möglichkeiten nur schlaglichthaft eingegangen werden kann.
In dem, von der Deutschen Bundespost den Informationsanbietern
zur Verfügung gestellten Handbuch zur Nutzung des
Online-Editors wird aber dieser Teil eingehend behandelt.
- Gesamtvolumen einer Seite beträgt maximal 1900 Byte
- Durch Verkettung können größere Informationsmengen zu
  einer Darstellungseinheit zusammengefaßt werden
- Eine Vielzahl von Steuerinformationen können neben dem
  Bildinhalt genutzt werden
- Der Text für Zeile 1 und 20/24
- Der Seitenkopf
- Die Auswahlmöglichkeiten

- Die Decoderdefinitionen (max 3)
- Die Hinweiszeilen für Dialogfelder und bestehende Schlag-
  wortverknüpfungen

Im Seitenkopf werden alle Angaben über die Seite
eingeschrieben. Es können bis zu 300 Byte Speicherplatz
hierfür benötigt werden.
Für die Identifikation der Seite werden Seitennummer (maximal
16-stellig), Blattangabe (a,b...) und Bereichskennzahl
benötigt, um damit den Inhaber der Seite und den regionalen
Gültigkeitsbereich zu bestimmen. Beim Typ der Seite wird
zwischen Informationsseite, Dialogseite, Mitteilungsseite,
Übergabeseite zu einem externen Rechner und Formatservice-
seite, die von einem externen Rechner zur Anzeige gebracht
werden kann, unterschieden. Zusätzlich muß angegeben sein, ob
es sich um eine Leitseite handelt, ob die Seite als Combined-
seite die vorangegangene Seite überschreiben soll, ob es sich
um ein letztes Blatt einer Seite handelt oder ob ein verkette-
tes Blatt folgt, das ohne besondere Teilnehmeranforderung
automatisch ausgegeben werden muß. Auch der Status der Seite
erfordert eine Reihe von Festlegungen: ob der Zugriff freige-
geben oder gesperrt ist, ob in die Seite persönliche Daten aus
dem Teilnehmersatz eingesetzt werden sollen, ob die Seite
Werbung enthält, damit bei der automatischen Aufnahme eines
Verweises in das Schlagwortverzeichnis die Kennzeichnung mit
dem Buchstaben "W" vorgenommen werden kann, ob für die Seite
die später vorgsehene Abrufzählung erfolgen muß, ob die Seite
einstellige oder zweistellige Auswahlmöglichkeiten enthält, ob
die Seite eine Zugriffsbeschränkung für eine geschlossene
Benutzergruppe enthält, ggf. einschließlich des entsprechenden
Berechtigungscodes und schließlich ob der Anbieter für diese
Seite eine Vergütung verlangt und wie hoch diese Vergütung
ist.

Besondere Dastellungsmerkmale werden ebenfalls im Seitenkopf
eingetragen.

6. Ausblick

Es hat sich gezeigt, daß die Entwicklung der neuen Systemtechnik das größte zu realisierende Datenverarbeitungsprojekt in der Bundesrepublik Deutschland ist. Aufgetretene Verzögerungen haben aber keinen Einfluß auf den flächenmäßigen Ausbau und damit auf den Zugang für Btx-Teilnehmer zu Orts-/Nahgebühren. Noch im Jahre 1985 wird der Zugang zu dieser Gebühr für alle Btx-Teilnehmer realisiert sein. Nicht zuletzt die positive Entwicklung auf dem Endgerätebereich, wie sie sich auf der Hannover-Messe dieses Jahres abzeichnete, wird die Voraussetzung schaffen, daß die Planzahlen der Deutschen Bundespost in den nächsten Jahren erreicht werden.

P. Wickertsheim (IBM)

Technische Realisierung von Btx für die Deutsche Bundespost

Gliederung

o   Das IBM Konzept

o   Das Paging-Verfahren

o   Die Btx-Leitzentrale

o   Die regionalen Btx-Vermittlungsstellen

o   CEPT und seine Vorteile

o   Einheitlich Höhere Kommunikationsprotokolle

Die neue Btx-Zentralentechnik - IBM Konzept und Realisierung

Als Ergebnis einer Ausschreibung erhielt die IBM Deutschland GmbH
im November 1981 von der Deutschen Bundespost den Auftrag, den Bildschirmtext-Dienst als Regeldienst zu realisieren. Mit seinen Dimensionen handelt es sich bei diesem Projekt um eines der bedeutendsten
der 80er Jahre im Bereich der Kommunikationstechnik.

Die Programmierung der Anwendungsprogramme des Btx-Dienstes ist abgeschlossen. Während der nächsten Monate werden die schon seit länge-
rem laufenden Testarbeiten fortgeführt, um das System zu stabi-
lisieren und die dabei gewonnenen Erkenntnisse zu implementieren.

Es ist das Ziel der Deutschen Bundespost, der großen Zahl von Benutzern, von denen viele keine Datenverarbeitungsfachleute sind, einen
sicheren und zuverlässigen Dienst zur Verfügung zu stellen. Diesem
Ziel fühlt sich die IBM Deutschland verpflichtet.

Das IBM Konzept

Das IBM Konzept Abbildung 1 (s. Anhang) beruht auf einer Rechner-
und Datenbank-Hierarchie. Dazu gehören:

- 	Die Btx-Leitzentrale. Sie ist das Kontrollzentrum des gesamten
	Btx-Dienstes, sie steuert und verwaltet das gesamte Btx-Netz.
	Hier werden alle Daten und Informationsseiten (eine "Informa-
	tionsseite" ist der Inhalt eines Bildschirmes) in der zentralen
	Original-Datenbank geführt.

- 	Die regionalen Btx-Vermittlungsstellen. Hier befinden sich
	Teilnehmer-Rechner, Datenbank-Rechner und Verbund-Rechner.

	Die untere Rechnerebene sind die Teilnehmer-Rechner, über
	welche die Btx-Teilnehmer mit dem Btx-Dienst verbunden sind.
	Die Teilnehmer-Rechner haben für die angeschlossenen Teilnehmer

einen großen Teil der Informationsseiten der Btx-Leitzentrale
als Duplikat gespeichert und können die Mehrzahl der Wünsche
ihrer Benutzer selbständig erfüllen.

Als zweite Ebene in den Btx-Vermittlungsstellen dienen die
Datenbank-Rechner, die darüber hinaus die in dieser Region
häufig gefragten Informationsseiten gespeichert halten. Sie
sind für die Bereitstellung und Sicherung aller von den
Teilnehmer-Rechnern benötigten Daten zuständig und stellen das
Bindeglied zur Btx-Leitzentrale dar.

Die Verbund-Rechner schließlich bilden die Schnittstelle zu
externen Rechnern solcher Informationsanbieter - die über die
Speicherung von Informationen im Btx-System der Deutschen
Bundespost hinausgehend - erweiterte Informations- und Service-
angebote auf ihren eigenen Rechnern bieten wollen.

Das Paging-Verfahren

Bevor auf die Btx-Leitzentrale und die Btx-Vermittlungsstellen näher
eingegangen wird, soll vorab das sogenannte Paging-Verfahren und die
Datenbank-Hierarchie kurz erläutert werden.

Es ist in vielen EDV-Anwendungen nachgewiesen, daß ein relativ
kleiner Teil der Informationen häufig abgefragt wird und relativ
viele Informationen nur sehr selten benötigt werden. Gelingt es, die
"richtigen" Informationen herauszufinden, so kann man mit relativ
wenig gespeicherten Informationsseiten einen Großteil der Benutzerwünsche befriedigen. Hierin liegt die Stärke des "Paging-Ver-
fahrens", für das sich die IBM entschieden hat.

Für die Verbindlichkeit und die Verwaltung der im Btx-System gespeicherten Informationsseiten ist es unumgänglich notwendig, daß ein
einziger, zu einem Zeitpunkt gültiger Bestand an Informationsseiten
existiert, die "Original"-Datenbank, die von dem betreffenden Informationsanbieter jederzeit einfach und für das gesamte Btx-System verbindlich auf den neuesten Stand gebracht werden kann. Diese Origi-

nal-Datenbank wird in der Btx-Leitzentrale geführt. Alle in der
Hierarchie untergeordneten lokalen Datenbanken, sowohl die der
Datenbank-Rechner als auch die der Teilnehmer-Rechner, arbeiten nur
mit gültigen Kopien der für diese Bereiche relevanten Informationsseiten aus der zentralen Original-Datenbank.

Mit diesem Verfahren können schon vom Teilnehmer-Rechner bis zu 95 %
der Benutzerwünsche beantwortet werden. Verlangt ein Teilnehmer eine
Informationsseite, die im Teilnehmer-Rechner nicht gespeichert ist,
so fordert der Teilnehmer-Rechner die gewünschte Seite von der
nächsthöheren Ebene an, vom Datenbank-Rechner. Ist diese Seite auch
dort nicht verfügbar - was statistisch nur noch in etwa 2 % der
Fälle wahrscheinlich ist - so wird die Seite direkt aus der Original-Datenbank abgerufen und lokal gespeichert. Um hierfür Platz zu
schaffen, wird nach einem bestimmten Algorithmus die dann jeweils
unwichtigste, weil am wenigsten abgefragte, oder zwischenzeitlich
als "geändert" gekennzeichnete Seite, lokal gelöscht. Schon für den
nächsten Teilnehmer dieser Region, der die soeben benötigte und neu
eingelagerte Seite ebenfalls abrufen möchte, ist diese bereits lokal
verfügbar.

Möchte ein Informationsanbieter eine seiner Informationsseiten
ändern, so muß diese nur an einer einzigen Stelle, nämlich in der
Original-Datenbank in der Btx-Leitzentrale, geändert werden. Sofern
diese Seite auch in regionalen Datenbanken gepeichert ist, genügt
dort eine einfache "Markierung" der zu korrigierenden Seite, um sie
als ungültig zu kennzeichnen. Bei der nächsten Abfrage eines Teilnehmers wird die neue gültige Seite aus der korrigierten Original-
Datenbank abgerufen und regional gespeichert. Sie steht dann wieder
für alle Teilnehmer in dieser Region zur Verfügung.

Die Vorteile dieses Konzeptes sind,

- daß bis zu 98 % der Informationswünsche bereits lokal in der
  betreffenden Btx-Vermittlungsstelle abgedeckt werden können,
  obwohl nur ein Bruchteil der Informationsseiten, nämlich die
  häufig benötigten, im Teilnehmer-Rechner bzw. Datenbank-Rechner
  vorhanden ist. Dies bedeutet kurze Antwortzeiten für den Teilnehmer,

- daß nicht der Ballast von selten benötigten Informationsseiten
  in alle Bereiche des Btx-Netzes übertragen werden muß. Dies vermeidet Leitungs- und Rechnerbelastung,

- daß es mit der zentralen Original-Datenbank eine einzige gültige Version von Informationsseiten gibt, die unter Kontrolle des
  betreffenden Informationsanbieters steht und von ihm jederzeit
  einfach und sofort systemweit wirksam aktualisiert werden kann,

- daß sich weder der Betreiber, die Deutsche Bundespost, noch
  der Informationanbieter um die richtige Verwaltung und die
  aktuelle Verteilung der Informationsseiten kümmern müssen,

- daß jeder Bedarfssteigerung in bestimmten Regionen einfach und
  schrittweise durch die Installation einer zusätzlichen Btx-Vermittlungsstelle in diesem Bereich begegnet werden kann. Somit
  ist langfristig eine praktisch unbegrenzte Teilnehmerzahl ohne
  Änderung des Grundkonzeptes möglich.

In dem bewährten Konzept eines hierarchischen Rechnernetzes werden
auch zwei an sich völlig entgegengesetzte Forderungen erfüllt:

- Die Forderung nach lokaler Selbständigkeit und Ausfallsicher-
  heit, denn die örtlichen Btx-Vermittlungsstellen arbeiten weitgehend selbständig und

- die Forderung nach der notwendigen Steuerung und Verwaltung
  des Btx-Netzes durch die Btx-Leitzentrale und nach Integrität

und Aktualität des gespeicherten Informationsangebotes im gesamten Btx-System durch die Original-Datenbank und durch das Paging-Verfahren.

Die Btx-Leitzentrale

Die Abbildung 2 gibt einen Überblick über die Struktur der Btx-Leitzentrale. Ein wesentlicher Gesichtspunkt bei der Systemauslegung für den Btx-Dienst ist die Verfügbarkeit. Bei der vorliegenden Konzeption heißt das: Anstelle eines einzigen Rechners, der alle Aufgaben gleichzeitig bewältigen kann, wurden zwei Modelle mit jeweils geringerer Leistung gewählt. Die beiden Rechner IBM 3083 teilen sich die Aufgaben. Dabei ist die Modellgröße so gewählt, daß bei Ausfall eines Rechners alle kritischen Funktionen vom jeweils anderen Rechner des Duplex-Systems wahrgenommen werden können.

Außer den zentralen Rechnern sind in der Btx-Leitzentrale folgende Systemkomponenten installiert:

-   Netzwerk-Rechner

    Die Netzwerk-Rechner (IBM Serie /1) stellen die Verbindung zu den Btx-Vermittlungsstellen über das Btx-Infranetz her.

-   Netzwerk-Management-Rechner

    Die Netzwerk-Management-Rechner (IBM Serie /1) übernehmen die Steuerung des Btx-Netzes über die angeschlossenen Bediener-Konsolen des Netzkontroll-Zentrums.

-   Verbund-Rechner 1 (VR 1)

    Die in der Btx-Leitzentrale installierten Verbund-Rechner (IBM Serie /1) verbinden die externen Informationsanbieter mit der Btx-Leitzentrale über Datex-P und EHKP zum Zwecke des Austauschs von Btx-Seiten (Bulk Transfer) und stellen zusammen mit den Netzwerk-Rechnern die zentrale Serie /1-Schnittstelle dar.

Aufgabenverteilung

Die Funktionen der Btx-Leitzentrale werden im Normalbetrieb auf die beiden Rechner IBM 3083 verteilt. Dabei übernimmt ein Rechner als Kommunikationsprozessor die Bearbeitung aller von den Vermittlungsstellen kommenden Abrufe auf die Datenbestände sowie die Netzwerk-Steuerung. Der andere Rechner arbeitet als Verwaltungsprozessor und ist zuständig für alle Änderungen in den Datenbeständen, wie z.B. "Page-Update" durch Informationsanbieter, Btx-Teilnehmer-Anmeldungen über die Bedienerplätze und die Stapelverarbeitung für Gebührenabrechnung oder statistische Auswertungen.

Btx-Netzwerk-Steuerung

Wenn der Bildschirmtext-Dienst für den Benutzer attraktiv sein soll, ist eine hohe Verfügbarkeit des Gesamtsystems eine wesentliche Voraussetzung. Die Verfügbarkeit eines komplexen Rechnernetzes kann nur dann gut sein, wenn jederzeit zentral ein Überblick über alle wichtigen Ereignisse vorhanden ist und bei Ausnahmesituationen rasch eingegriffen werden kann. Daher werden von der Btx-Leitzentrale aus das Netz und die Btx-Vermittlungsstellen überwacht, Fehler erkannt und analysiert. Entsprechend der Analyse sorgt das Programm dafür, daß der unterbrochene Betrieb sofort wieder aufgenommen wird. Für die Aufgaben der zentralen Steuerung, der Wartung und der Störungsdiagnose werden IBM Standardprodukte eingesetzt, die jedoch um Funktionen erweitert wurden, die sich aus den Besonderheiten des Bildschirmtext-Dienstes ergeben.

Die regionalen Btx-Vermittlungsstellen

Die Abbildung 3 zeigt die Systemauslegung einer Btx-Vermittlungsstelle, die aus Teilnehmer-, Datenbank- und Verbund-Rechnern besteht, die über eine Prozessor-Ringleitung kommunizieren. Teilnehmer-, Datenbank- und Verbund-Rechner sind in ihrer technischen Auslegung weitgehend gleich, unterscheiden sich jedoch in ihren Anschlußverbindungen (Leitungsanschlüsse).

Die Bildschirmtext-Teilnehmer kommunizieren mit ihren Btx-Terminals
über das Ortsnetz mit den Teilnehmer-Rechnern der ihnen zugeordneten
Btx-Vermittlungsstelle.

Die Teilnehmer-Rechner (IBM Serie /1) kontrollieren jeweils eine
Gruppe von ca. 100 Leitungsanschlüssen. Sie sind bei der direkten
Kommunikation mit den Teilnehmern für die Abwicklung aller hieraus
entstehenden Aktivitäten verantwortlich (z.B. An- und Abmeldeverfah-
ren, Seitenabfragen, Gebühren, Statistiken). Alle Teilnehmer-Rechner
sind innerhalb einer Btx-Vermittlungsstelle mit den Datenbank-
Rechnern über eine Ringleitung verbunden. Die Datenbank-Rechner
(IBM Serie /1) sind für die Verwaltung (Bereitstellung) und
Integrität (Sicherung) aller von den Teilnehmer-Rechnern benötigten
Daten (z.B. Seiten, Benutzerinformation) verantwortlich. Sie stellen
das Bindeglied zur obersten Ebene in der Rechnerhierarchie (Btx-
Leitzentrale) dar.

Im Falle der Kommunikation eines Btx-Benutzers mit einem externen Informationsanbieter (Gateway-Funktion) wird vom Teilnehmer-Rechner
über den Verbund-Rechner 2 (VR 2, IBM Serie /1) ein sogenanntes SVC
(Switched Virtual Call) zum Rechner des Anbieters über das Datex-
P-Netz geschickt. Die in diesem Dialog aufgerufenen Informationsseiten unterliegen jedoch nicht dem Paging-Algorithmus und werden
somit auch nicht für spätere Abfragen anderer Teilnehmer gespeichert.

Das Konzept der IBM erlaubt es, die Btx-Vermittlungsstellen individuell und kostengünstig der Anzahl der in einem Bereich zu ver-
sorgenden Btx-Teilnehmer anzupassen.

CEPT* und seine Vorteile

*)   Conférence Européene des Administrations des Postes et des
      Telecommunications.

Das von der IBM entwickelte Bildschirmtext-System wird den neuen
CEPT-Standard verwenden, auf den sich die Konferenz der europäischen

Post- und Fernmeldeverwaltungen für Videotex-Systeme 1981 geeinigt
hat. Damit wird technisch die Möglichkeit eines übernationalen Btx-
Verbundes mit grenzüberschreitender Nachrichtenübermittlung für
Europa geschaffen.

Die Vorteile des CEPT-Standards sind:

- Europäisch einheitlicher Zeichensatz in allen Terminals,
  348 genormte Zeichen für die Darstellung aller in Europa verwendeten Zeichen, Sonderzeichen und Umlaute, 153 Mosaikzeichen
  und Strichzeichen für einfache Grafiken.

- Erweiterung auf 16 Vordergrundfarben, 16 Hintergrundfarben und
  Flächenfarben über den gesamten Bildschirm. Dies erlaubt rund
  4.000 Farbkombinationen. Durch Einbeziehung der Farbe "transparent" kann der Terminalbenutzer auf Hintergrundbilder oder
  Hintergrundfilme "durchblicken", welche von angeschlossenen
  Peripheriegeräten (Bildplatten etc.) programmgesteuert einge-
  spielt werden.

- Hochauflösende Grafikdarstellungen über ladbare frei definier-
  bare Zeichensätze im Raster 10 x 12 und Farbwechselmöglich-
  keiten pro Rasterpunkt.

- Steuerzeichen im Hintergrundpuffer. Es sind alle 960 Positionen des Schirmes benutzbar, die Attribute sind in einem
  zweiten Puffer dahinter (Stack Modell). Der Terminalpuffer ist
  allerdings dann 2 x 960 Positionen groß.

- Drei-Phasen-Blinken für die Darstellung von einfachen Bewe-
  gungsabläufen.

- Zwei Bildformate von 24 Reihen x 40 Positionen (960 Darstel-
  lungspositionen) in allen Terminals, Fernsehgeräten und kommerziellen bildschirmunterstützten Arbeitsplätzen.

-   Neue Übertragungsprozeduren für alle Terminals, 8-Bit-
    Start-/Stop-Zeichen, Basic-Mode-Protokolle (BSC ähnlich) und
    geprüfte Übertragung durch CRC-Prüfzeichen. Die Verwendung der
    Basic-Mode-Protokolle erleichtert den Übergang auf die später
    geplanten synchronen Datennetze mit HDLC-Protokollen.

Einheitlich Höhere Kommunikationsprotokolle (EHKP)

Für Datenverarbeitungsfachleute noch einige Bemerkungen zu EHKP. Die
Einheitlich Höheren Kommunikationsprotokolle (EHKP) dienen der Normierung der Übertragungsfunktionen zwischen den Btx-Vermittlungsstellen und den externen Rechnern. Nach dem ISO/OSI-Schichten Modell
für Offene Systeme wird der Datentransport zwischen zwei Rechnern in
sieben Schichten aufgeteilt (Abbildung 4).

Die Schichten (Ebenen) 1 bis 3 sind in der X.25-Norm international
festgelegt und von der DBP im Datex-P-Netz implementiert. IBM unterstützt diese drei Schichten durch das Programmprodukt "X.25 NCP
Packet Switching Interface (NPSI)". Mit Hilfe dieser Ebenen ist für
den Transport der Daten in einem Netzwerk von Knotenpunkt zu Knotenpunkt gesorgt. Eine Kontrolle vom Absender zum Empfänger ist dabei
nicht vorgesehen, d.h. es ist durchaus möglich, daß eine Nachricht
unbemerkt verloren geht. Diese Kontrollfunktion des Nachrichten-
flusses übernimmt erst die nächsthöhere Ebene mit EHKP 4. Durch
diese Ebene 4 wird über alle zwischen Anfangs- und Endpunkt liegenden Knoten eine Transportverbindung hergestellt, auf der die Ebene 5
einen Teilnehmer-Dialog aufbauen kann.

Basierend auf EHKP 4 Version 2.0 werden folgende Funktionen realisiert:

o   Verbindungsaufbau und -abbau des Basisdienstes
o   Transportprotokolle des Basisdienstes

Die Ebenen 6 (Daten-Darstellung) und 7 (die eigentliche Anwendung)
werden für Btx erstmalig spezifiziert und von IBM implementiert. In
Zusammenarbeit mit der Deutschen Bundespost entwickelt die IBM erst-

malig die Protokolle für die Ebene 6, einschließlich der Ausarbeitung des Protokoll-Handbuches. Ein Rückgriff auf Bewährtes ist hier nicht möglich. Erst damit wird die Voraussetzung geschaffen, über herstellerunabhängige Protokolle die Kommunikation zwischen bzw. zu beliebigen Rechnern zu unterstützen. Diese müssen allerdings ebenfalls analoge Programme verwenden.

Btx-Netzwerk

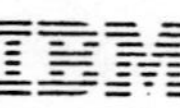

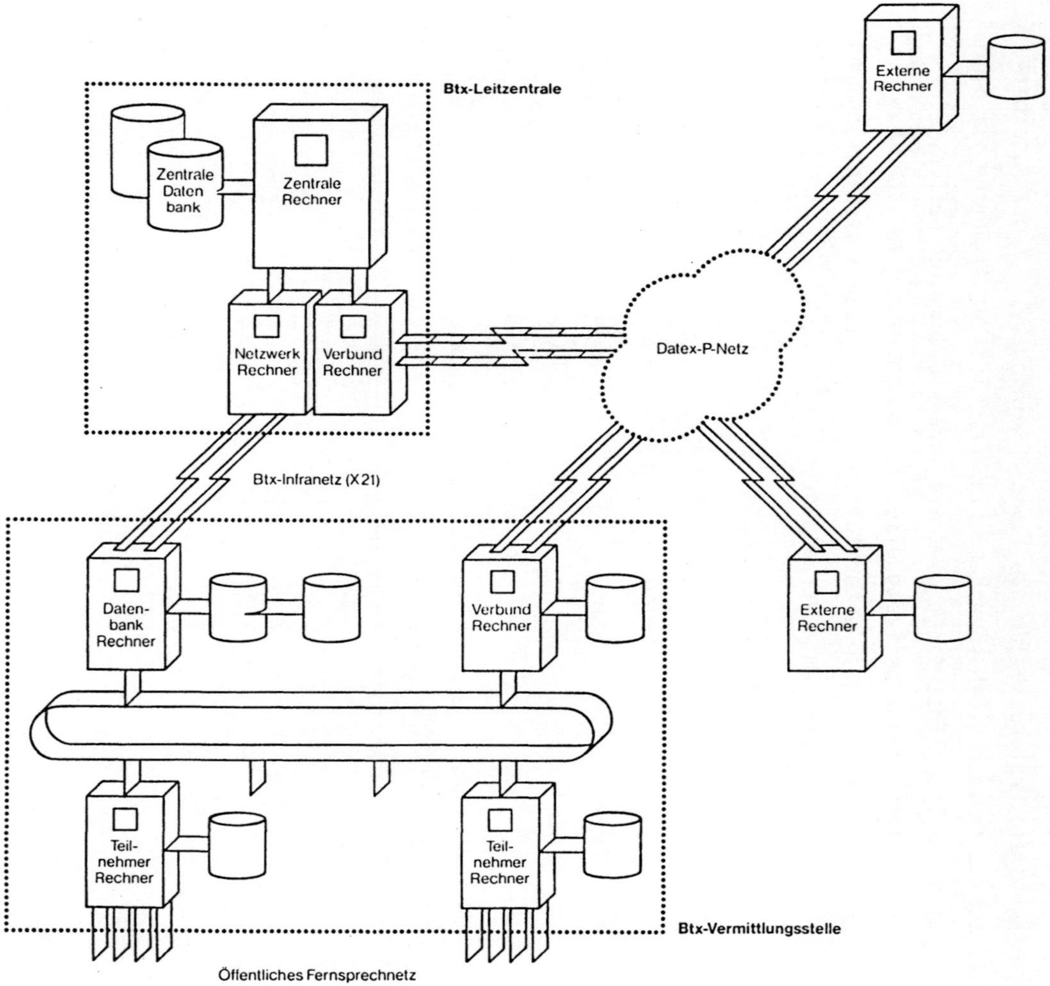

Die Btx-Leitzentrale

IBM 3083
Verwaltungs
Rechner

IBM 3083
Kommunikations
Rechner

Verbund
Rechner
(VR 1)

Netzwerk
Rechner

Netzwerk
Rechner

Datex-P-Netz

Externe
Rechner

Externe
Rechner

Btx-Infranetz

Btx-Vermittlungsstellen

Btx-Vermittlungsstelle

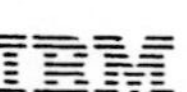

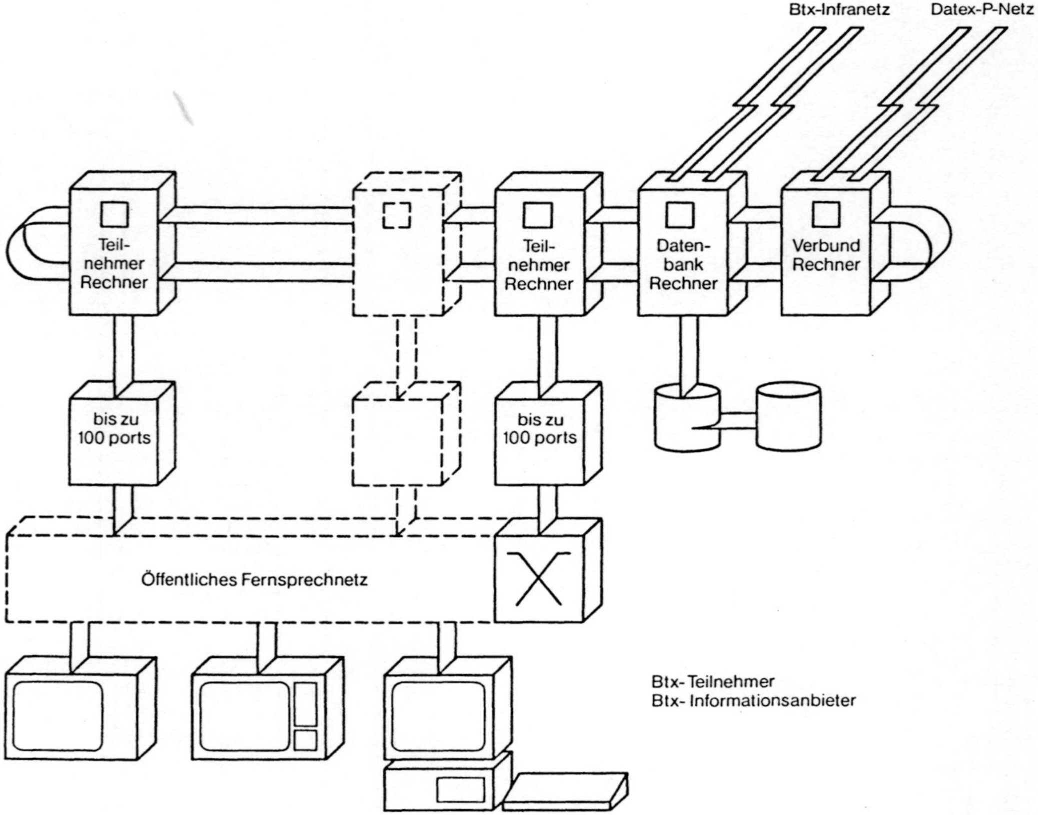

Das ISO/OSI Sieben-Schichten-Modell

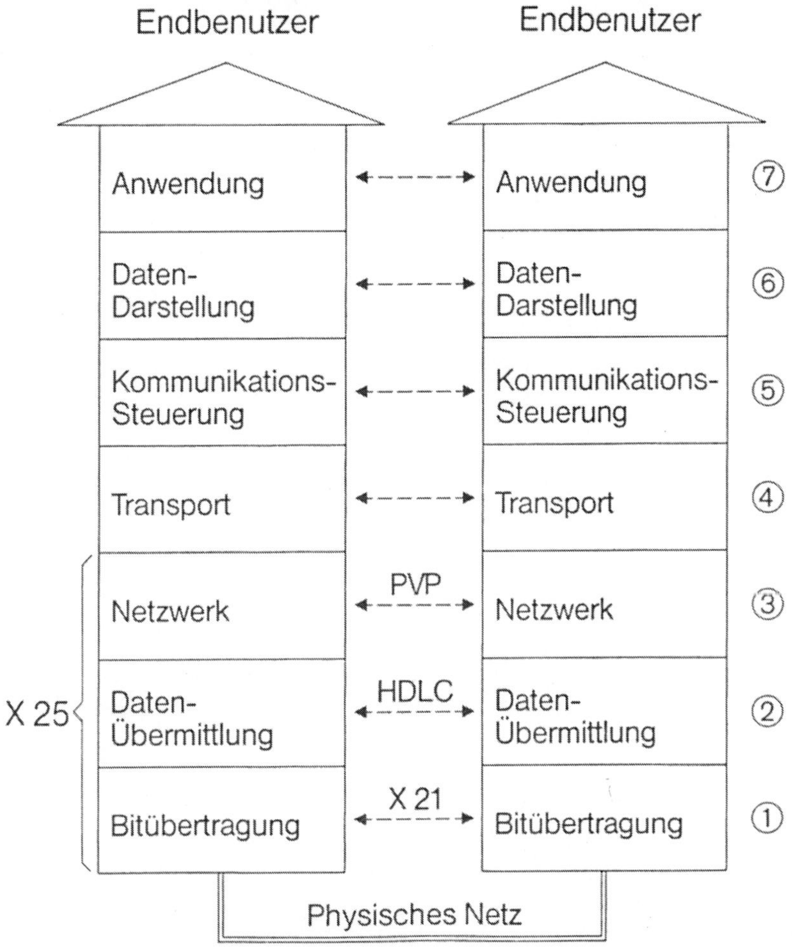

Gschaider (IBM)

Der Btx-Rechnerverbund und der IBM-PC als Btx-Endgerät

Gliederung

1. Besonderheiten des Projektes
2. Projektphasen
3. Driver-Konzept
4. Entwicklungsplan
5. Teststrategien
6. Implementierungsplan

Btx-Projektentwicklung

1. Besonderheiten des Projektes

Der technologische Fortschritt öffnet gerade im Bereich der Information und Kommunikation ständig neue Chancen, zumindestens aber eine Vervollkommnnung bereits vorhandener Mittel und Methoden. Das Fernsehgerät und das Telefon sind bewährte Kommunikationsmedien, die in den vergangenen Jahren ständig verfeinert und verbessert wurden. Die Idee, beide miteinander und zudem mit den Möglichkeiten der Informationsverarbeitung zu verbinden, wie dies bei Bildschirmtext geschieht, ist neu (Abb. 1 s. Anhang).

Das Medium Bildschirmtext eröffnet den Teilnehmern und den Informationsanbietern gleichermaßen ganz neue Möglichkeiten. Die einen können sich nach eigenem Wunsch die "Information nach Maß" ins Wohnzimmer holen und die anderen können auf rationellste Weise entsprechend ihren Bedürfnissen ihr Informationsangebot auf Knopfdruck abrufbereit halten. Das öffentliche Fernsprechnetz dient dabei als Informationsübermittler.

Was ist das Besondere an diesem Projekt?

Ein Informations-und Kommunikationssystem wie Bildschirmtext unterliegt höchsten Ansprüchen an Verfügbarkeit, Bedienungskomfort und Prozeßsicherheit. Es muß im Interesse seiner Benutzer eine einwandfreie und vollständige Informationsspeicherung, -abrufbarkeit bzw. -wiedergabe ermöglichen. Um diesen Anforderungen gerecht zu werden, wurden neuartige Protokolle für eine sichere Datenübermittlung definiert und entwickelt. Die Einheitlichen Höheren Kommunikationsprotokolle (EHKP) zusammen mit den TV-Protokollen (Television) stellen sicher, daß Nachrichten während der Übermittlung nicht unbemerkt verlorengehen oder verzerrt übertragen werden können. Problematisch für die Projektentwicklung (und übrigens für die Hersteller anderer Geräte ebenfalls) ist es, daß die Spezifikationen erst in allerjüngster Vergangenheit endgültig festgelegt wurden. Mit der Spezifikation der EHKP, bei der das Btx-Entwicklungsteam entschieden beteiligt war, hat die DBP einen wegweisenden Schritt in die Zukunft getan.

Diese Protokolle haben noch nicht zu einer internationalen Übereinkunft geführt. Um so mehr ist der Schritt der DBP zu begrüßen, nicht die vermutlich noch sehr lang währenden Abstimmverhandlungen abzuwarten, sondern als Pionier einen Bildschirmtext auf der Basis von EHKP zu realisieren.

Auch die vorher erwähnten TV-Protokolle sind in bezug auf Sicherheit der Datenübertragung eine Neuheit. Sie sind erst während der Projektentwicklung definiert und spezifiziert worden.

Um die Nutzung von Bildschirmtext auch über die Landesgrenzen hinaus in Europazu ermöglichen, waren internationale Standards für die zu verwendenden Zeichen und graphischen Darstellungen notwendig. Dieser neue Standard — CEPT — macht gleichzeitig neue Schnittstellen für Decoder und Modems erforderlich. Gegenüber dem Prestel-Standard bietet CEPT einen wesentlich umfangreicheren Zeichenvorrat und bessere graphische Wiedergabequalität. Die Implementierung ist entsprechend um Dimensionen komplexer.

Die jahrelangen Feldversuche der DBP mit Bildschirmtext haben dazu beigetragen, neue Erkenntnisse zu gewinnen. Viele der gesammelten Erfahrungen mußten in neue Realisierungs-Spezifikationen umgesetzt werden.

Besonders komplex wird Bildschirmtext dadurch, daß ein Informationsaustausch zwischen Anbietern und Teilnehmern mit den unterschiedlichsten Rechnertypen und Schnittstellen — also ein offener Rechnerverbund implementiert wird.

Die Realisierung eines solchen offenen Netzes erfordert besondere Anstrengungen. Dabei darf die Absicht des Betreibers gerade an dieser Stelle nicht übersehen werden, durch die Festlegung einer herstellerunabhängigen Protokollschnittstelle sicherzustellen, daß das Netz offen und neutral bleibt, um für spätere, international abgestimmte Norm gerüstet zu sein.

Der Speicherplatz für Btx-Seiten — und damit die Zahl der Informationsanbieter und das Informationsvolumen — wird in Zukunft keinen Einschränkungen unterworfen sein. Das Rechner- und Daten-Hierarchie-Konzept sieht vor, daß in der Btx-Leitzentrale in Ulm die zentralen Rechner stehen, die alle regionalen Btx Vermittlungsstellen in den verschiedenen Städten der Bundesrepublik steuern und verwalten. In Ulm befindet sich auch der zentrale Speicher mit der vollständigen zentralen Originaldatenbank. In den Vermittlungsstellen wurden jeweils Teilduplikate der Originaldaten gespeichert sein.

Dieses Konzept verknüpft die Vorteile einer zentral gesteuerten Rechner-Hierarchie mit denen nicht dezentral vorhandener fast autonomen Rechner-Intelligenz, ohne die Nachteile beider Konzepte in Kauf zu nehmen.

Für die Projektentwicklung bedeutet dies natürlich ganz erhebliche Anstrengungen in bezug auf Datensicherheit, Reorganisations- und Wiederanlaufverfahren im Störungsfalle und ausgeglügelte Netzsteuerungsverfahren. Als Basis werden erprobte Software-Pakete sowie Rechner der IBM-Serie /1 eingesetzt, die für bedienerlosen Betrieb besonders geeignet sind. Dennoch ist die praktische Realisierung und die Erweiterung bestehender Software-Pakete ein nicht zu unterschätzendes Problem.

In einer Zeit, in der Dienstleistungen immer teurer werden, plant die DBP mit dem Medium Bildschirmtext sieben Tage in der Woche einen 24-Stunden-Service für Informations- und Nachrichtenübermittlung aller Art zu relativ günstigen Preisen. Trotz unseres umfänglichen Software-Angebots ist keine vorhandene Standard-Software in der Lage, einen derartigen Service zu unterstützen.

Alle diese Kriterien sind in das Projekt einzubinden, und die sich daraus ableitenden technischen Voraussetzungen sind zu erfüllen. Es ist leicht vorstellbar, daß all diese Entwicklungskriterien höchste Anforderungen an das Projekt und das Projektteam stellen.

2. Projektphasen

Von den EDV-Laien werden die für die Projektentwicklung eigentlich am wenigsten kritischen Phasen, nämlich Kodierung und Modultest, weitgehend mit dem Gesamtprojekt gleichgesetzt. Die Wirklichkeit sieht anders aus.

Abb. 2 zeigt schematisch die zeitlich aufeinanderfolgenden Projektphasen der Btx-Entwicklung und die permanent dazu parallel verlaufenden Planungs- und Unterstützungsaufgaben.

— Funktionale Spezifikationen: Hier kam es darauf an, die vom Auftraggeber verlangten Charakteristika und besonderen Funktionen im Detail abzustimmen und festzuschreiben. Dies trifft sowohl für vergleichsweise einfache Funktionen wie das Anlegen eines Benutzersatzes als auch für die extrem komplexen Protokolldefinitionen zu. Die Grafik deutet an, daß diese Phase nach wie vor nicht endgültig abgeschlossen ist. Es mußten besondere Mechanismen entwickelt werden, um eine weitgehend störungsfreie Entwicklung zu gewährleisten.

— Im Graphik-Design wurde die Architektur des Gesamtsystems in globalen Zusammenhängen strukturiert. Dabei sind bereits später einzuführende Erweiterungen berücksichtigt. Ein Beispiel ist der Bulk Transfer neuer Seiten von externen Rechnern über Datex-P in die Btx-Leitzentrale. Das ist eine Arbeit, die für komplexe Systeme Monate in Anspruch nehmen kann.

— Im Detail-Design wurde dann eine sehr genaue Programmiervorlage erarbeitet. Jede Funktion, jedes Modul, jeder Kontrollblock wurde bis ins kleinste Detail festgelegt und mit den benachbarten Gruppen abgestimmt. Das Ergebnis dieser Phase wird am besten durch den Terminus Pseudo-Code beschrieben.

— Daran anschließend erfolgte die Kodierung der einzelnen Module und ihr individueller test durch den Entwickler. Diese Phase wurde bei Btx nach dem sogenannten "Driver"-Konzept durchgeführt, das später erläutert wird.

— Der nächste Schritt ist der Anwendungstest, in dem das Zusammenspiel verschiedener Module in Funktionsgruppen getestet wird. Schließlich folgt der Komponententest. Dieser Schritt wird bei der Driver-Vorgehensweise mit der Entwicklung verzahnt und überlappt vorgenommen.

— Parallel dazu werden schrittweise die Systemtest-Voraussetzungen geschaffen und schließlich — nach einem Integrationstest — der eigentliche Systemtest begonnen. Dieser muß den Originalbedingungen der späteren Produktionsumgebung entsprechen.

— Für die Aufnahme der Produktion hat der Betreiber — bei Btx also die DBP — natürlich neben der Bereitstellung des Systems eine ganze Reihe anderer vorbereitender Aktivitäten durchzuführen. Als zwei Beispiele mögen die Einrichtung der Datensätze für Informationsanbieter und Teilnehmer und die Umstellung der Seiten des Feldversuches gelten (Migration).

— Auch die DBP plant dann eigene Tests unter realen Bedingungen (Life-Test), die vom IBM-Entwicklungsteam unterstützt werden. In diesen Tests werden auch externe Rechner und Teilnehmer einbezogen werden.

— Dann wird die offizielle Funktionsprüfung durch die DBP erfolgen. Erst wenn diese Tests erfolgreich abgeschlossen sind, wird die gesamte Hard- und Software durch die DBP übernommen und der Btx-Regeldienst stufenweise eingeführt.

Mit dieser Darstellung soll ein Blick hinter die Kulissen der Projektentwicklung gegeben werden. Dazu gehört auch ein Verständnis des Management-Prozesses.

Wie die Erläuterungen der Projektphasen deutlich gemacht haben, werden im Projektverlauf in schneller Folge neue Schwerpunkte gesetzt. Es werden unterschiedliche Anforderungen an die Fähigkeiten und Kenntnisse von Mitarbeitern und Führungskräften gestellt. Das Arbeitsvolumen und die qualitativen Anforderungen ändern sich ständig. Eine normale hierarchische Organisation ist ungeeigneter, diesen Bedürfnissen zu folgen. Beim Btx-Projekt wurde daher eine sogenannte Matrix-Organisation etabliert, in der die personelle Zuordnung von Mitarbeitern zu Führungskräften weitgehend konstant bleibt. Die funktionale Zuordnung dagegen kann in schneller Folge variieren — so wie es die Projekterfordernisse verlangen.

In der Matrix-Organisation kommt der zweistufigen funktionalen Organisation, in der Fachspezialisten und Manager nach rein funktionalen Gesichtspunkten das Projekt durchführen, steuern und kontrollieren, eine ganz besondere Bedeutung zu.

Selbstverständlich werden die üblichen Methoden des Projekt-Managements angewendet wie z.B. Netzplantechnik, Aufwandsschätzmethoden, Fehlerprognosemodelle, Aufwandsanalysen und ein umfassendes Ownership-Konzept (für jede Systemkomponente gibt es einen identifizierbaren Eigentümer). In wöchentlichen und täglichen Fortschrittskontroll- und Planungs-Besprechungen, sowohl zwischen der DBP und der IBM als auch projektintern, erfolgt die funktionale Projektsteuerung.

3. Das "Driver-Konzept"

Für ein so umfangreiches Projekt wie Bildschirmtext stehen keine leicht kopierbaren Entwicklungsmethoden zur Verfügung, denn ein so komplexes Anwendungs-Paket folgt einer eigenen Dynamik. Ohne auf Details eingehen zu wollen, sei nur kurz auf die völlig unterschiedliche Art der Bestimmung der funktionalen Spezifikationen, auf die Termingestaltung, auf die Entscheidungsfreiheit und auf die organisatorische Eingliederung hingewiesen.

Es ist ein bewährtes Konzept bei der Entwicklung von Großprojekten, einen Prototyp zu entwickeln, um die Arbeitsfähigkeit der Global-Architektur nachzuweisen. Der Nachteil besteht darin, daß diese Entwicklung additiv die Gesamtzeit verlängert und praktisch Wegwerf-Code produziert wird.

Um dies zu vermeiden, hat die IBM sich entschlossen, Btx in sogenannten "Drivern" zu entwickeln. Jeder Driver besteht dabei grundsätzlich aus speziellen Unterfunktionen der verschiedenen Anwendungs-Bereiche, die so bestimmt werden, daß sie gemeinsam getestet werden können und schrittweise eine stetige Vervollkommnung der Gesamtanwendung darstellen.

So wurde der erste Driver in den ersten zwei Monaten der Entwicklung als eine Art Gerüst für das Gesamtprojekt erstellt. Er ließ bereits in der ersten Teststufe das versuchsweise Abrufen von Seiten aus der simulierten Leitzentrale zu und enthilet bereits alle wichtigen Architekturelemente für die Verbindung vom Fernseher bis zur Leitzentrale.

Wie in Abb. 3 schematisch dargestellt, wurden im Driver 2 alle betriebssystem-nahen Funktionen der Anwendung entwickelt, wie z.B. der ausgeklügelte Seiten-Verjüngungs-Mechanismus.

Für jeden Driver sind im voraus Testfälle definiert. Direkt im Anschluß an die Entwickung wird der Driver einem sogenannten Komponententest unterzogen.

Bei der Driver-Entwicklung werden alle Entwicklungsgebiete schrittweise vervollständigt. Mehr und mehr künstliche Schnittstellen werden durch echte ersetzt. Mit dem letzten Driver wird schließlich die gesamte Pyramide der Anwendungsprogramme entwickelt und als immer größere Komponente getestet. Bei Bildschirmtext befinden sich zur Zeit alle zu erstellenden Driver in dieser Phase.

4. Entwicklungsplan

Nach Abschluß des Designs wurden die verschiedenen Driver kodiert, modulgetestet und anschließend jeweils an die Komponententest-Gruppe übergeben.

Organisatorisch erfolgt die Übergabe dadurch, daß alle entwickelten Module in eine besondere Bibliothek übertragen werden. Diese Bibliothek wird mit Ende der Entwicklung des jeweiligen Drivers — nachdem jedes Modul bestimmte Fertigstellungskriterien erfüllt — geschlossen und dient jetzt als Testbasis. Getestet wird durch eine neutrale Gruppe, deren Aufgabe es ist, den Driver in Gang zu bringen und gleichzeitig möglichst alle Fehler zu finden. Diese Fehler werden protokolliert und beseitigt. Der Entwicklungsplan sah vor, innerhalb von acht Monaten sechs Driver zu entwickeln. Während der Entwicklungs-Prozeß inzwischen termingerecht abgeschlossen ist, wird der Komponententest planmäßig noch ca. zwei Monate weitergeführt.

Als wichtigstes unterstützendes Planungs- und Steuerungskriterium wird die Entwicklung der Driver in "Anzahl Programmbefehle" (KLOC = Kilo Lines of Code) im voraus geplant und dann exakt verfolgt. Es ist darauf zu achten, daß das jeweils zusätzliche Volumen der Driver eine möglichst abnehmende Tendenz hat. Dies ist erforderlich, damit möglichst frühzeitig bereits eine große Menge der Module zum Testen zur Verfügung steht und die Summe aus Korrekturaufwand und zusätzlicher Neuentwicklung möglichst konstant bleibt (Abb. 4).

5. Teststrategie

Wie bereits angedeutet, ist eine adäquate Teststrategie wichtigste Voraussetzung für hohe Qualität und Verläßlichkeit des Systems. Maßstäbe für Systemverfügbarkeit, wie sie für unternehmensinterne Anwendungen meist noch ohne weiteres akzeptiert werden, sind bei diesem Projekt nicht mehr ausreichend. An Systemverfügbarkeit und Korrektheit des Verfahrens werden höchste Anforderungen gestellt. Der zeitliche Ablauf der im folgenden global beschriebenen Testzyklen geht aus Abb. 5 hervor.

Schwierig ist beim Testen nicht die korrekte Abwicklung simpler Funktionen, wie z.B. die eines richtigen Seitenaufrufs oder die Verrechnung einer Gebühr für den richtigen Teilnehmer. Solche Probleme treten auch bei anderen Systemen auf und sind längst zur Routine geworden. Erst durch die Kombination vieler hundert möglicher Wege durch das System, in der Kommunikation zwischen Protokollen, Anwenderprogrammen, Datex-P, externen Rechnern, Decodern, mehrstufigen Datenbanken und vielen anderen Komponenten wird eine Komplexität erreicht, die ausgeklügelte Teststrategien erfordert. Noch schwieriger ist der Test der Netzwerksteuerung mit Dutzenden von Einzelrechnern, auf denen jeweils eine große Zahl von Teilnehmern gleichzeitig völlig unterschiedliche Funktionen ausübt, in Situationen, in denen bestimmte Elemente kurzfristig ausfallen. Auch dann muß ein geordneter, schneller und automatischer Wiederanlauf aller unterbrochenen Komponenten gesichert sein. Die Beherrschung derartiger Probleme an einem offenen System mit einem über die gesamte Bundesrepublik und Berlin (West) verteilten Rechnernetz stellt ganz erhebliche Anforderungen an die Teststrategie.

Hierzu kommt die Vilefalt der unterschiedlichsten Komponenten, die größtenteils in dieser Kombination noch nie miteinander verbunden wurden: Telefon und Modem, Fernsehapparat und Tastaturen, Decoder und Protokolle, Telefonnetze und Datex-P Netz und dazu die Vielfalt unterschiedlichster Rechner.

6. Implementierungsplan

Die Leitzentrale in Ulm und eine angeschlossene Btx-Testvermittlungstelle (ebenfalls in Ulm) sind bereits seit einigen Monaten in Betrieb und werden z. Zt. vorwiegend für Ausbildungszwecke und für den Systemtest eingesetzt. Das Zusammenspiel all dieser Komponenten muß unter normalen und unter Überlastbedingungen getestet werden. Aus millionen denkbarer Situations-Kombinationen wurden in monatelangen Vorbereitungen Test-Scenarien und Testfälle ausgewählt. Es ist also ein enormer Vorbereitungsaufwand erforderlich, um durch die systematisch aufgebaute Teststrategie den Erfolg zu sichern. Das Ziel dieser Tests ist es, Systemausfälle durch außergewöhnliche Situationen zu vermeiden.

Und nicht nur die Funktionalität muß getestet werden, sondern auch der Betrieb, die Netzwerksteuerung, die Einschaltfolge des Systems, der geordnete Abschaltvorgang einzelner Komponenten zu Wartungszwecken und der Anschluß weiterer externer Rechner.

Deshalp plant auch die DBP vor Betriebsaufnahme einen sogenannten Life-Test, in dem alle Komponenten zum Zuge kommen: Externe Rechner sowie externe Teilnehmer, aus dem Feldversuch umgestellte Seiten und neue Decoder, das Original-Rechnernetz mit einigen Btx-Vermittlungsstellen und einer eigenen Bedienungsmannschaft.

Dieser Test erfolgt somit unter erweiterten Produktionsbedingungen und mit der Hauptzielsetzung, die Rechnerintegration stufenweise auszutesten und Praxisvoraussetzungen für das neue offene System zu schaffen. Außerdem soll Informationsanbietern vor Dienstaufnahme Gelegenheit gegeben werden, stufenweise ihre Seitendateien aufzubauen.

Zum Abschluß all dieser Testperioden plant die DBP dann die offizielle Funktionsabnahme. Das ist ein weiterer Test auf Vollständigkeit, Funktionstüchtigkeit und Korrektheit. Nach erfolgreichem Abschluß dieser Tests wird der eigentliche Betrieb stufenweise aufgenommen.

Der Implementierungsplan sieht noch 1984 ein wietverzeigtes Netz von Btx-Vermittlungstellen über die gesamte Bundesrepublik verteilt vor. Die Installation der Vermittlungsstellen soll in schneller Folge ablaufen.

Eine gewisse regionale Orientierung und ein schematischer Installationsplan sind in Abb. 6 dargestellt. Eine exakte Planversion für die Sequenz der zu installierenden Vermittlungsstellen liegt vor, aber zur Erläuterung mag hier die Schemazeichnung ausreichen.

Die Kapazität der ersten Asubaustufe ist auf eine angenommene Teilnehmerzahl von rund 150.000 ausgelegt.

Aus den Projektplan- und Testübersichten geht hervor, daß zwischen heute und dem geplanten Dienstbeginn noch eine Menge Aktivitäten angesiedelt sind. Insbesondere muß hier auch auf eine gro Zahl projektunabhegiger Aufgaben und Vorbereitungen hingewiesen werden, die ebenfalls die Qualität des Dienstes beeinflussen.

Die IBM ist zuversichtlich, daß das Projekt entsprechend der bestehenden Planung abgewickelt werden kann.

Abb. 1   Das Bildschirmtext-System

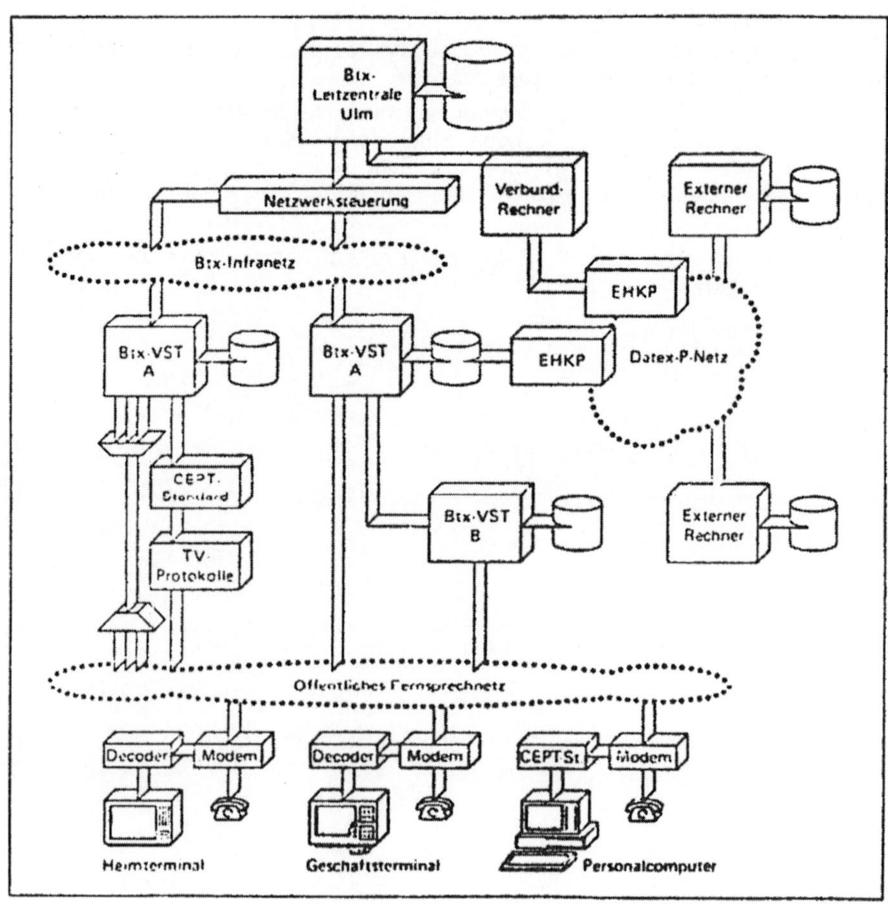

Abb. 2   Die Btx-Projektphasen

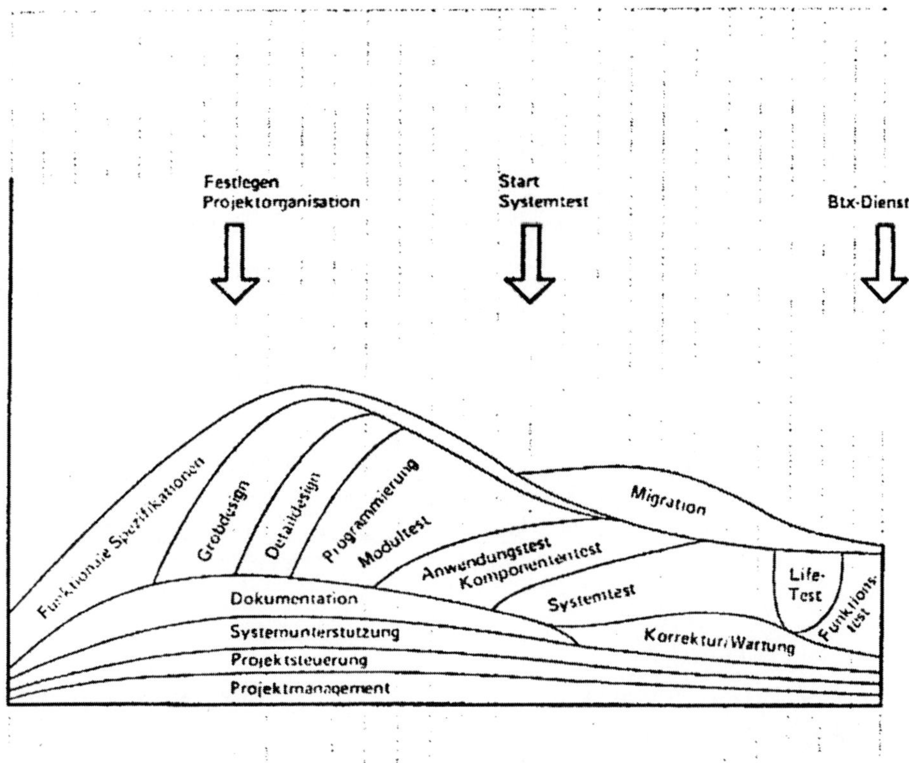

Abb. 3   Das Btx-Entwicklungskonzept

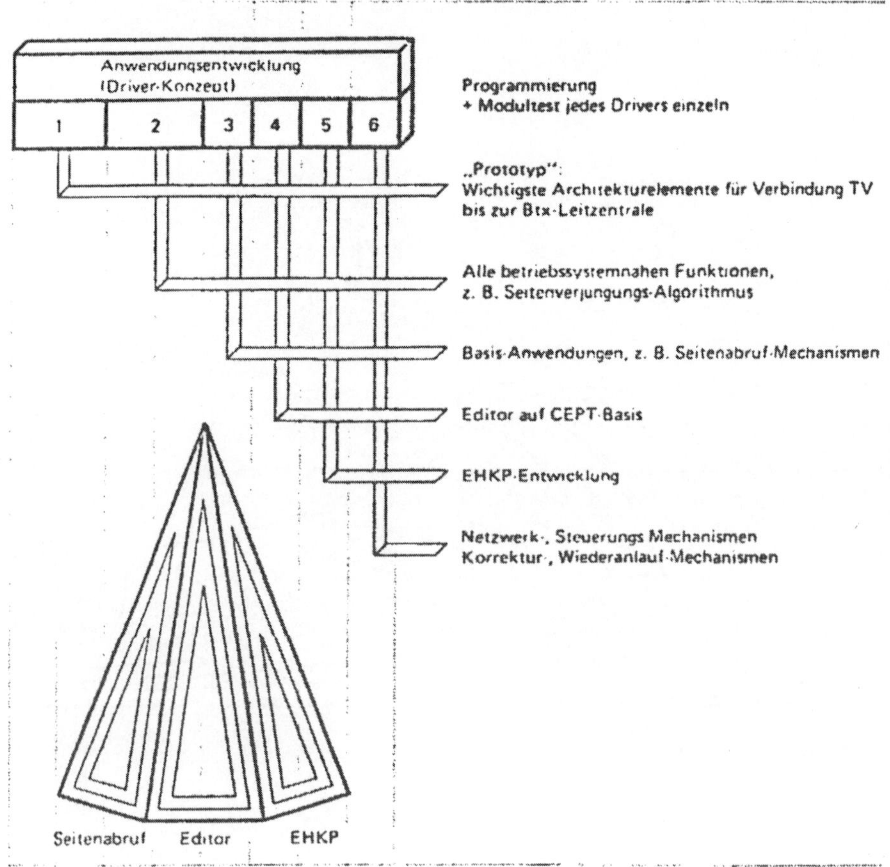

Abb. 4   Der Btx-Entwicklungsplan
            (Umfang der Kodierzeilen)

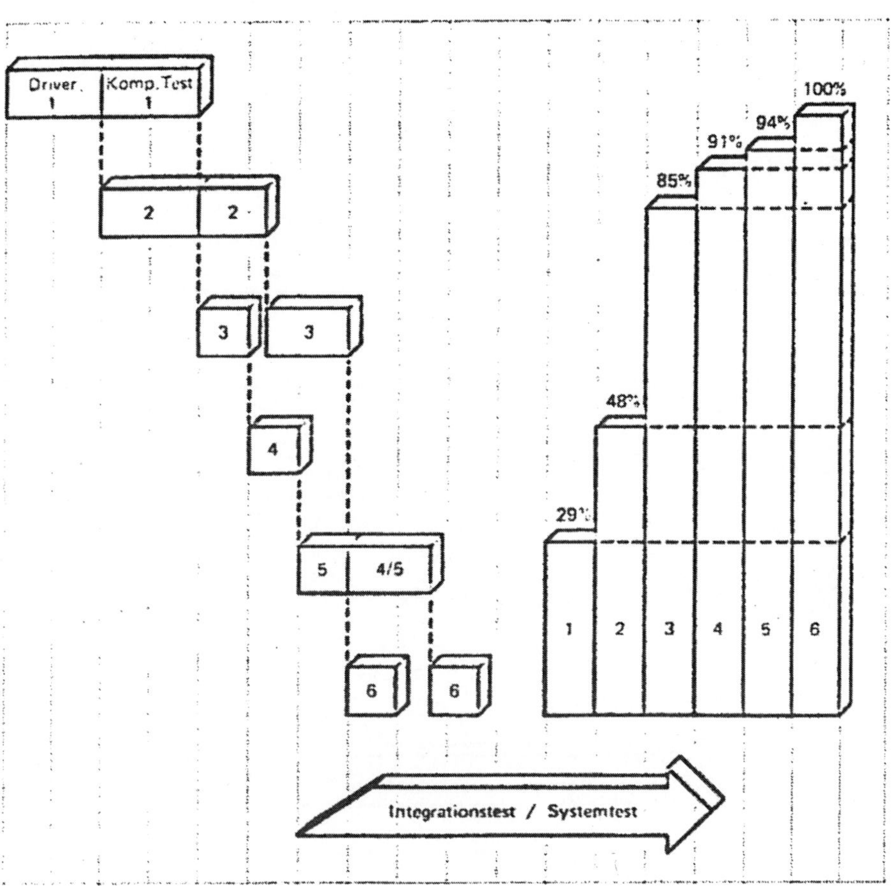

Abb. 5   Der Btx-Projektplan

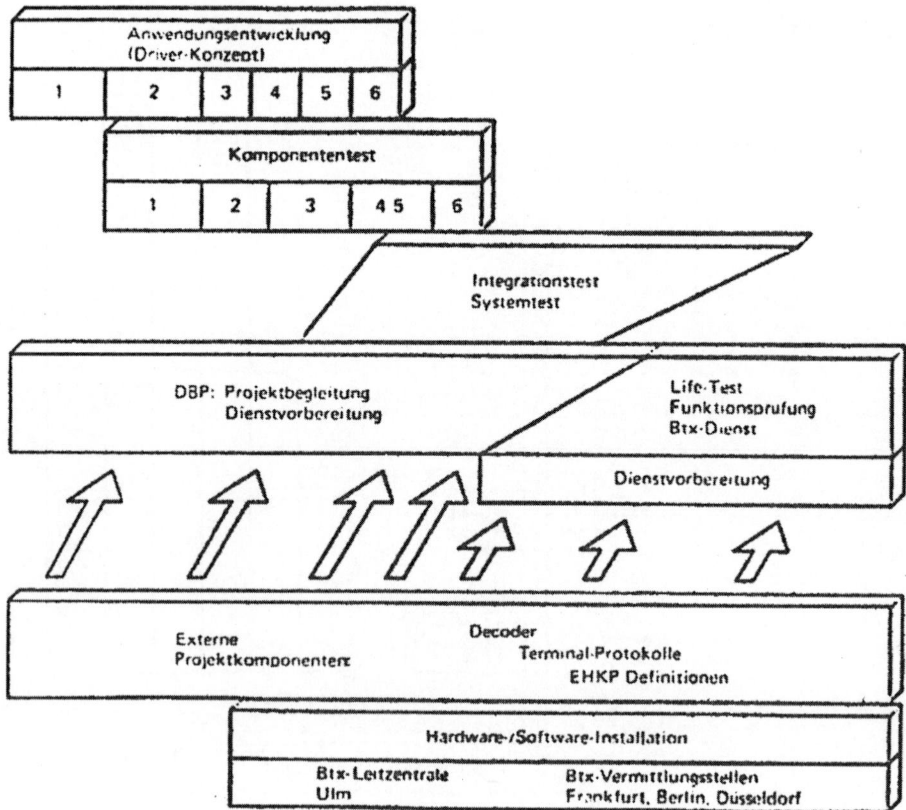

Abb. 6   Der Btx-Implementierungsplan

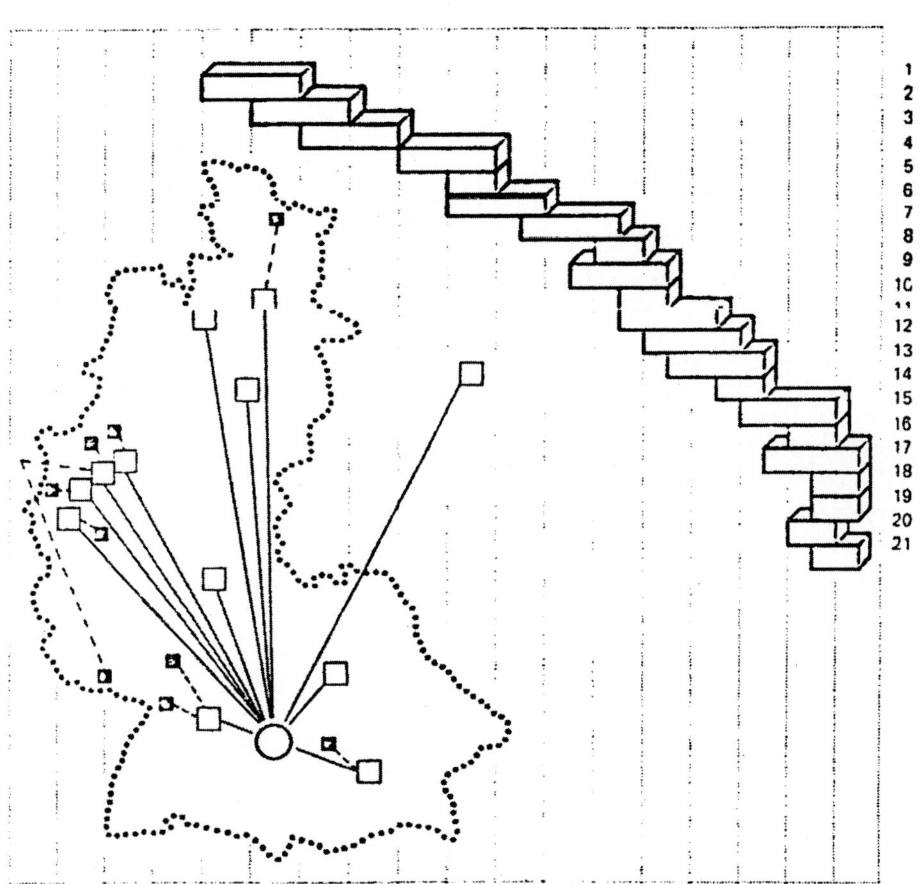

Bildschirmtext in der Orientierungsphase

Anforderungen an Bildschirmtextarbeitsplätze

Realisierungsmöglichkeiten

Trends bei der Realisierung

Bildschirmtext-Decoder für Mosaik- und Geometriemode

Dipl. Betriebswirt Helmut Kalt

Leiter Abteilung Bildschirmtext
Bereich Kommunikationstechnik
SIEMENS AG München

Bildschirmtext in der Orientierungsphase

Bei Bildschirmtext befinden wir uns heute hinsichtlich seiner
Endgeräte in einer Orientierungsphase.

Erfahrungen liegen nur für das PRESTEL System aus den regional
begrenzten Feldversuchsbereichen vor, bei dem der große Vorteil
des flächendeckenden Einsatzes nicht zum Tragen kam. Das Problem
für Anwender und Hersteller liegt darin, daß es noch keine praktischen Benutzer- und Terminalerfahrungen für den täglichen Groß-
einsatz von Btx gibt, sie aber kurzfristig Bildschirmtext einsetzen wollen, bzw. aus Konkurrenzgründen einsetzen müssen.

Anforderungen an Bildschirmtext-Arbeitsplätze

Voraussetzung eines jeden Einsatzes von Btx im Büro ist die
arbeitsrechtliche Zulassung. Ausschlaggebend für die Anforderungen an Büroarbeitsplätze sind die Verwaltungs- und Berufsgenossenschaften, die Anfang 1983 eine Präventionslehre für Bildschirmtext im Büro verabschiedet haben. Hierbei wurde unterschieden in die "Definiticn eines Bildschirmtext-Arbeits-
platzes" und die "Anforderungen, die an einen Btx-Arbeitsplatz
zu stellen sind".

Ein Bildschirmtext-Arbeitsplatz liegt vor, wenn:

- die Arbeit am Bildschirmtext-Endgerät bestimmend für die
  gesamte Tätigkeit ist ($>$ 2 Std./Tag)
- die Arbeit Editieraufgaben beinhaltet (Editierarbeits-
  plätze sind grundsätzlich Bildschirmtext Arbeitsplätze
  im Sinne der Berufsgenossenschaften)

An einem Bildschirmtext-Arbeitsplatz sind u.a. nachstehende
Mindestanforderungen zu richten

- Bildschirmdiagonale max. 35 cm (14"), Sehabstand 50 cm

- 50 Hz, Zeilensprungunterdrückung, blendfreie Ober-
  fläche
- Hoher Zeilenkontrast, gute Konturenschärfe, Flim-
  merfreiheit
- Mühelose Lesbarkeit der Zeichen (Höhe min. 2,6 mm),
- Freie Anordnung von Bildschirm und Tastatur

Alle als Bildschirmtext-Arbeitsplätze eingesetzten Geräte sollten diesen Anforderungen gerecht werden. Ausnahmen davon sind
dann zulässig, wenn Bildschirmtext lediglich als Zusatzfunktion
im Gerät vorhanden und nicht für den jeweiligen Arbeitsplatz
bestimmend ist.

Realisierungsmöglichkeiten

Prüft man unter diesen Prämissen das Angebot des Marktes, so
ist Mitte 1984 nach einem für die Anlaufzeit verständlichen
Engpaß mit einem breit gefächerten Bildschirmtext Geräte zu
rechnen.

Für eine gewisse Zeit werden vorwiegend monofunktionale Abfra-
gegeräte, die sich durch eine mehr oder weniger gute Benutzerführung unterscheiden, am Markt angeboten. Ihr Einsatz kann
wegen des überschaubaren Preises für viele Anwender in der
Orientierungsphase (bis zur Gestaltung des endgültigen Arbeitsplatzes) hilfreich sein.
Mittelfristig wird Bildschirmtext in zunehmendem Maße mit anderen Funktionen, Diensten und Medien kombiniert werden, um
den "Gebrauchswert" eines Terminals am Arbeitsplatz zu erhöhen,
um den Zugang zu weiteren "Diensten" zu ermöglichen und/oder
um die Informationen über unterschiedliche "Medien" bereitzu-
stellen.

Man kann den "Gebrauchswert" eines Btx-Terminals am Arbeitsplatz dadurch steigern, daß man ihm weitere z.B. intelligente Funktionen im Sinne eines Personal-Computers hinzufügt,

wie:

- Speichern von Informationen
- Be- und Verarbeitung individueller oder
  standardisierter Programme

Die Vielzahl der heute angebotenen "Dienste" legt die Forderung nahe, neben Bildschirmtext auch andere Kommunikationsdienste zu bedienen, wie:

- Teletex
- Faksimile
- Fernsprechen
- Datenkommunikation

Die Bereitstellung der Information für den Nutzer kann über
verschiedene "Medien" erfolgen wie:

- Sprache (individuelle oder über automatische
          Sprachausgabe)
- Text   (alphanumerisch)
- Grafik (vektor- oder punktorientiert)

Je nach Anforderung der Arbeitsplätze können multifunktionale
Terminals durch verschiedene Kombinationen der Komponenten
"Gebrauchswert", "Dienst" und "Medien" entstehen.

Zielsetzung ist hierbei Mehrfachverwendung von Funktionen, die
bisher in getrennten Geräten enthalten waren, wie Tastatur,
Sichtschirm und Drucker zur Ein- und Ausgabe von Daten, Text
und ggf. Grafik, sowie zur Ausnutzung möglichst einheitlicher
Benutzeroberflächen und Kommunikationswege.

Trends bei der Realisierung

Neben monofunktionalen Btx-Arbeitsplätzen, tragbaren und öffentlichen Bildschirmtext Geräten wird Bildschirmtext in Zukunft

schwerpunktmäßig kombiniert werden mit:

- DV Endgerätefunktionen
- dezentraler Intelligenz
- Telefonfunktionen

Hieraus ergeben sich auch die derzeitigen Trends bei der Entwicklung multifunktionaler Terminals:

- bereits eingesetzte DV Geräte werden in Richtung Bildschirmtext und Intelligenz ausgebaut
- dezentrale Intelligenz (z.B. Personal Computer) wird um Bildschirmtext und andere Kommunikationsfunktionen erweitert
- Sprachkommunikation über vorhandene Fernsprechleitungen wird in Richtung Datenkommunikation und Bildschirmtext ergänzt.

Bildschirmtext-Decoder für Mosaik- und Geometrie-Mode

Bei der Realisierung der Bildschirmtextfunktion ist zu berücksichtigen, daß verschiedene Bildschirmtext-Decoder mit unterschiedlichem Funktionsumfang zur Verfügung stehen.

Je nach Anforderung an mono- oder multifunktionale Bildschirmtext-Arbeitsplätze muß geprüft werden, welche der derzeitigen oder zukünftig zu erwartenden Bildschirmtext-Funktion in den jeweiligen Geräten realisiert werden sollen. Die heute verfügbaren Bildschirmtext-Decoder sind primär auf den CEPT-Mosaikstandard ausgerichtet.

In zunehmendem Maße werden jedoch sogenannte Dual-Mode-Decoder verfügbar sein, die nebem dem "Alpha-Mosaik-Mode" auch einen "Geometric-Mode" unterstützen. Der Geometric-Mode wird derzeit in CEPT standardisiert. Funktional ist er ähnlich den bekannten

nordamerikanischen TELIDON bzw. NAPLPS Systemen. Er ermöglicht
die Darstellung geometrischer Funktionen z.B. aus dem Bereich
"Business Graphik" über Bildschirmtext. Zur Übertragung dieser
geometrischen Funktionen bedient sich die Deutsche Bundespost
des sogenannten "Transparenten-Modes".

Unter Ausnutzung des transparenten Modes können anstelle geometrischer Funktion auch Programme übertragen werden.

Dies bedeutet, daß bei der Decoderauswahl anwendungsorientiert
für das jeweilige mono- oder multifunktionale Gerät geprüft werden muß, ob neben dem Alpha-Mosaik Mode auch der Alpha-Geome-
trie Mode bzw. die Möglichkeiten des Fernladens z.B. von PC Programmen realisiert werden soll.

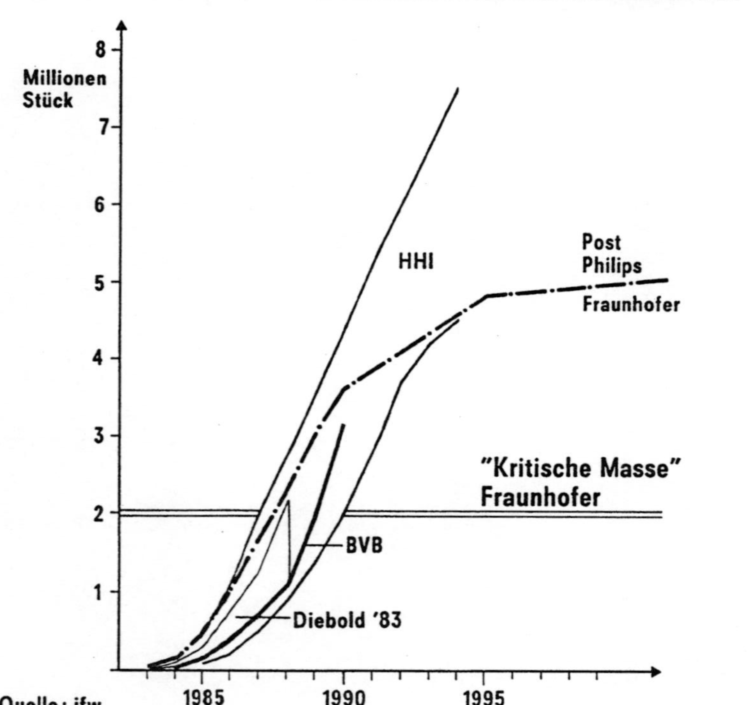

Prognosen über die Marktentwicklung

- Büros und sonstige Arbeitsstätten
- Selbständige

Markt erwartet:

- billigste monofunktionale Btx-Abrufterminals oder
- Mehrfunktionsgeräte mit Btx-Funktionen in unterschiedlichen Kombinationen

Das Marktpotential der Btx-Mehrfunktionsgeräte ist weitgehend redundant mit anderen Gerätemärkten.

Das Marktsegment kann nur ausgeschöpft werden, wenn Btx in den Funktionsumfang verschiedenster Endgeräte integriert wird.

Abrufterminals für kommerzielle Teilnehmer

**Die Dauer der Arbeit am Btx-Endgerät ist bestimmend
für die Art des Arbeitsplatzes (> 2 Std./Tag)**

Bildschirmdiagonale max. 35 cm (14''), Sehabstand 50 cm

50 Hz, Zeilensprungunterdrückung, blendfreie Oberfläche

Hoher Zeilenkontrast, gute Konturenschärfe,
Flimmerfreiheit

Mühelose Lesbarkeit der Zeichen (Höhe min. 2,6 mm),

Freie Anordnung von Bildschirm und Tastatur

Btx-Arbeitsplatz und Mindestanforderungen

SIEMENS

Informations-Abfrage-Geräte

☐ Einfachste BTX-Abfragegeräte
☐ BTX-Arbeitsplätze
☐ Geräte für Sonderanwendungen
☐ Mehrfunktionale Geräte
☐ Tragbare Geräte
☐ Öffentliche BTX-Geräte

Informations-Eingabe-Geräte

☐ Editiertastaturen (Einfachst)
☐ Komforteditiergeräte

Was erwartet der BTX Terminal Markt?

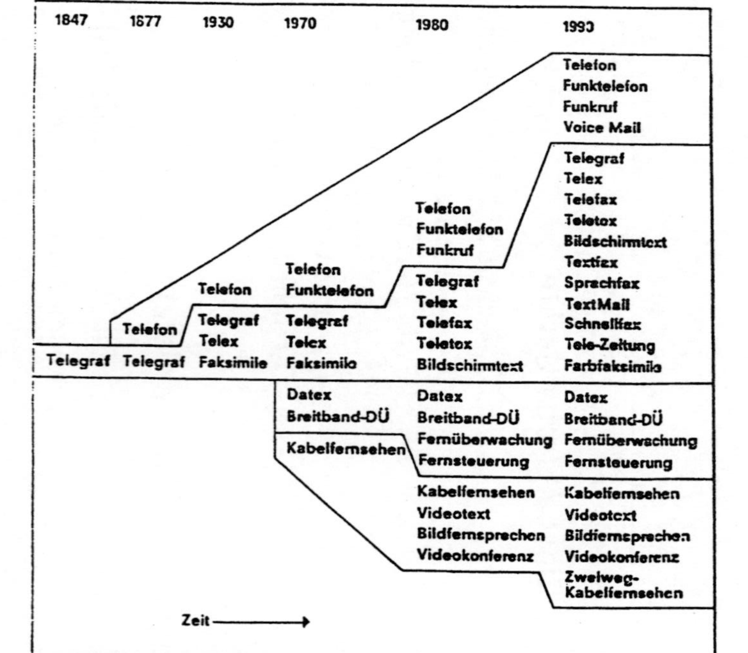

Die Entwicklung der Kommunikationsdienste

SIEMENS

Bedienung unterschiedliche "Dienste" wie:

Fernsehen

Fernsprechen

Bildschirmtext

Teletex

Facsimile

Datex P

Datex L

Daten im Fernsprechnetz

Zugang zu "Diensten" mit BTX Terminals

SIEMENS

Der "Gebrauchswert" eines Terminals
am Arbeitsplatz wird erhöht durch:

➡ **Lokale Funktionen**

➡ **Dialogfähigkeit**

➡ **Mehrfachbenutzung**

➡ **Fernladbarkeit**

➡ **Speicherung**

➡ **Peripherieanschlüsse**

➡ **Programmierbarkeit**

➡ **Anwenderprogramme**

Erhöhung des "Gebrauchswertes" eines BTX Terminals

SIEMENS

Die Informations Bereitstellung am Terminal
kann über unterschiedliche "Medien",
(Darstellungsformen) erfolgen:

➡ **Sprache**

➡ **Text**

➡ **Grafik**

   — Mosaik
   — Geometrie
   — Farbe

➡ **Bewegte Bilder**

**Informationsbereitstellung
über unterschiedliche "Medien"**

SIEMENS

Schneller Einsatz kostengünstiger,
anwendungsneutraler Geräte:

⟹ **Ein BTX Terminal für mehrere Benutzer**

    oder

⟹ **Die Kombination von Komforttelefon mit BTX**

    oder

⟹ **Das Spezialterminal für Mosaik,
Geometrie und fernladbare Programme**

In Stufe 2 und sind Geräte an anderen Arbeitsplätzen einsetzbar

---

Stufenkonzept BTX—Stufe 1=1984/1985

SIEMENS

**Einsatz multifunktionaler Geräte nach vorheriger Definition,
des Anwenderprofils am Arbeitsplatz hinsichtlich:**

⟹ **Gebrauchswert**

⟹ **Medien**

⟹ **Diensten und**

⟹ **Kosten**

Umsetzung der Geräte aus Stufe 1 an neue Arbeitsplätze

Stufenkonzept BTX—Stufe 1986/1987

Leistungsmerkmale \ kombinationen	Btx (Mosaik)	Btx Geometrie	DV Anschluß	Teletex Anschluß	Komfort Telefon	Intelligenz (dez.)
Btx Abfrage	X					
Btx + Telefon	X				X	
Btx + Komfort	X	X				X
Btx + Multifunktion	X	X	X	(X)	X	X
Btx + DV-Anschluß	X		X			
Btx + DV + Intelligenz	X		X			X

Beispielhafte Funktionskombinationen mit Btx

SIEMENS

Beispiel eines Entscheidungsquadrates
zur Standortbestimmung multifunktionaler Terminals

EINSATZFORMEN DES PC IN BTX-ANWENDUNGEN

S. Schindler
TUB/TELES *)

Einleitung

Die ursprüngliche Diskussion des Btx-Dienstes war geprägt von der Vorstellung seiner Nutzung durch den Heimfernseher. Mittlerweile ist klar, daß der Btx-Dienst seine Nützlichkeit erst voll entfalten kann, wenn er mittels eines hinreichend leistungsstarken lokalen Rechners genutzt wird. Diese den Btx-Dienst integrierende lokale Intelligenz kann heute durch PCs in äußerst kostengünstiger Weise zur Verfügung gestellt werden - es ist absehbar, daß die PCs allgegenwärtige Nutzer des Btx-Dienstes werden. Daher stellt sich die Frage nach den unterschiedlichen Formen dieser Integration von PC und Btx-Dienst.

Die Arbeit behandelt diese Frage, indem sie die wichtigsten der verschiedenen denkbaren Szenarien erläutert und ihre jeweilige technische Problematik bzw. praktische Nutzung kurz darlegt. Ausgegangen wird dabei von der bei weitem wichtigsten Klasse von PCs, nämlich der Klasse der "IBM-PC-kompatiblen" PCs. Analoge Aussagen gelten natürlich für die anderen PCs vergleichbarer Leistungsfähigkeit.

Aus diesen Betrachtungen folgt, daß ein großer Teil der bisher nur auf größeren Rechnern realisierbaren und daher sehr teuren Btx-Applikationen mittels PCs viel schneller, billiger und effizienter realisiert werden kann: Die Strukturen solcher Gesamtsysteme, also "PC-basierter Btx-Applikationssysteme", sehen nämlich recht einheitlich aus, so daß die Implementierung solcher Btx-Applikationen durch gezielt entwickelte Hilfsmittel erheblich vereinfacht werden kann.

Um Mißverständnisse zu vermeiden sei aber klargestellt, daß wir in dieser Arbeit den PC in einer Ausstattung betrachten wollen, wie sie für Arbeitsplatzsysteme in den nächsten Jahren üblich sein wird, [1-3]. In aller Kürze heißt das, daß er über einen 16-Bit Prozessor verfügt, sein Arbeitsspeicher mindestens 256 KBytes groß ist und er einen schnellen Hintergrundspeicher (z.B.

---

*) Telematic Services GmbH - Informationstechnologien,
1000 Berlin 39, Am Sandwerder 36

Winchester-Platte) von mindestens 10 MBytes hat. Die Hardwarekosten eines solchen Systems werden kurzfristig auf etwa 10.000.- DM sinken, die (durch seinen Btx-Einsatz bedingten) Softwarekosten werden - je nach Softwareausstattung - zwischen 1.000.- DM und 20.000.- DM variieren. Dieser Kostenrahmen ist in [1-4] weiter aufgeschlüsselt. Die heute marktüblichen Hardwarekosten liegen etwa 30 - 50% höher als in diesen Rahmenvorstellung angegeben, die gegenwärtig häufig noch angestrebten Softwarekosten liegen sogar teilweise um den Faktor 10 - 30 höher. Es ist aber zu erwarten, daß die in [4] vorgegebenen Preise auch von den Produkten anderer Systemhäuser angenommen werden und damit der oben genannte Kostenrahmen allgemein verbindlich wird.

Nachfolgend werden die 5 wichtigsten Einsatzformen des PC in Btx-Applikationen nacheinander diskutiert. Eine Abgrenzung dieser Diskussion wird dann im letzten Abschnitt vorgenommen.

Einsatzform 1: Der PC als privates Endgerät

Die Anordnung der bei dieser Einsatzform des PCs benötigten Geräte ist aus der nachfolgenden Skizze ersichtlich.

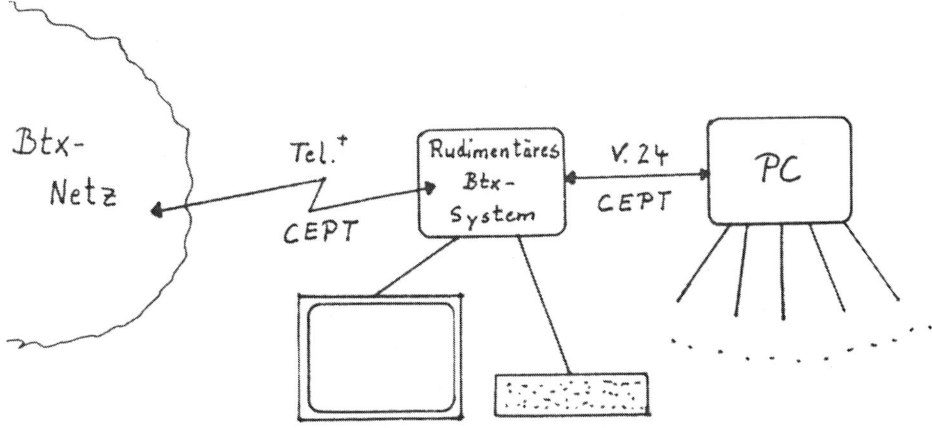

Das "rudimentäre Btx-System" ist eines der heute marktüblichen Btx-Geräte. Damit ist das Kostenproblem dieser Anordnung bereits klar: Sie erfordert mehrere Tausend DM für das rudimentäre Btx-System, die in dem (in der Einleitung beschriebenen) Kostenrahmen nicht vorgesehen sind. Wir wollen aber trotzdem - unabhängig von den Kosten dieses rudimentären Btx-Systems - die Vorteile und Nachteile dieser PC-Einsatzform in Btx-Applikationen darlegen.

Zunächst einmal errinnern wir uns daran, welche Protokolle auf den Leitungen links und rechts des rudimentären Btx-Systems im Wesentlichen

abgewickelt werden. Zwischen Btx-Netz und System benutzt man eine Telefonleitung für die Übertragung mit 1200/75 bzw. 1200/1200 Bits/sek, sichert diese
Übertragung aber gegen Bit-Fehler (durch CRC-Generierung und Vergleich, [5])
ab - daher der Kurzname Tel+ in der Skizze. Zwischen dem rudimentären Btx-
System und PC arbeitet man meistens mit der bekannten V.24 und verzichtet (da
diese Leitung i.A. ja sehr kurz ist) auf jede Fehlersicherung, gestattet dafür aber
bei einigen Systemen eine wesentlich schnellere Übertragung (z.B. bis 9.6
Kbit/sek). Auf beiden Leitungen entsprechen die Informationen selbst (abgesehen
von einigen zusätzlichen Steuerinformationen) dem CEPT-alpha-Mosaik-Repertoire
und sind auch so kodiert, [6].

Der entscheidende Vorteil dieser Anordnung ist offensichtlich: Man vermeidet
so das Problem für den PC als Btx-Endgerät beim FTZ eine Zulassung erwerben zu
müssen. Da wir hier nicht auf technische Einzelheiten eingehen wollen können wir
die Anforderung, die ein PC erfüllen muß um diese FTZ-Zulassung zu erhalten
(und deren Erfüllung nicht ganz einfach ist) in vier Schlagworten erfassen: Er
muß erstens das oben genannte Leitungssicherungsprotokoll auf der Schnittstelle
zum Btx-Netz realisieren können, er muß zweitens über eine Farb-Karte mit 32
Farben und einen Farb-Monitor verfügen, die drittens über eine hinreichend hohe
Auflösung verfügen, und mit denen viertens mehrere Formen des Blinkens
ermöglicht werden. Mittels der üblichen Farb-Karten für PCs kann man das Blinken
nicht vernünftig realisieren, außerdem arbeiten sie meist nur mit 16 Farben.
Geeignete preiswerte Karten werden jedoch in Kürze verfügbar werden - wir kommen darauf bei der Beschreibung der Einsatzform 2 nochmals zurück.

Die weiteren Vorteile/Nachteile dieser Form des PC-Einsatzes kann man am
besten diskutieren, wenn man zwei Fälle unterscheidet.

<u>1. Fall:</u> PC ohne eigenen CEPT-Dekoder

Dies ist die einfachste Form des PC-Einsatzes überhaupt. In diesem Fall
benötigt man auf dem PC nur ein "PC-Integrations"-Programmpaket, wie es etwa
in [4] umrissen ist. Der entscheidende Nachteil dieser Einsatzform besteht darin,
daß man zur Bilderzeugung ganz und gar auf den CEPT-Dekoder des rudimentären
Btx-Systems angewiesen ist, diese Systeme aber durchweg äußerst leistungsschwach
(vor allem langsam) sind. Professionelles Arbeiten beim Erstellen von Btx-Seiten
ist so nicht möglich: Es kostet zuviel Zeit. Uber dies ist man in diesem Fall
weitestgehend auf den Bildeditor des rudimentären Btx-Systems angewiesen, der
wiederum (u.A. aufgrund der Leistungschwäche dieser Systeme) in keiner Weise
dem Stand der Technik bei Editiersystemen entspricht. Besitzt man jedoch bereits
ein solches Btx-System, so ist diese Form der Hinzunahme des PCs zweifellos mit
den geringsten Softwarekosten verbunden.

<u>2. Fall:</u> PC mit eigenem CEPT-Dekoder

Auf dem PC können damit sehr viel komfortablere und schnellere Seiten-bzw. DRCS-Editore angesiedelt werden, als sie auf dem rudimentären Btx-System möglich sind, [4]. Dieser Vorteil kommt vor allem dann zum Tragen, wenn der PC auch noch über Farb-Karte und -Monitor verfügt, weil man dann arbeitsmäßig das langsame rudimentäre Btx-System ganz vermeiden kann (man benutzt es dann nur noch aus legalistischen Gründen, wenn man mit dem Postnetz direkt arbeitet). Dieser Vorteil führt aber auch dann noch zu einer größenordnungsmäßigen Verbesserung der Produktivität beim Erstellen von Btx-Seiten, wenn man diese Farbausstattung des PCs nicht hat und zur Anzeige der Bildinformation deshalb das rudimentäre Btx-System benutzen muß.

Einsatzform 2: Der PC als Arbeitsplatzsystem

Gegenüber der vorherigen unterscheidet sich diese Einsatzform vor allem durch größere Einfachheit: Das rudimentäre Btx-System ist hier weggelassen. Die nachfolgende Skizze verdeutlicht dies.

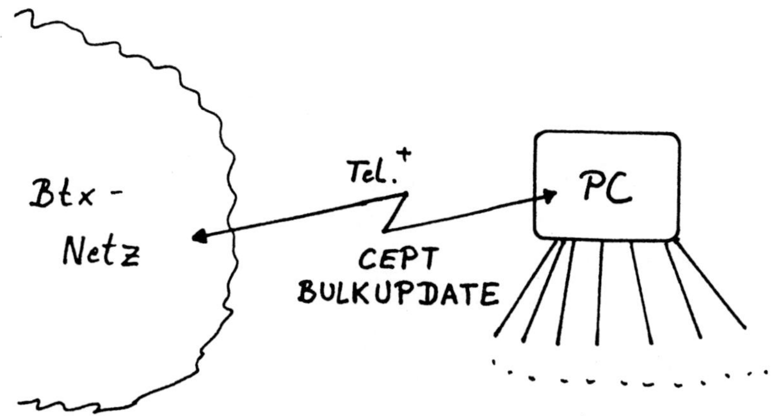

Der Vorteil dieser Einsatzform besteht nicht nur in der Kostenersparnis für das rudimentäre Btx-System. Der entscheidende Vorteil ist hier vielmehr in der Beseitigung der Umstände zu sehen, die die Einschaltung des rudimentären Btx-Systems in die Kommunikation zwischen PC-Arbeitsplatz und Btx-Netz unweigerlich bedeutet. Man kann nun auf dem PC problemlos große Datenbanken von Btx-Seiten anlegen und pflegen und sie bei Bedarf im "bulkupdate"-Transfer über die Telefonleitung in die Btx-Datenbank der DBP übertragen. Dieses lokale Aufbauen einer Btx-Seiten-Datenbank mit einem "offline DB-Editor", [4], geschieht sehr viel bequemer, sicherer und effizienter als dies mit dem "online"-Editor der DBP möglich ist. Während dieses lokale Arbeiten natürlich auch bei Einsatzform 1 möglich ist, erweist sich der bulkupdate-Transfer durch ein rudimentäres Btx-System hindurch derzeit als Schwierigkeit.

Selbstverständlich braucht man auf dem PC nun hardwaremäßig Farb-Karte und -Monitor und softwaremäßig die Btx-Integrationskomponente (genau wie bei Einsatzform 1.1) und einen CEPT-Dekoder und einen Seiten-/DRCS-Editor (genau wie bei Einsatzform 1.2). Außerdem muß der PC nun offensichtlich auch das Bitfehler-Sicherungsprotokoll auf der Anschlußleitung zum Btx-Netz realisieren können; dies ist mit den heute bei PCs üblichen E/A-Schnittstellen lediglich ein Softwareproblem. Ob man den oben genannten lokalen Btx-Datenbank-Editor und die zugehörigen Möglichkeiten des bulkupdate auf einem PC benötigt hängt in erster Linie von der Größe des Btx-Seitenbestandes ab, der mit diesem PC bearbeitet werden soll: Bei 20 Seiten scheint er bereits höchst wünschenswert zu sein, bei 50 Seiten noch ohne ein solches Hilfsmittel zu arbeiten wäre absolut unprofessionell.

Diese Einsatzform des PCs ist nur mit einer geeigneten FTZ-Zulassung möglich. Die DBP unterscheidet hier zwei unterschiedliche Zulassungsarten für einen PC: Als Abrufgerät und als bulkupdate-Gerät.

Die Zulassungsanforderungen an ein Abrufgerät und ihre Problematik haben wir bereits bei Einsatzform 1 erläutert. Die einzige Möglichkeit diese Problematik zu lösen besteht derzeit darin, die MUPID-Karte zu benutzen. In allernächster Kürze wird es jedoch eine ganze Reihe anderer Karten geben, die dieses Problem ebenfalls lösen - dabei ist für mindestens eine Karte geplant, sie unter 1.000.- DM Einzelhandelspreis zu vertreiben. Hat man eine solche Btx-Farb-Karte in einem 16-bit PC wie wir ihn hier zugrunde gelegt haben, so stellt sich natürlich die Frage nach der Realisierung des CEPT-alpha-Geometrie Modus in einem ganz anderem Licht: Ein entsprechender Dekoder ist dann softwaremässig realisierbar. Ein leistungsstarker alpha-Geometrie-Editor ist zwar sehr viel schwieriger zu realisieren als ein alpha-Mosaik-Editor, aber auch hierfür reicht die Leistungsfähigleit eines PC noch völlig aus. In [4] ist ein solcher alpha-Geometrie-Editor skizziert, der dem heutigen Stand der Technik im Computer Graphics Bereich entspricht.

Damit ein PC als "bulkupdate"-Endgerät zugelassen werden kann, muß er - außer dem Fehlersicherungsprotokoll - auch noch das bulkupdate-Protokoll beherrschen; an die sogenannte RBG-Schnittstelle (= Rot/Grün/Blau-Schnittstelle, sie impliziert Farbfähigkeit, Auflösung, Blinken, wie oben beschrieben) werden hierbei keinerlei Anforderungen gestellt. Es ist also vorstellbar, daß es bulkupdate-PCs geben wird, deren RGB-Schnittstelle nicht zulassungsfähig ist. Ein Btx-Teilnehmer, der in erster Linie Informationsangebote erstellt und dazu einen bulkupdate-PC benutzt, könnte einen solchen PC also auch zum gelegentlichen Btx-Seitenabruf benutzen - obwohl das Gerät dafür nicht zugelassen ist. Eine ähnliche Rechtsproblematik kennt man aus dem Straßenverkehr: Auch hier wird gelegentlich in geschlossenen Ortschaften mit Privatfahrzeugen schneller als 50 km/h gefahren - obwohl diese dafür nicht zugelassen sind.

Einsatzform 3: Der PC als Externer Rechner

Wenn der PC als Externer Rechner eingesetzt wird ergibt sich die Situation, die die nachfolgende Skizze zeigt.

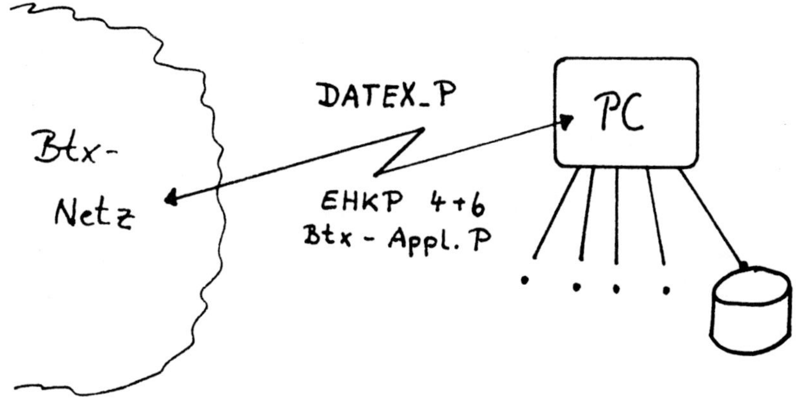

Selbstverständlich muß der PC dann unter einem multi-tasking Betriebssystem laufen und X.25-fähig sein - dies sind zwei einschneidende Vorraussetzungen. Erstere erfüllen z.B. UNIX-ähnliche Betriebssysteme (etwa QNX, [4]), letztere erfordert spezielle Hardware, derzeit wohl nur in Form der TELES X+T Karte gegeben, [4]. Darüberhinaus muß der PC noch das EHKP4, das EHKP6 und das Btx-Anwendungsprotokoll realisieren können. Die Realisierung aller Protokoll-schichten bedarf der Abnahme durch das FTZ. Alle diese Voraussetzungen sind mittlerweile erfüllt, [4].

Die Möglichkeit des Einsatzes des PCs als Externer Rechner verändert das Verständnis des Btx-Dienstes der DBP auf grundlegende Weise: Die so bedingte dramatische Kostensenkung für den Anschluß eines Externen Rechners, [4], und die erhebliche Verbesserung der Flexibilität beim Aufbau von Btx-Applikationen läßt den Btx-Dienst für ganze Geschäftsbereiche, die ihm bisher skeptisch gegenüberstanden, zum attraktiven Hilfsmittel werden.

Betrachten wir noch kurz die Frage nach der Leistungsfähigkeit des PCs als Externer Rechner. Erfahrungen mit der TELES X+T Karte/Software haben gezeigt, daß der PC problemlos den 9.6 Kbit/sek DATEX_P-Anschluß mit voller Geschwin-digkeit bedienen kann. Extrapoliert man (davon ausgehend) auf die Belastung des

PCs durch die Realisierung der EHKP4/EHKP6 und des Btx-Anwendungsprotokolls, geht man von einfachen Btx-Datenbankzugriffen aus und nimmt man ein vernünftiges Verhalten der Informationsabrufer an, so kommt man zu der Schätzung, daß bei 5 - 10 Abfragesitzungen gleichzeitig (d.h. Sitzungen zwischen einem PC und 5 - 10 Informationsabrufern) nennenswerte Wartezeiten in der Regel nicht auftreten. Jedenfalls dürfte die dadurch bedingte Protokollabwicklung (insbesondere für den Datentransfer auf der DATEX_P-Leitung) den Prozessor des PCs nicht auslasten - eine Gegebenheit die für Großrechner in dieser Rolle keineswegs selbstverständlich ist. Einige einfache Überlegungen, die diese Abschätzungen (des Aufwandes, der durch die Externen Rechner Protokolle oberhalb von DATEX_P bedingt wird) begründen, findet man bei der nachfolgenden Beschreibung der Einsatzform 4.

Selbstverständlich dagegen ist, daß die begrenzte Leistungsfähigkeit der Organisation eines PCs es nicht gestattet, nebenläufig zu dieser Protokollabwicklung auch noch CPU-intensive oder Arbeitsspeicherplatz-intensive oder HochvolumenE/A-intensive Anwendungsprogramme auszuführen - für Anwendungen dieser Art braucht man leistungsstärkere Anlagen als PCs. Die nächste PC-Einsatzform stellt auf diese Gegebenheit ab.

Einsatzform 4: Der PC als Gateway zum eigentlichen Externen Rechner

Die Verteilung der insgesamt zu erbringenden Funktionalitäten auf den PC als Gateway bzw. auf dem eigentlichen Externen Rechner ersieht man aus der nachfolgenden Skizze.

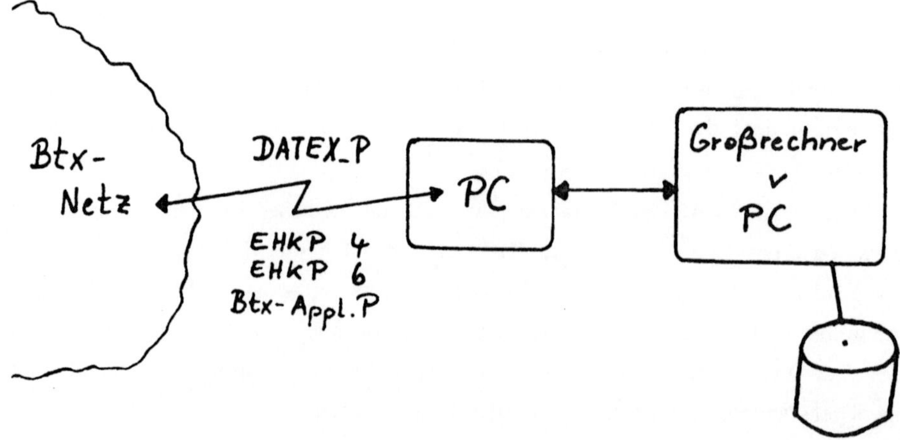

Zunächst einmal ist klar, daß der PC zum Btx-Netz hin sich genauso verhalten muß wie in Einsatzform 3, d.h. er muß die X.25 Protokolle, EHKP4, EHKP6

und das Btx-Anwendungsprotokoll realisieren. Die Aussagen, die wir bei Einsatzform 3 bzgl. FTZ-Zulassung und bzgl. der Auslastung des PCs (durch diese Protokollabwicklungen) gemacht haben, gelten also auch für den Einsatz des PCs als Gateway.

Nicht zwingend vorgeschrieben ist dagegen, welches Protokoll zwischen dem Gateway und dem eigentlichen Externen Rechner abgewickelt wird. In dieser Arbeit wollen wir davon ausgehen, daß eine Anwendung auf dem eigentlichen Externen Rechner vollständig implementiert ist und von seinen lokalen Terminals aus problemlos genutzt werden kann, und daß es deshalb der naheliegende und sehr vernünftige Wunsch ist, diese Anwendung von Btx-Terminals aus ebenfalls nutzen zu können - ohne dafür die Implementierung der Anwendung ändern zu müssen. Wenn diesem Wunsch entsprochen werden soll, muß sich der PC dem Externen Rechner gegenüber genauso wie ein oder mehrere seiner lokalen Terminals verhalten. D.h., der PC muß im Wesentlichen das Btx-Anwendungsprotokoll (und seine Inhalte) auf das Protokoll eines lokalen Terminals (und seine Inhalte) abbilden und umgekehrt, [4]. Diese Abbildung läßt sich in vielen Fällen so implementieren, daß ihre Realisierung die CPU des PC kaum belastet - auf jeden Fall ist dieser Aufwand, verglichen mit dem Aufwand für die Protokollabwicklung zum Btx-Netz hin - sehr klein und kann von vorherein gut abgeschätzt werden.

Geht man davon aus, daß ein Btx-Informationsabruf-Terminal seinen 1200 bit/sek-Anschluß - über eine Sitzungsdauer gemittelt - höchstens zu 50% ausnutzt, andererseits der PC-Gateway aber seinen 9.6 Kbit/sek-Anschluß permanent mit Daten versorgen kann, so sieht man, daß ein solcher PC bis zu 16 Abrufer-Sitzungen gleichzeitig ohne ernsthafte Verzögerung bedienen kann. Man beachte, daß man für eine höhere Gesamtbedienungsleistung - wenn man also entweder die Anzahl der gleichzeitigen Abrufersitzungen (bei der obigen Bedienungsleistung pro Abrufer) oder (bei obiger Anzahl von gleichzeitigen Abrufersitzungen) die Bedienungsleistung pro Abrufer erhöhen will - einen schnelleren DATEX_P-Anschluß oder mehrere 9.6 Kbit/sek DATEX_P-Anschlüsse benötigt - und auch in diesem Fall genügt u.U. noch die Leistungsfähigkeit eines einzigen PCs. Offensichtlich aber kann man über einen einzigen 9.6 Kbit/sek DATEX_P-Anschluß auch mehr als 16 gleichzeitige Abrufersitzungen zum Externen Rechner "durchschalten" - man muß dann jedoch die mittlere Bedienungsleistung pro Abrufersitzung unter 50% der maximalen Bedienungsleistung (= 1200 bit/sek permanent) reduzieren.

Einsatzform 5: Der PC als Netzsimulator

Unabhängig davon, ob man einen PC in Einsatzform 3 oder 4 zur Realisierung eines Externen Rechners benutzt, ergibt sich das Problem, daß man das Dienstleistungsangebot des Externen Rechners - so wie es sich einem Btx-Informations-Abrufer darstellt - überprüfen möchte. Man kann diese Überprüfung natürlich immer vornehmen, indem man vom Btx-Abruf-Terminal über das Btx-Netz an den Externen Rechner geht. Diese Form des Testens der Dienstleistung des Externen Rechners hat aber mehrere Nachteile - u.a. entstehen dabei Postgebühren. Man kann deshalb einen PC als Netzsimulator einsetzen, wie es die beiden nachfolgenden Skizzen (die erste/zweite für die Einsatzform 3 bzw. 4) veranschaulichen.

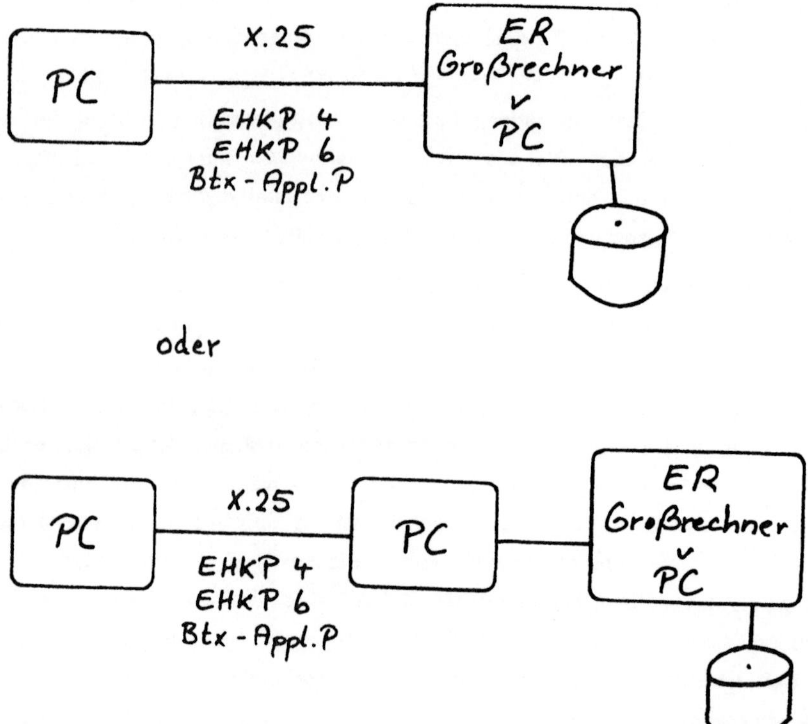

FTZ-Zulassungsprobleme für den PC als Btx-Netzsimulator gibt es hier nicht: Es handelt sich ja um eine rein private Testmaßnahme, weil der Netzsimulator an keinem Postnetz angeschlossen ist.

Die Protokolle, die der Netzsimulator zum Externen Rechner (bzw. seinem Gateway) hin realisieren muß sind natürlich die gleichen wie die des Externen Rechners bzw. seines Gateways (also wiederum die X.25-Protokolle, EHKP4, EHKP6 und das Btx-Anwendungsprotokoll), jedoch muß der Simulator nun die

Netzseite dieser Protokolle übernehmen, [4]. Die Protokolle, die der Netzsimulator zum Btx-Abruf-Terminal hin realisieren muß sind das Leitungssicherungsprotokoll und das Abrufer-Protokoll - wobei er wiederum die Netzseite übernehmen muß, [4].

Abgrenzende Erläuterungen

Die vorangehende Diskussion von 5 Einsatzformen des PC in Btx-Applikationen darf nicht als erschöpfend betrachtet werden. Die Häufigkeit dieser 5 Einsatzformen scheint jedoch gegenüber allen bisher absehbaren anderen Formen des PC-Einsatzes in Btx-Anwendungen - über die zu einem späteren Zeitpunkt berichtet werden soll - ganz klar zu dominieren.

Auch sind diese 5 Einsatzformen keineswegs alternativ zueinander zu verstehen. Offensichtlich kann man mittels eines einzigen PCs mehrere solcher Einsatzformen praktizieren - falls erforderlich auch gleichzeitig. Z.B. kann man von einem Externen Rechner aus auch das bulkupdate-Protokoll fahren (derzeit jedoch nur über eine Telefonleitung), oder man kann einen Externen Rechner zusammen mit dem Netzsimulator in einem PC ansiedeln, oder ... .

Schließlich haben wir keinerlei Kostenbetrachtungen angestellt, die auf genauere Klärungen von quantitativen Fragen abzielen - etwa in wievielen Fällen das dramatische Sinken der Kosten sowohl für die Hardware als auch für die Software von Btx-Arbeitsplätzen und von Externen Rechnern die Integration des Btx-Dienstes in "verteilte Applikationen", die bisher ohne Btx-Dienst konzipiert waren, zur Folge haben wird, oder um wieviele Monate früher die nationalökonomisch innovative Wirkung des Btx-Dienstes der DBP durch diesen enormen Kostenrückgang zum Tragen kommen wird.

Ziel dieser Arbeit war lediglich darauf hinzuweisen, daß die Leistungsfähigkeit moderner PCs die Btx-Technologie für wohl alle verteilten Anwendungen kommerziell tatsächlich sehr attraktiv gemacht hat, und daß dies in der Hauptsache auf einige wenige und gut beherrschte Einsatzformen des PCs zurückzuführen ist.

Literatur

[1]   S.Schindler: "Der PC als offener multifunktionaler Büroarbeitsplatz", ONLINE '84, Februar '84, Berlin.

[2]   S.Schindler: "Aufbau eines flexiblen Satz- und Kommunikationssystems unter besonderer Berücksichtigung kleiner Druckereien", Eröffnungsreferat der IMPRINTA '84, Februar '84, Düsseldorf.

[3]   S.Schindler: "Entwicklungstendenzen der Büroautomation", GI-Tagung Datenverarbeitung in der Hochschulverwaltung, April '85, Kiel.

[4]   TELES_SYS - Eine Übersicht, erhältlich über den Autor.

[5]   Functional Specification for Btx-Termianls, DBP, Dezember '83.

[6]   The TCD 6.1, CEPT, September '83.

Eingliederung von Bildschirmtext in eine rechnergestützte Büroumgebung

R. Gerber, G. Schlageter, W. Stern

FernUniversität
Praktische Informatik I
Feithstraße 140
D-5800 Hagen 1

Inhalt

1. Einleitung

2. Anforderungen an das BiB-System

3. BiB-Konzeption
3.1 Datenmodell in BiB
3.2 Schichtenmodell in BiB
3.2.1 Organisation der Schemainformationen
3.2.2 BiB-Schichten im einzelnen

4. Auswirkungen des BiB-Systems auf die Büroumgebung

5. Ausblick

6. Literatur

Das diesem Bericht zugrunde liegende Vorhaben wird mit Mitteln des Bundesministers für Forschung und Techologie gefördert. Die Verantwortung für den Inhalt dieser Veröffentlichung liegt bei den Autoren (Förderungskennzeichen PT 256.01 / IDA 0201-9).

1. Einleitung

Die derzeitige Entwicklung innerhalb der Büroumgebung wird immer stärker geprägt durch den Einzug der Mikroelektronik. Zu den prägnantesten Vertretern gehören die Textverarbeitungssysteme, die die herkömmliche Schreibmaschine ablösen, aber auch Personal Computer, die den jeweiligen Mitarbeiter an seinem Arbeitsplatz, bei einer Entscheidungsfindung, Terminplanung etc. unterstützen. Derzeitige Arbeitsplatzrechner verfügen z.T. bereits über eine Ablagekomponente, die anstelle von Ordnern die anfallenden Dokumente und Daten weitgehend aufnimmt. Neben dieser Archivierung besitzen komplexere Systeme kommunikative Komponenten, die den Anschluß eines solchen Arbeitsplatzrechners an Datenbanken und In-house Kommunikationsnetze gestatten. Dies ermöglicht den Abruf von Daten aus anderen Rechnern, aber auch das Herumreichen von Dokumenten oder das Senden von Mitteilungen /ELN, UFB/.
Kennzeichnend für solche Systeme ist aber häufig die Beschränkung der elektronischen Kommunikation auf Stationen innerhalb eines Hauses, ohne daß die Möglichkeit gegeben ist, Informationen von außerhalb abzurufen (z.B. durch Zugriff auf externe Datenbanken) oder mit externen Stationen zu kommunizieren. In vielen Anwendungsbereichen wäre aber gerade dies wünschenswert.

Eine solche Öffnung über die Grenzen eines Büros hinaus wird erleichtert durch die Entwicklung im Bereich der Telekommunikation. Vor allem im Bereich der Daten- (Datex-L, Datex-P) und Textkommunikation (Teletex, Telefax) ist das Angebot der Deutschen Bundespost erheblich erweitert worden.
Eine besondere Stellung nimmt dabei das neue Medium Bildschirmtext (BTX) ein, da es sowohl eine einfache Form der Kommunikation auch zwischen weit entfernten Teilnehmern ermöglicht, als auch den Abruf von Informationen aus einem großen und vielfältigen zentralen Angebot. Diese Kombination aus Informations- und Kommunikationsmedium macht BTX gerade für die Büroumgebung interessant. Der im Vergleich zu anderen Telekommunikationsdiensten niedrige Preis unterstreicht diese Attraktivität.

Die Einbeziehung von BTX in ein Bürosystem wird allerdings erschwert durch die Schnittstelle, die BTX seinen Benutzern bietet. Bedingt durch das einfache Endgerät (Fernseher, numerische Tastatur) und die hierarchische Struktur des BTX-Seitenbestandes /GES, MAU/ ist diese Schnittstelle in ihrem Funktionsspektrum weniger auf den professionellen Nutzer ausgerichtet.

Um BTX in der Büroumgebung einsetzen zu können, muß im Hinblick auf diesen Benutzerkreis neben einem erweiterten Funktionsspek- trum ein Übergang zwischen den herkömmlichen Büroanwendungen und diesen neuen Funktionen geschaffen werden, der einheitliches Arbeiten innerhalb des Bürosystems ermöglicht. Diese Einbindung von BTX in eine rechner- gestützte Büroumgebung leistet das im folgenden vorgestellte System 'BTX im Büro', genannt BiB.

2. Anforderungen an das BiB-System

Das besondere Merkmal von BiB ist die Einbeziehung von Bildschirmtext in ein Bürosystem, d.h. zu den Funktionen, die ein herkömmliches
System anbietet, treten jene, die das Medium BTX betreffen.

Aus dieser Erweiterung resultieren die folgenden Anforderungen:

- BiB muß eine einheitliche Schnittstelle für den Benutzer zur
  Verfügung stellen, die sowohl die ´normalen´ Büroanwendungen
  unterstützt als auch den Zugriff auf Daten der BTX-Zentrale und
  die Kommunikation über BTX erlaubt, ohne daß der Benutzer die
  speziellen Eigenarten von BTX berücksichtigen muß.

- diese Schnittstelle muß so ausgelegt sein , daß sie den Bedürfnissen der Benutzer eines Bürosystems gerecht wird, d.h. sie muß mehr
  bieten als ein System, das sich an den gelegentlichen BTX-Nutzer
  wendet, sie darf allerdings auch nicht die Vorkenntnisse von
  DV-Fachleuten voraussetzen. Die sich daraus ergebene Forderung ist
  ein Spektrum an unterschiedlich komplexen Funktionen, aus dem sich
  der oben genannte Benutzerkreis bedienen kann.

- die wichtigsten Funktionsgruppen, die BiB unterstützen muß, sind:

  . der Informationsabruf, insbesondere von Teledaten (Informatio-
    nen, die in der BTX-Zentrale gespeichert sind und durch ein
    Programm weiterverarbeitet werden sollen).
    Die zu entwickelnde Abfragesprache muß mit komfortablen
    Suchfunktionen auf dem BTX-Seitenbestand ausgestattet sein.
    Diese wiederum sind durch spezielle Zugriffspfade zu
    unterstützen, um akzeptable Antwortzeiten zu erhalten.

  . die Ablage von Information.
    Neben der Ablage auf dem lokalen externen Speicher ist mit
    Einschränkungen das Speichermedium BTX zu berücksichtigen,
    d.h. einem Informationsanbieter in BTX ist ein Werkzeug zur
    Verwaltung und Speicherung von BTX-Seiten anzubieten.

  . die Kommunikation über BTX.
    Diese benutzt in erster Linie den BTX-Mitteilungsdienst, auf
    dem ein Briefkastensystem aufgesetzt wird. Über dieses kann

der Anschluß in ein In-house Kommunikationsnetz erfolgen.

- die vierte Anforderung betrifft die Erweiterbarkeit des Systems. Diese könnte z.B. aus einem zusätzlichen Anschluß für Teletex bestehen oder die paketvermittelte Übertragungs- art Datex-P unterstützen. Denkbar ist auch die Einbeziehung weiterer externer Datenbanken. Das System muß dabei so flexibel ausgelegt sein, daß durch eine Erweiterung die oben erwähnte Schnittstelle zum Benutzer bestehen bleibt. Diese Forderung ist insbesondere deshalb von Bedeutung, um spätere Entwicklungen im Bereich der Telekommunikation berücksichtigen zu können.

3. BiB-Konzeption

Prinzipiell kann man BiB als vermittelnde Instanz zwischen dem
Benutzer und den unterstützten Kommunikationsdiensten betrachten.

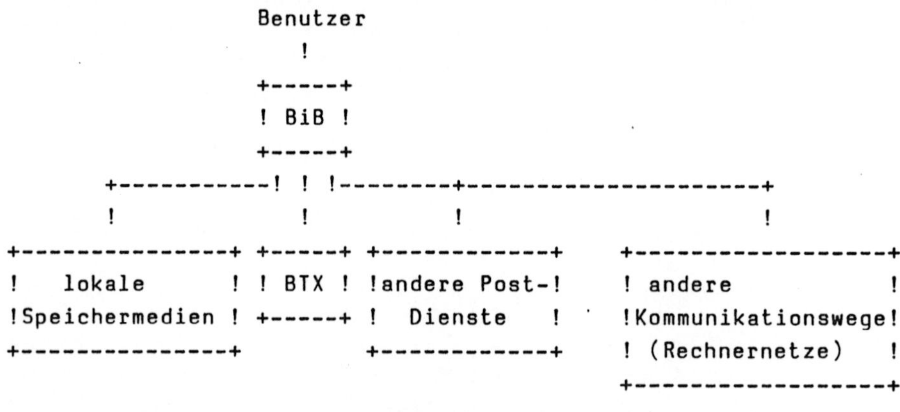

(Bild 1: Das BiB-Konzept)

Wie schon in Kapitel 2 gefordert, sieht das BiB-Konzept die Integration der verschiedenen Dienste der Post als auch anderer (lokaler)
Rechnernetze vor. In den folgenden Überlegungen wird allerdings nur
noch auf den speziellen Post-Dienst BTX eingegangen, was aber keine
Einschränkung der Allgemeingültigkeit bedeutet.

3.1 Datenmodell in BiB

Innerhalb des BiB-Systems, und damit auch in der Benutzerebene, wird
mit einer einheitlichen Sichtweise auf alle Daten der verschiedenen
Kommunikationsmedien gearbeitet. Das Problem dabei ist die Festlegung
des Datenmodells. Es muß einerseits mächtig genug sein, um die zum Teil
unformatierten Daten der doch sehr unterschiedlichen Medien erfassen zu
können. Andererseits darf es aber auch nicht zu kompliziert für einen
BiB-Nutzer sein.

Relationales Datenmodell

Im BiB-System wird aus diesen Überlegungen heraus mit einem Datenmodell gearbeitet, das sich sehr stark am Relationenmodell /COD/ orientiert. Dies hat den Vorteil, daß im gewissem Umfang die unformatierten
Daten der BTX-Zentrale strukturiert und leichter verarbeitet werden
können. Dem Benutzer kann eine ähnliche Sicht auf die Daten und eine
entsprechende Bearbeitung der Daten geboten werden, wie sie sich schon
in traditionellen Datenbanken bewährt hat.

Den Vorteil einer solchen Vorgehensweise kann man sich sofort am
folgenden Beispiel der im BTX angebotenen Verzeichnisse klarmachen.
Diese Verzeichnisse können im BiB mit Hilfe der folgenden Relationen
beschrieben werden:

   1) Teilnehmer-Verzeichnis:
      TV (Systemnummer, Teilnehmer-Name, Wohnort, Straße)

   2) Anbieter-Verzeichnis:
      AV (Anbieter-Name, Seitennummer)

   3) Schlagwort-Verzeichnis:
      SV (Schlagwort, Anbieter-Name, Seitennummer)

Erweiterung des Datenmodells - beliebig lange Attribute

Das relationale CODDsche Datenmodell muß allerdings einige Erweiterungen erfahren, speziell zur Behandlung von nicht-formatierbaren Daten
wie z.B. Freitext /HAL/. Entsprechend müssen Information-Retrieval (IR)
Funktionen auf beliebig langen Attributen in das Datenmodell integriert
werden. Mit Hilfe dieser Erweiterungen kann man z.B. den Bestand aller
BTX-Seiten in einer Relation erfassen (um dem Benutzer einen Abruf von
BTX-Seiten zu ermöglichen).

   BTX-Seiten (Seitennummer, Anbieter-Name, Seitenpreis,
           Seiteninhalt)

In dem Beispiel ist "Seiteninhalt" ein beliebig langes Attribut und
nimmt den gesamten Inhalt einer BTX-Seite auf.

Zuordnung Tupel <=> BTX-Seite

Wie aus den bisher dargestellten Beispielen deutlich wird, ist die Zuordnung zwischen einem Tupel einer Relation und einer BTX-Seite nicht festgelegt. Ein Tupel kann (wie im Beispiel der Verzeichnisse) einen Teil einer BTX-Seite repräsentieren oder wie in der Relation BTX-Seiten genau eine BTX-Seite sein. Darüber hinaus kann ein Tupel auch ein beliebig langes Attribut haben, das mehrere BTX-Seiten umfaßt. Eine Anwendung wäre beispielsweise eine Relation, die Teleprogramme /MAP, MAU/ beschreibt.

> Teleprogramme (Programmname, Anbieter-Name, Kurzbeschreibung,
> Programmcode)

Das Attribut Programmcode umfaßt unter Umständen die Inhalte mehrerer BTX-Seiten.

Zusammenfassend kann man sagen, daß es mit dem erweiterten CODDschen Relationenmodell möglich ist, Informationsabruf aus der BTX-Datenbank und Suchfunktionen zu unterstützen. Eine ausführliche Darstellung dieser Idee, auf BTX-Datenbanken relationale Konzepte anzuwenden, findet man in /GSS/.

**Einbettung spezieller Kommunikationsprozeduren:
BTX-Mitteilungsdienst**

Über komplexe Suchfunktionen hinaus kann auch der Mitteilungsdienst von BTX über Relationen abgedeckt werden, im einfachsten Fall über eine Relation

> Mitteilung (Sender, Empfänger, Text).

Dazu bedarf es aber einer speziellen Behandlung dieser Relation: Operationen auf dieser Relation müssen in Funktionsaufrufe des BTX-Mitteilungsdienstes umgesetzt werden.

3.2 Schichtenkonzept in BiB

Das wichtigste Konzept in BiB ist somit die relationale Sichtweise auf alle an BiB angeschlossenen Daten und Kommunikationsdienste und damit verbunden ein vereinheitlichtes Arbeiten im BiB-System.

In der BiB-Architektur sind ähnlich wie im ANSI-SPARC-Ansatz /ANS/ drei verschiedene Schichten vorgesehen, wobei die oben definierte Konzeption ihre Auswirkungen auf jede einzelne Schicht von BiB hat.

```
             +------------------------------+
             !           Benutzer           !
             +------------------------------+
                          !
                          !
   BiB       +------------------------------+
             !   Benutzerunterstützende     !
             !   Schicht                    !
             +------------------------------+
             !   Konzeptuelle Schicht       !
             +------------------------------+
             !   Übertragungsschicht        !
             +------------------------------+
                 !                  !
             +---+        +----------------+
             !BTX!        !lokale Speicher!
             +---+        +----------------+
```

(Bild 2: Die BiB Schichten)

3.2.1 Organisation der Schemainformationen

Zur Koordination der einzelnen Schichten von BiB, aber auch der verschiedenen BiB-Systeme (jede Bürostation hat ein eigenes lokales System), werden wie in DB-Systemen Schemainformationen und Übersetzungsregeln benötigt. In diesen Schemata sind beispielsweise Informationen über den Relationenaufbau als auch interne Definitionen wie BTX-Seitenmenge einer Relation, Anfangsseite, Verkettungsart, Organisation der Tupel in den Seiten etc. zu finden.

```
BiB1  +---------+                    BiB2  +---------+
      !Benutzer-!                          !Benutzer-!
      ! Schicht !                          ! Schicht !
      +---------+ - Schema                 +---------+ - Schema
      ! Konzept-!                          ! Konzept-!
      ! Schicht !                          ! Schicht !
      +---------+ - Schema                 +---------+ - Schema
      ! Übertr.-!                          ! Übertr.-!
      ! Schicht !                          ! Schicht !
      +---------+                          +---------+
```

(Bild 3: BiB-Schichten und Schemata)

Es sind einige Überlegungen zur Organisation dieser Schemata anzustellen.

1. Schemata können sowohl lokal (auf einem lokalen Hintergrundspeicher) als auch zentral (in der BTX-Zentrale) abgespeichert werden.

2. Ein BiB-System kann seine lokale und die zentrale Schema- information benutzen.

3. Die zentral abgelegten Schemata sind über einen Katalog in der BTX-Zentrale adressierbar. Dazu müssen die zentral abgelegten Schemainformationen anhand noch festzulegender Formatdefinitionen erstellt worden sein.

Probleme bei parallelen Zugriffen

Weitere Überlegungen betreffen den parallelen Zugriff auf BTX-Informationen und die sich daraus ergebenden Synchronisationsprobleme (concurrency control - CC). Im BiB-System sind es vor allem Probleme beim Lesen und Schreiben der Schemainformationen aus der bzw. in die BTX-Zentrale. Theoretisch kann aber die im folgenden skizzierte CC-Problematik auf den Zugriff jeder BTX-Seite verallgemeinert werden.

Das BTX-System erlaubt das Ändern einer Seite nur durch den Besitzer dieser Seite. Deshalb können zentrale Schemainformationen nicht durch zwei verschiedene Informations-Anbieter verändert werden. Wenn man davon ausgeht, daß ein Informations-Anbieter nicht gleichzeitig mit mehreren BiB-Systemen auf den Schemainformationen arbeitet, so können keine lost-update Probleme entstehen.

Schwieriger zu behandeln ist allerdings das Problem des non-repeatable-read.

Bsp.: BiB-Nutzer 1 liest die zentrale Schemainformation von 2,
     BiB-Nutzer 2 ändert seine zentrale Schemainformation,
     BiB-Nutzer 1 liest erneut die zentrale Schemainformation   von 2

Die Concurrency Control ist ein bisher offenes Problem, da die BTX-Zentrale keine Mechanismen zur Kontrolle paralleler Zugriffe auf Seiten anbietet.

3.2.2 BiB-Schichten im einzelnen

Wie bereits in Bild 2 dargestellt, besteht das BiB-System aus drei aufeinander aufbauenden Schichten.

Benutzerunterstützende Schicht

Es werden dem Benutzer eine dialog-orientierte und eine prozedurale Schnittstelle geboten. Die prozedurale Schnittstelle erlaubt die Anwendung von BiB durch Programme, die Dialog- Schnittstelle ermöglicht dem Benutzer einen direkten Zugang zu BiB.
In diesen Schnittstellen werden folgende Funktionenkomplexe unterstützt:

- DDL   Definitionen von Schemata und anderen systemspezifischen
         Einheiten,
- DML   Manipulation von Daten/Informationen,
- QL   Abfrage von Daten/Informationen.

Im Gegensatz zu herkömmlichen Datenbanksystemen muß die DDL jedem Benutzer geboten werden. Dies wird notwendig, weil keine zentrale Instanz existiert, die Schemata für die Benutzer definieren kann. Somit ist im BiB-System jeder Anwender sein eigener Datenbankadministrator.

Bezogen auf das Medium BTX können mit Hilfe dieser Funktionen sowohl der Informationsabruf aus der BTX-Zentrale als auch der BTX-Mitteilungsdienst benutzt werden.
Der Informationsabruf funktioniert beispielsweise über die Verzeichnisrelationen (siehe oben), benutzereigene oder zentral angebotene

Relationen /GSS/. Der Mitteilungsdienst wird in einem Briefkastensystem ausgenutzt. Die DDL erlaubt die Definition verschiedener Briefkästen mit verschiedenen Attributen, die DML ermöglicht das Absenden von Meldungen, die QL die Abfrage von Mitteilungen.

Konzeptuelle Schicht

Diese Schicht bietet der über ihr liegenden benutzerunterstützenden Schicht eine mehrtupel-Schnittstelle mit entsprechenden Operationen. Die Aufgaben dieser Schicht bestehen darin, die Schemata zu verwalten (lesen, ändern, ablegen), Anfragenauswertung der QL vorzunehmen und logische Zugriffspfade auszunutzen /GSS/.

Übertragungsschicht

Die Übertragungsschicht übernimmt die Umsetzung der relationalen Denkweise von BiB auf Einheiten der speziellen physikalischen Einheit (also BTX oder lokales Speichermedium). Im Falle des BTX-Systems geschieht hier die Zuordnung von Tupeln zu BTX- Seiten (mit Hilfe der Schema-Information) und hier wird das spezielle Kommunikationsprotokoll zu BTX verankert (z.B. LOGON, LOGOFF, Schreiben in die BTX-Zentrale über BTX-Editor, Senden einer Meldung über den BTX-Mitteilungsdienst).

4. Auswirkungen des BiB-Systems auf die Büroumgebung

Im vorausgegangenen Kapitel wurde beschrieben, wie die Einbindung von BTX in ein Bürosystem über die drei BiB-Ebenen realisiert wird. Innerhalb der Benutzerebene wurden auch die Funktionen erläutert, die dem Benutzer von BiB zur Verfügung stehen. Im folgenden soll skizziert werden, wie sich der Anschluß von BTX an ein Bürosystem auf den Benutzer auswirkt. Dabei stehen weniger die klassischen Funktionen eines Bürosystems im Vordergrund, vielmehr wird auf die zusätzlichen Möglichkeiten von BiB eingegangen.

Wie in der Einleitung ausgeführt, besteht in der Büroumgebung ein Bedürfnis nach Daten, die nur außerhalb des jeweiligen Büros anfallen. Mit BiB wird z.B. ein Sachbearbeiter in die Lage versetzt, auf besonders aktuelle Information wie z.B. Nachrichten zuzugreifen. Die gewohnte visuelle Darstellung von BTX könnte in diesem Fall beibehalten werden; der Sachbearbeiter bedient sich aber seines Arbeitsplatzrechners, d.h. er benötigt nicht ein zusätzliches BTX-Endgerät und vermeidet somit einen Gerätepark auf seinem Schreibtisch.
Ebenso könnte BiB den Wunsch eines Benutzers erfüllen, den nächsten Flug von Düsseldorf nach Paris zu ermitteln. Über ein normales BTX-Endgerät müßte der Benutzer sich selbst die Informationen jeder einzelnen Fluggesellschaft abrufen und auswerten, ein zeitaufwendiges Unterfangen. Mit BiB würde ihm diese Arbeit abgenommen. Allerdings müßten sich die betroffenen Anbieter (in diesem Fall die Fluggesellschaften) den festgelegten Regeln bezüglich der Aufbereitung von BTX-Seiten unterwerfen. In Anwendungsbereichen, wo eine solche Einigung nicht zu erreichen ist, könnte von dritter Seite ein entsprechender Service angeboten werden, z.B. eine Zusammenstellung der im BTX-System vertretenen Fluggesellschaften mit Verweisen auf die jeweiligen Flugtabellen.

Dieses Beispiel zeigt, daß ein System wie BiB die Forderung der BTX-Nutzer unterstreicht, in größerem Maße Anbieter-übergreifende Informationen zu erhalten, wobei es unerheblich ist, ob diese von kommerziellen Anbietern oder von der Post selbst geliefert werden. Bereits der bescheidene Wunsch eines Benutzers, die Adressen aller Anbieter zu erhalten, die in Hagen beheimatet sind und Bürobedarf liefern, ist über BTX selbst kaum beantwortbar, es sei denn, man würde einen weiteren Zugriffspfad über dem Attribut 'Ort' des Teilnehmerverzeichnisses einführen. (Der Leser möge sich den Aufwand der obigen Anfrage einmal verdeutlichen.)

Neben der Beantwortung konkreter Anfragen auf dem Informationsbestand der BTX-Zentrale könnte sich der Sachbearbeiter eines Büros über BiB individuelle Abruffolgen definieren, sich quasi seine eigene Zeitung zusammenstellen. Das dabei mögliche Spektrum ist so vielfältig wie das Informationsangebot von BTX selbst, seien es die oben erwähnten aktuellen Nachrichten, am Montag morgen die lokalen Sportergebnisse oder die neuesten Börsenberichte.

Aktuelle Information kann neben dem Benutzer auch durch ein Anwendungsprogramm abgerufen werden, das auf dem Arbeitsplatzrechner des Sachbearbeiters läuft. Z.B. könnte ein Kalkulations- programm zur Berechnung des Preises von ausländischen Produkten die aktuellen Währungskurse aus dem BTX-Angebot der Hausbank abrufen.

Neben dem Informationsabruf sind auch die Funktionen zu betrachten, die BTX als Kommunikationsmedium nutzen.

BiB gestattet dem Benutzer, am Arbeitsplatzrechner mit einem Textsystem erstellte Briefe über BTX an einen bestimmten Empfänger zuzustellen. Der Benutzer kann dem jeweiligen Brief eine Liste von Parametern beigeben, wie die Dringlichkeit, den Versandtermin oder bei Anschluß eines weiteren Übertragungsmediums den Übertragungsweg.

Neben dem Versand eines Briefes an einzelne Empfänger erlaubt BiB den Versand an eine Gruppe von BTX-Teilnehmern über Verteilerlisten, ohne daß für diesen Service zusätzliche Gebühren an die Post abgeführt werden müssten.

Auf der Empfängerseite kann sich der Benutzer Briefkästen definieren, auf die die eingehende Post nach bestimmten Kriterien verteilt wird. Ein solcher Briefkasten kann mit Funktionen versehen werden, die bei Eintreffen eines Briefes angestoßen werden. Als Beispiel sei die Einrichtung eines Briefkastens erwähnt, der die Anmeldungen zur Teilnahme an einer bestimmten Konferenz aufnimmt. Der assoziierte Prozess überprüft die bereits gemeldete Teilnehmerzahl, die lokal in dem Bürosystem gespeichert ist. Abhängig von dem Belegungsgrad wird automatisch eine Bestätigung oder Absage erstellt und an den Anfragenden gesendet. Im Falle der Zusage wird die Teilnehmerliste erweitert. Dieser Vorgang läuft ab, ohne den jeweiligen Sachbearbeiter für diese Routinearbeit in Anspruch zu nehmen.

5. Ausblick

Die oben dargestellten Anwendungsmöglichkeiten des BiB-Systems zeigen bereits auf, wie vielfältig BTX durch ein Bürosystem genutzt werden kann. Der Bericht beschreibt die Architektur von BiB; bezüglich der Benutzerfunktionen, Schemadefinition und organisatorischer Maßnahmen in der BTX-Zentrale sind weitere Untersuchungen erforderlich.

Bei der Bewertung von BiB darf natürlich nicht verkannt werden, daß BTX nur in einem bestimmten Anwendungsbereich sinnvoll eingesetzt werden kann, sei es, daß der Empfänger eines Briefes nur über BTX zu erreichen ist oder die Mitteilung in Art und Umfang diesem Übertragungsmedium gerecht wird. Für Daten- transfer, der zeitkritisch oder voluminös ist, stehen geeignetere Übertragunswege zur Verfügung. Durch die flexible Architektur bietet BiB die Möglichkeit, auch diesen Anforderungen in Zukunft gerecht zu werden.

6. Literatur

/ANS/   ANSI/x3/SPARC Study Group on Database
            Management Systems,
         Interim Report 75-02-08,
         FDS (Bulletin of ACM-Sigmod) 7, Nr. 2, 1975

/COD/   Codd, E.F. :
         A relational model of data for large shared
            data bases,
         Comm. ACM 13, p. 377-387, 1970

/ELN/   Ellis, C.A.; Nutt, G.J. :
         Office information systems and computer science,
         Comp. Surveys, Vol. 12, No. 1, Mar 1980

/GES/   Gerber, R.; Schlageter, G. :
         Integration von Personal Computern und
            Bildschirmtext,
         Online 83, Düsseldorf, Feb 1983

/GSS/   Gerber, R.; Schlageter, G; Stern, W. :
         Improving the search function in videotex systems
            by intelligent decoders,
         Videotex Europe 83, Amsterdam, Nov 1983

/HAL/   Haskin, R.C.; Lorie, R.A. :
         On extenting the functions of a relational
            database system,
         Proc. ACM-Sigmod Conf., Orlando, Jun 1982

/MAP/   Maurer, H.A.; Posch, R. :
         Der Mupid: Ein Beitrag Österreichs zur Entwicklung
           von Bildschirmtext
         IIG B17, Graz, Jun 1982

/MAU/   Maurer, H.A. :
         Bildschirmtextähnliche Systeme,
         IIG B11, Graz, Mai 1981

/UFB/   Uhlig, R.P.; Farber, D.J.; Bair, J.H. :
         The office of the future,
         North Holland Publ. Comp., Amsterdam, 1979

HARDWARE- UND SOFTWARETECHNOLOGIEN FÜR VERNETZTE
MULTIFUNKTIONALE BÜROARBEITSPLÄTZE

H. Balzert, A. Fauser
TRIUMPH-ADLER AG
Basisentwicklung
Nürnberg

Zusammenfassung

Neue Software- und Hardware-Technologien ermöglichen eine neue Qualität
der Benutzung und Nutzung von Arbeitsplatzrechnern im Büro. In Zukunft
wird jeder Büromitarbeiter - ob Führungskraft, Fachkraft, Sachbearbeiter oder Assistenzkraft - über einen eigenen multifunktionalen
Arbeitsplatzrechner mit lokaler Intelligenz verfügen. Die Arbeitsplatzrechner sind untereinander über lokale und öffentliche Netze
verbunden und können miteinander kommunizieren. Da die Einführung neuer
Bürotechnologien evolutionär erfolgen wird, ist es für die
organisatorische Akzeptanz von entscheidender Bedeutung, daß
Bürokommunikation nach und nach wachsen und zwischen Geräten
unterschiedlicher Klassen erfolgen kann. ERGONET ist die technologische
ntwort von TRIUMPH-ADLER auf diese Anforderungen: ein LAN, das eine
vertikale und horizontale Vernetzung ermöglicht und sich in der
Leistungsfähigkeit den Kommunikationsbedürfnissen des Anwenders anpaßt.

Neben der organisatorischen Akzeptanz erfordert die Multifunktionalität
der Büroarbeiten eine ergonomisch gestaltete Mensch-Computer-Schnittstelle, die für jeden Mitarbeiter - ob Computerlaie, Gelegenheits-
benutzer oder Experte - eine auf ihn zugeschnittene optimale
Interaktion erlaubt. Zur Erprobung neuer multimedialer Interaktionsformen wurden in der Basisentwicklung von TRIUMPH-ADLER drei
experimentelle Arbeitsplätze entwickelt: ein Sekretariatsarbeitsplatz, ein Managerarbeitsplatz und ein Sachbearbeiterarbeitsplatz.
Besonderer Wert wurde auf den bislang in der Bürotechnik stark
vernachlässigten Bereich der Handschrift gelegt. Durch einen horizontal
in den Schreibtisch eingebauten PLASMA-Bildschirm werden ganz neue
Interaktionsformen eröffnet.

Elektronische Bürokommunikation verbunden mit multifunktionalen,
multimedialen, benutzeradaptiven Arbeitssystemen eröffnen eine humanere
und befriedigendere Arbeit im Büro der nächsten Jahre.

1. Einleitung

Über Jahrzehnte hinweg ist die Entwicklung der Informationstechnologie
am Büroarbeitsplatz weitgehend vorbeigegangen. Unterstützung durch EDV
hieß, und heißt auch heute noch weitgehend, Unterstützung durch ein
Rechenzentrum. Sie war/ist damit eine Dienstleistung durch andere.
Unterstützung durch neue Informationstechnologie direkt am eigenen
Arbeitsplatz war/ist soweit unbekannt oder ungebräuchlich.

Erst in den letzten fünf bis zehn Jahren haben sich, durch die
Entwicklung interaktiver Systeme ermöglicht, tiefergreifende Änderungen
ergeben. Sie sind aber bis heute noch weitgehend auf einzelne Branchen
(Beispiel: Versicherungen) oder auf einzelne Tätigkeiten (Beispiel:
Textverarbeitung) konzentriert. Ein allgemeiner Durchbruch hin zur
Bürorationalisierung durch den Einsatz moderner Informationstechnologie

hat noch nicht stattgefunden. Dies gilt besonders für kleine und mittlere Unternehmen.

So jung die Geschichte der Bürorationalisierung ist, so ist doch bereits ein Trend weg von den hergebrachten Formen zu erkennen. Die Verschiebung der EDV-Unterstützung an den Arbeitsplatz wird jetzt ergänzt durch eine Verschiebung der Rechnerleistung an den Arbeitsplatz. Anstatt über ein Terminal mit einem größeren Rechner zu kommunizieren, befindet sich in dieser neuen Konzeption an jedem Arbeitsplatz ein multifunktionaler Rechner mit lokaler Intelligenz. Erste Entwicklungen in diese Richtung zeichnen sich bereits ab. Sie werden durch ein immer breiteres Angebot immer leistungsfähigerer Mikro- oder Arbeitsplatzrechner unterstützt.

Es ist wichtig, daß hieraus keine Insellösungen entstehen. Die Verbesserung der Arbeit direkt am Arbeitsplatz muß durch eine Verbesserung der Kommunikation zwischen Arbeitsplätzen ergänzt werden. Die Kommunikation über interne und externe Netze vermeidet Engpässe und Flaschenhälse in der Informationsübertragung und macht den Einsatz moderner Technologie damit flächendeckend.

Bürokommunikation heißt somit zweierlei:

- Unterstützung der Tätigkeit des Einzelnen an seinem Arbeitsplatz durch multifunktionale Systeme und komfortable Mensch-Computer-Kommunikation

- Unterstützung der Kommunikation mit anderen durch Vernetzung im Haus, im Unternehmen und durch den Anschluß an öffentliche Dienste

In der Integration beider Aspekte wird für den Anwender die Voraussetzung für eine adäquate Problemlösung geschaffen.

2. ERGONET - ein Beitrag zur vertikalen und horizontalen Vernetzung

Eine Vernetzung ist umso erfolgreicher und effektiver, je mehr Partner an einem solchen Informationsverbund teilnehmen. Dies heißt für ein lokales Netzwerk, daß möglichst alle Arbeitsplätze daran angeschlossen sein sollten. Nun ist es, aus organisatorischen und finanziellen Gründen, fast nie, oder höchstens mit erheblichem Aufwand möglich, mit der Umstellung auf ein Vernetzungskonzept die bereits vorhandenen Systeme auszutauschen, da sie in die angebotenen Netzwerk-Systeme nicht einbindbar sind.

Ein wesentliches Problem ist insbesondere darin zu sehen, daß an den einzelnen Arbeitsplätzen Systeme völlig unterschiedlicher Leistungsfähigkeit stehen. Ziel einer umfassenden Vernetzung kann es nicht sein, nur Rechner ab einer bestimmten Leistungsklasse zu verbinden. Die Vernetzung muß auch Textsysteme und Speicher-schreibmaschinen miteinbeziehen können, um einen akzeptablen Durch-dringungsgrad zu erzielen.

Mit ERGONET wurde bei TRIUMPH-ADLER ein solches System entwickelt. Es zielt bewußt darauf ab, Integration wie die erwähnte zu ermöglichen und, auch durch die Möglichkeiten von niederer bis zu höherer Über-tragungsgeschwindigkeit, jedem einen sinnvollen Einstieg in die neue Technologie zu ermöglichen. Einige technische Spezifikationen finden sich in folgender Tabelle:

Leistungs- klasse	Topologie Geschw. (Bit/s)	Zugriffs- verfahren	Physikalisches Medium	max. Entfernung (m)	max. Anzahl Statio./ Segment
A 1	Bus 125 K	CSMA	verdrilltes 2-Draht	1200	32
A 2	Bus 1 M	CSMA/CD	verdrilltes 2-Draht	300	32
B	Bus 10 M	CSMA/CD	Koaxial- Kabel	500	100

Tab. 1: Technische Merkmale von ERGONET

Insgesamt besteht das Produkt ERGONET aus folgenden Komponenten:

● Arbeitsstationen
(Speicherschreibmaschinen, Textsysteme, Personal Computer, DV-Systeme, multifunktionale Systeme)

● Kommunikationsfähige Anwendungsprogramme
(Electronic Mail, Multiuser Betriebsystem TANIX, CP-Net, Fritz-Net, Bitsy- Verbund)

● Übergangsdienste zu öffentlichen Netzen
(Gateways, Teletex, Datex-P)

● Zentrale Softwaredienste
(Mailbox, Dokumentendienst, Datenbank)

● Zentrale Betriebsmitteldienste
(Fileserver, Printserver)

● Wartungs- und Diagnosesoftware
(Line Tracer, Nameserver)

● Netzadaptionshardware
(UCC, systemspezifische Layouts)

● Kabel und Steckverbindungen
(twisted pair Kabel, Koaxialkabel)

● Dokumentation

Wesentlich zur mit ERGONET erreichten Kompatibilität von Geräten verschiedener Leistungsklassen hat das Konzept des UCC (Universal Communication Controller) beigetragen. Diese Controller realisieren, in Anlehnung an das Schichtenmodell der ISO, die Umsetzung bezüglich der speziellen an ERGONET angeschlossenen Systeme.

3. Mensch-Computer-Kommunikation als Basis benutzerfreundlicher Bürotechnologie

Die volle Leistungsfähigkeit eines interaktiven Systems wird - das haben Erfahrungen aus der Vergangenheit - gezeigt nur dann erreicht, wenn es über eine gute Mensch-Computer-Schnittstelle verfügt. Die Informationstechnologie im Büro wird zunehmend von Mitarbeitern benutzt, die auf keine Ausbildung im Computersektor zurückgreifen können. Hier ist die Software-Ergonomie aufgefordert, Konzepte und Methoden zur Gestaltung benutzerfreundlicher Mensch-Computer-Schnittstellen zu liefern. Nur solche garantieren letztlich Erfolg beim Anwender und Akzeptanz beim Benutzer.

Wie die folgende Abbildung zeigt, geschieht Kommunikation über zwei Kanäle, den _expliziten_ und den _impliziten_ _Kommunikationskanal_ (siehe auch /Fischer 82/).

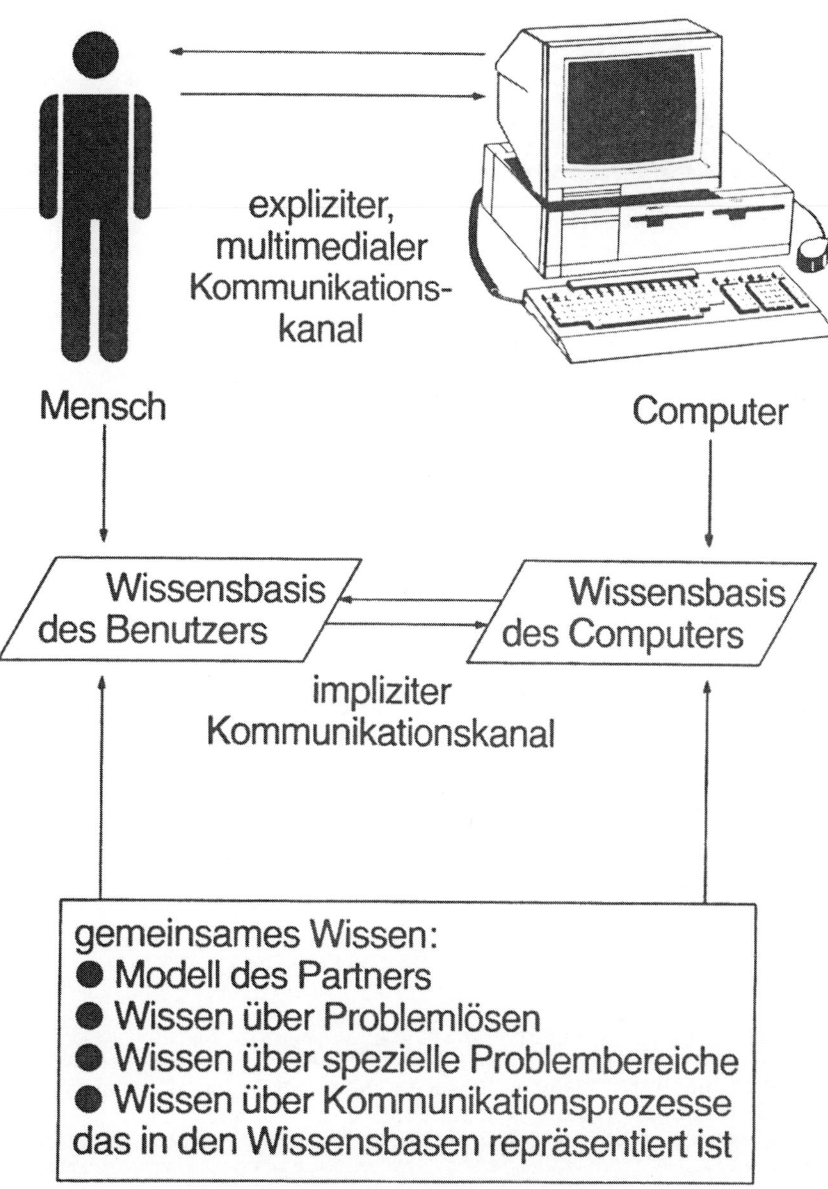

Abb. 1: Explizite und implizite Kommunikation

Der explizite Kommunikationskanal betrifft die Ebene dessen, was direkt gesagt wird, das heißt die Ebene der <u>beobachtbaren Ein-</u> und <u>Ausgaben</u>.
Ist nur <u>explizite Kommunikation</u> möglich, dann wird die Interaktion zwischen Mensch und Computer schwerfällig und unflexibel. Der Benutzer muß dem Computer exakt und vollständig mitteilen, wie seine Eingaben zu verstehen sind. Der Computer andererseits kann nur im Rahmen seines vom Schnittstellenentwerfer vorhergesehenen und programmierten Dialogs reagieren.

Eine neue Qualität in der Mensch-Computer-Interaktion wird erreicht, wenn <u>gemeinsames Wissen</u> über Kommunikationsprozesse, über spezielle Problembereiche, über Problemlösen und über den Interaktions-Partner vorhanden ist.

Weiß der Computer beispielsweise über den Benutzer, daß er eine bestimmte Anwendung nur gelegentlich benutzt, dann kann er seine Dialogstrategie darauf ausrichten. Dieses Wissen über den Partner (<u>Partnerbild</u>) kann dabei entweder durch Beobachtung der Interaktion durch den Computer erworben werden oder der Benutzer hat ihn im Rahmen einer <u>Metakommunikation</u> über seinen Wissensstand bezogen auf die jeweilige Anwendung informiert.

Gemeinsames Wissen kann auch darin bestehen, sich über <u>Konventionen</u> benutzerindividuell zu einigen. Beispielsweise können <u>Voreinstellungen</u> (nach dem Systemstart wird immer automatisch der Terminkalender und der elektronische Briefkasten angezeigt) und <u>Präferenzen</u> (wenn immer möglich, soll die Eingabe über Sprache erfolgen) vereinbart werden.

<u>Implizite Kommunikation</u> sorgt also dafür, daß die Kommunikation von beiden Kommunikationspartnern richtig verstanden wird und daß vereinbarte Konventionen nicht immer explizit ausgetauscht werden müssen.
Informationen können daher u.U. auch unvollständig sein. Man kann häufig davon ausgehen, daß der Kommunikationspartner das intendierte Ziel versteht uund wenn nötig Informationen ergänzt (siehe auch /Kupka, Maass, Oberquelle 84/).

Ein Blick auf die heute üblichen Formen der Mensch-Computer-Kommunikation zeigt, daß bis zur Einführung solcher wissensbasierter Systeme noch einige Zeit vergehen wird. Es existieren jedoch bereits Prototypen, und in einigen speziellen Bereichen, etwa bei aktiven Hilfesystemen, ist auch schon in näherer Zukunft mit ersten praxisreifen Systemen zu rechnen.

Der explizite Kommunikationskanal kann bereits heute wesentlich durch <u>multimediale Systeme</u> verbessert werden. Kommunikation zwischen Menschen zeichnet sich unter anderem dadurch aus, daß in ihr Kommunikationsmedien alternativ und integriert eingesetzt werden können. Fünf Kanäle stehen meist zur Wahl: Sprechen, Schreiben, Zeigen, Sehen und Hören.

Durch die bisherige Computertechnologie verengte sich die Mensch-Computer-Kommunikation auf die zwei Kanäle Sehen und Schreiben, wobei Schreiben identisch mit Tippen über eine Tastatur war. Für viele Anwendungen, insbesondere für Führungs- und Fachkräfte, sind diese Kanäle allein unzureichend und ungeeignet. Gerade Führungskräfte sind es gewohnt, viel mit Handschrift zu arbeiten und verbal zu

kommunizieren. Akzeptanz wird daher nur dann erreicht, wenn auch diese
Kanäle unterstützt werden.

So wie die Hardware im Computerbereich gerne in Generationen unterteilt
wird, die größere qualitative Sprünge darstellen, ist dies auch für die
Mensch-Computer-Kommunikation möglich. Die folgenden Bilder zeigen den
Versuch einer Unterteilung in verschiedene Klassen von MCK-Systemen
(siehe auch /Balzert 83/).

1. MCK-Generation

Kennzeichen:

Hardware:

- zeichenorientierte Bildschirme
- Bildschirmgröße: 1/3 DIN A 4-Seite
- Negativdarstellung
- erweiterte Schreibmaschinentastatur

Software:

- singuläre Anwendungen
- unterschiedliche Dialogführung
  pro Anwendung
- eindimensionale Bildschirmlayout-
  gestaltung
- rudimentäre Hilfe- & Erklärungssysteme

Orgware:

- Teilnehmersysteme

Die <u>erste</u> <u>MCK-Generation</u> charakterisiert noch im wesentlichen die Gegenwart. Sie spiegelt deutlich wider, wie sehr die Mensch-Computer-Schnittstelle bislang vernachlässigt wurde. Einen deutlichen Schritt vorwärts stellen die Systeme der <u>zweiten</u> <u>Generation</u> dar:

2. MCK-Generation

Kennzeichen:

Hardware:

- hochauflösende Grafikbildschirme
- Bildschirmgröße: 1–2 DIN A 4-Seiten
- Positivdarstellung
- erweiterte Schreibmaschinentastatur & zusätzliches Zeigeinstrument

Software:

- integrierte Anwendungen (Text, Grafik, Datenverarbeitung)
- konsistente, orthogonale, einheitliche Dialogführung
- zweidimensionale Bildschirmlayout-gestaltung
- passive Hilfe- & Erklärungssysteme
- Pictogramme

Orgware:

- durch LAN verbundene "work stations"

Erste Systeme dieser Art finden sich heute bereits auf dem Markt, andere werden in der nächsten Zeit dazustossen. Die <u>dritte Generation</u> ist heute teilweise im Forschungs-, in einigen Fällen bereits im Entwicklungsstadium:

3. MCK-Generation

Kennzeichen:

Hardware:

- 2. Generation & Farbbildschirme
- Farbscanner, Farbprinter
- Sprachein- & -ausgabe ("automatische Schreibmaschine")

Software:

- integrierte Anwendungen (Text, Grafik, Bild, Ton & Sprache, Datenverarbeitung)
- multimediale Dialogführung
- farbige Layoutgestaltung
- wissensbasierte Systeme
- aktive Hilfe- & Erklärungssysteme
- "intelligente" MCK-Werkzeugsysteme
- natürliche Sprache

Orgware:

- durch öffentliche & lokale Breitband- Netze verbundene "work stations"

Erst wenn sie erreicht ist, kann man letztlich davon sprechen, daß sich der Computer dem Menschen anpaßt und nicht umgekehrt.

Um neue Hardware- und Software-Technologien auszuprobieren und insbesondere auf ihre Akzeptanz zu testen, wurden in der Basisentwicklung von TRIUMPH-ADLER drei experimentelle Arbeitplätze entwickelt, die neuartige multimediale Interaktionen zwischen Benutzer und Computer ermöglichen. Im folgenden werden der Sekretariatsarbeitsplatz und der Managerarbeitsplatz vorgestellt (siehe auch /Balzert 84/, /Fauser 84/).

4. Innovation im Büro: der experimentelle Sekretariatsarbeitsplatz

In zunehmendem Maße werden im Büro die Mitarbeiter über eigene Arbeitsplatzrechner verfügen, die untereinander vernetzt sind und miteinander kommunizieren können. Informationen werden daher mehr und mehr elektronisch erstellt und elektronisch versandt. Jeder Mitarbeiter verfügt über einen elektronischen Briefkasten; die Informationen werden in elektronischen Archiven dezentral und/oder zentral abgelegt. Komfortable Information-Retrieval-Systeme erlauben einen bequemen Zugang zu abgespeicherten Informationen.

Dennoch wird es auch in fernerer Zukunft Papierpost geben, die an Geschäftspartner gehen bzw. von Geschäftspartnern kommen, die elektronisch nicht erreichbar sind. Um nicht zwei unterschiedliche Ablagesysteme - ein manuelles und ein elektronisches - verwalten zu müssen, lohnt sich der technologische Aufwand, ankommende Papierpost in elektronische Post zu wandeln. Der umgekehrte Weg ist technisch weitgehend gelöst.

In dem experimentellen Sekretariatsarbeitsplatz wird eingegangene Papierpost durch einen zeichenerkennenden Blattleser in elektronische Post transformiert. Der verwendete Blattleser erkennt sechs verschiedene Schreibmaschinen-Schriftarten. Dies ist für die Zukunft nicht ausreichend. Erforderlich sind Blattleser, die zwischen Grafik und Texten unterscheiden können und dementsprechend Bitmuster oder erkannte Zeichen weitergeben. Ebenso müssen auch die im Buchdruck verwendeten Zeichensätze erkannt werden können. Ein Durchbruch auf diesem Gebiet ist sicher noch in diesem Jahrzehnt zu erwarten.

Nach dem Einlesen der Papierpost ist diese Post von eingegangener elektronischer Post nicht mehr zu unterscheiden.

Die eingegangenen Dokumente werden automatisch durch ein wissensbasiertes System vorklassifiziert (siehe auch /Wöhl 84/). In jedem Brief wird der Absender, das Datum, der Betreff, die Anrede und der Briefunterzeichner ermittelt. Mit diesen Informationen wird im Archiv recherchiert, ob der Absender bereits bekannt und an wen im Unternehmen der Brief gerichtet ist. Im positiven Fall wird der Brief über die elektronische Post sofort an den Empfänger weitergeleitet. Andernfalls erhält ihn die Sekretärin zur weiteren Bearbeitung.

Öffnet der Benutzer seinen Briefkasten, dann werden die Briefe piktogrammähnlich in Form von Miniaturen, d.h. als Verkleinerungen ihrer selbst, angezeigt (Abb. 2).

Abb. 2: Briefkasteninhalt dargestellt in Form von Miniaturen

Auf diese Weise geht, anders als bei üblichen Piktogrammen, die in ihnen enthaltene Strukturinformation nicht verloren. So kann ein Benutzer beispielsweise gezielt zunächst die kurzen und dann erst die langen Briefe lesen.

Sind Dokumente direkt oder indirekt über das Sekretariat beim Ziel-empfänger angelangt, dann können sie auf Wunsch des Empfängers automatisch vorverarbeitet werden. Das wissensbasierte Vor-klassifizierungsystem schaut in dem Ablagesystem des Empfängers nach, welche Stichworte dieser Benutzer zur Klassifizierung seiner Dokumente verwendet. Die neu eingegangenen Dokumente werden nun auf diese Stichworte durchsucht. Gefundene Stichwörter werden im Dokument markiert z.B. durch inverse Darstellung.

Öffnet der Benutzer nun seinen elektronischen Briefkasten, dann sind die Dokumente bereits mit den Stichworten markiert. Dadurch wird das "Überfliegen" des Inhalts bzw. das "Querlesen" von Briefen wesentlich unterstützt. Natürlich können die markierten Stichwörter vom Benutzer ergänzt, verändert und gelöscht werden. Neue können ebenso hinzugefügt werden.

Die Ablage und Suche über Stichwörter hat den Vorteil, daß Dokumente über ihren Inhalt gesucht werden. Die Kenntnis spezieller Directories oder Dateien ist damit unnötig geworden.

Zusätzlich ist es für den Benutzer möglich, Stichworte, die für ihn
immer oder für eine bestimme Zeit eine besondere Bedeutung haben, in
seiner Ablage mit Prioritäten zu versehen. Alle Briefe, die solche
Stichworte enthalten, werden dem Benutzer dann mit Priorität vorgelegt.
Die Art und Weise dieser Vorlage kann jeder Benutzer mit seinem Rechner
individuell vereinbaren z.B. inverse Darstellung des Dokuments oder
Lautsprecheransage, wenn ein solches Dokument angekommen ist.

Der Benutzer hat außerdem die Möglichkeit, Filter zu definieren, so daß
Post von bestimmten Absendern oder Absendergruppen z.B. in Abhängigkeit
von der Hierarchie nicht angenommen wird.

Dieses Filtern wird an Bedeutung gewinnen: elektronische Post
vereinfacht es, eine Mitteilung an viele verschiedene Adressaten zu
versenden. Wenn dies, womit zu rechnen ist, verstärkt genützt wird,
kann es zu einer waren Dokumentenüberflutung, einem "verstopften

elektronischen Postkasten" gewissermaßen, führen.

Der experimentelle Sekretariatsarbeitsplatz verfügt bereits über eine multimediale Mensch-Computer-Schnittstelle. Tastatur, Spracheingabe und ein Zeigeinstrument stehen dem Benutzer alternativ zur Auswahl. Als Zeigeinstrument wird mit einer berührungsempfindlichen Folie experimentiert. Im Gegensatz zur Verwendung einer "Maus" können damit, beispielsweise, Linien flüssiger gezogen werden, was eine sinnvolle Erweiterung der reinen Zeigefunktion darstellt. Die Folie wurde auch bewußt in die waagerechte Ebene gelegt. Nur so ist die angesprochene Zeichen- oder Schreibfunktion sinnvoll realisierbar und außerdem wird die bei vertikaler Ausrichtung auftretende statische Haltearbeit vermieden. Von der Positioniergenauigkeit und -geschwindigkeit her muß bei diesen Folien allerdings noch einiges verbessert werden, um an die entsprechende Leistungsfähigkeit der Maus heranzukommen.

Die ergonomische Tastatur verfügt unter anderem über eine Reihe von frei programmierbaren Funktionstasten. Um deren jeweilige kontextabhängige Bedeutung anzuzeigen, ist oberhalb von ihnen ein eigenes LCD-Display angebracht. Dies hat im Vergleich zu dem auf dem Bildschirm dargestellten Softkeys den Vorteil, daß Platz eingespart wird und häufige Blickwechsel zwischen Softkeys und Funktionstaste, bzw. lästiges Abzählen vermieden werden.

Am experimentellen Sekretariatsarbeitsplatz sind eine ganze Reihe von typischen Bürofunktionen realisiert worden, um in Tests in der täglichen Arbeit die Vor- und Nachteile der zugrundeliegenden Konzepte festzustellen. Eine prototypische Anwendung ist das Telefonieren. In den Arbeitsplatz ist ein Telefon integriert. Um jemanden anzurufen genügt es, die Telefonanwendung aufzurufen. Die Telefonliste erscheint auf dem Bildschirm. Nun kann entweder eine Telefonnummer eingegeben werden, oder auf den betreffenden Eintrag in der Telefonliste gezeigt, bzw. der betreffende Name über die Spracheingabe eingegeben werden. Die Nummer selbst wird bei solchen Vorgängen überhaupt nicht gebraucht. Sie ist nur Mittel zum Zweck, das der Rechner zum Herstellen der Verbindung benutzt. Der Mensch braucht sie nicht zu wissen. Für ihn genügt es, den Namen oder die Firma des Gesprächspartners zu kennen.

5. Innovation im Büro: der experimentelle Managerarbeitsplatz

Manager gehören heute noch zu denjenigen im Büro, die am wenigsten direkten Umgang mit moderner Informationstechnologie haben. Mit dem experimentellen Managerarbeitsplatz wird auf eine Reihe von für diese

Anwendergruppe typischen Eigenschaften eingegangen.

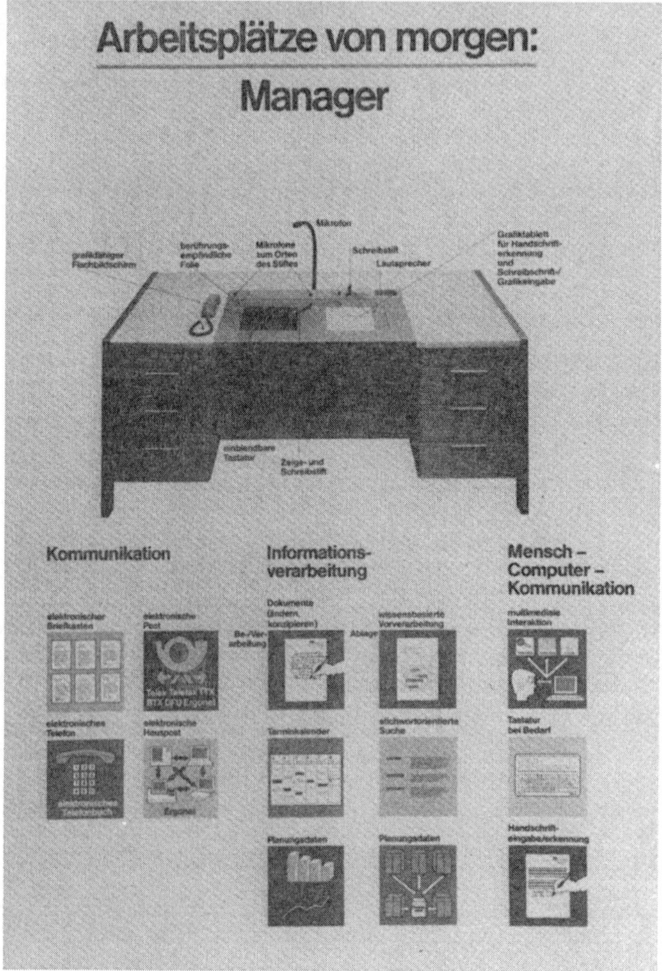

Charakteristisch für die Tätigkeit eines Managers ist, daß er relativ
viel handschriftlich erarbeitet, andererseits kaum einmal eine Tastatur
benötigt bzw. daß er den Gebrauch einer solchen von vornherein ablehnt.
Der experiomentelle Managerarbeitsplatz weist dementsprechend keine
Tastatur auf und verfügt andererseits über gute Möglichkeiten der
Eingabe von Handschrift.

Im Schreibtisch befindet sich ein horizontal eingebauter Plasma-
Bildschirm. Auf diesem ist eine berührungsempfindliche Folie ange-
bracht. In Anwendungen, die den Gebrauch einer Tastatur erforderlich
oder sinnvoll machen, wird in einem Fenster im unteren Teil des
Plasmabildschirms eine Schreibmaschinentastatur eingeblendet, die -
über die berührungsempfindliche Folie - wie eine normale Tastatur
bedient wird. Hierbei lassen sich zwar keine sehr hohen
Schreibgeschwindigkeiten erreichen. Dies ist allerdings kein Nachteil.
Es kann davon ausgegangen werden, daß viel Manager ohnehin auf
Tastaturen nur ein relativ geringes Schreibtempo erreichen.

Zur Eingabe von Handschrift wird das Zeigeinstrument benutzt: ein bleistiftähnlicher Stift. Er sendet Ultraschallwellen aus, die - nach Ortung über zwei Mikrophone - eine Positionierung auf 1/10 mm genau erlauben.

Mit der so erzielbaren Integration von handschriftlichen Anmerkungen in Dokumente wird eine wesentliche Voraussetzung für eine tiefgreifende Durchdringung des Büros mit moderner Informationstechnologie geschaffen. Anmerkungen, Korrekturen etc. in Handschrift stellen eine wesentliche Arbeitserleichterung dar. Für den Manager gilt ganz besonders, daß eine Umstellung auf elektronische Unterstützung nur möglich ist, wenn solche Vorteile erhalten bleiben.

Während auf die genannte Weise Handschrift nur als Faksimile behandelt, das heißt nicht erkannt wird, befindet sich auf dem Managerarbeitsplatz zusätzlich ein Graphiktablett, das eine <u>Handschrifterkennung</u> ermöglicht. In einem bestimmten Bereich des Tabletts werden Blockbuchstaben erkannt, in einem anderen Bereich wird Schrift als Faksimile behandelt. Dieses Graphiktablett leistet insbesondere für die elektronische Hauspost sehr gute Dienste. Empfänger und Betreff werden in Blockschrift, der Text in normaler Schreibschrift eingegeben. Anschließend genügt das Zeigen auf das "Mail"-Feld: das System erkennt den intendierten Empfänger und kann die Mitteilung übertragen.

Ein nächster Schritt wird sicher sein, Plasma-Bildschirm und Graphiktablett zu integrieren.

Insgesamt gilt, daß die Lösungen in den experimentellen Büroarbeitsplätzen zeigen , wie Arbeitsplätze von morgen aussehen können. Sie weisen jedoch noch viele Verbesserungsmöglichkeiten auf. Von der Produktreife sind sie noch ein gutes Stück entfernt.

Die Erfahrungen in der Entwicklung <u>multifunktionaler Bürosysteme</u>, <u>wissensbasierter Systeme</u> und <u>benutzeradaptiver Mensch-Computer-Kommunikation</u> müssen aber bereits heute gemacht werden. Nur so wird, wenn erst die einzelnen Komponenten die nötige Qualität erreicht haben werden, die Umsetzung von Forschungsergebnissen in praxisreife Produkte rasch und erfolgreich vonstatten gehen können.

<u>Literatur</u>

/Balzert 83/

        Balzert H., Software-Ergonomie, Berichte des German Chapter of the ACM, Nr. 14, Stuttgart 1983, S. 13 - 19

/Balzert 84/

        Balzert H., Three experimental multimedia workstations-a realistic utopia for the office of tomorrow, to be published

/Fauser 84/
Fauser A., New Equipment (software and artificial intelligence) for the office in the late eighties, OECD Workshop on Technological Change, Warwick University, UK 1984

/Fischer 82/
Fischer G., Mensch-Maschine-Kommunikation (MMK): Theorien und Systeme, Habilitation, Universität Stuttgart 1982

/Kupka, Maass, Oberquelle 82/
Kupka I., Maass S., Oberquelle H., Kommunikation in Mensch-Rechner-Dialogen, in: GI-Jahrestagung 1982, Proceedings, Springer Verlag

/Wöhl 84/
Wöhl K., Automatic classification and Office Documents by Coupling Relational Data Bases and PROLOG Expert systems, Proceedings 2nd Conference on VLDB, Singapore 1984

<u>Anschrift der Autoren</u>

Dr.Ing. Helmut Balzert
Albrecht Fauser, M.A.
TRIUMPH-ADLER AG
Basisentwicklung
Nürnberger Str. 159
D-8510 Fürth

R. Baltersee (Nixdorf)

PWS - Ein Modernes Offenes Konzept für Multifunktionale Arbeitsplätze

Der Trend im Büro

Das Büro der 80er Jahre wird gekennzeichnet durch die
zunehmende Integration

- *der Informationsarten*

  - Text

  - Daten

  - Sprache

  - Bild

    sowie

- *der Anwendungen*

  - Datenverarbeitung

  - Textverarbeitung

  - Kommunikation

  - Büroadministration

Professional Workstation - P W S

Zielsetzung

- **Künftiger Computer Arbeitsplatz**

      Unterstützung eines neuen Human Interface
      Erfüllung von Ergonomie-Anforderungen

- **Lokale Datenvorverarbeitung**

      Leistungsfähiger (Mikro-)Prozessor
      Höhere Programmiersprachen
      Lokale Datenhaltung

- **Personal-Computer**

      Einsetzbarkeit leistungsfähiger Standard
      PC-Software

- **Netzwerkfähigkeit**

      Anschließbar an LAN
      Simultaner Betrieb an mehreren Zentralsystemen

P W S - Zielsetzung

- Zugang zu öffentlichen Diensten

  Teletex

  Bildschirmtext

- **Multifunktionalität**

  Simultanes Bearbeiten (in getrennten Windows/Tasks

  der o. a. Betriebsarten

  Kommunikation zwischen unterschiedlichen

  Windows/Tasks

P W S - Generelle Ansätze

- **Modulares Design**

  Anpassung an jeweiliges Anwendungsprofil

  Ermöglicht Ersatz einzelner Moduln in modernster Technologie

  Trennung von Display und Elektronik-Einheit

- **Multiprozessor-Architektur**

- **Abhängig von Lastprofil - gemeinsamer Prozessor für Displaysteuerung und Verarbeitung oder getrennte Prozessoren**

  Anpassung an spezielle Standard Betriebssysteme durch getrennten (Verarbeitungs-)Prozessor.

  Einsatz autonomer Controller (DÜ, Massenspeicher...)

- **Verwendung von Standard Betriebssystemen**

P W S

Grundausstattung

Prozessor
- Intel 80186
- Erweiterung um Arithmetik-Prozessor
  Intel 8087 vorgesehen

Memory
- 256 KByte dynamischer RAM
- Parity-Sicherung pro Byte
- Anschlußmöglichkeit für Power Back Up
- 16 - 64 KByte EPROM
- 2 KByte gepufferter CMOS

Peripherie
- integrierter Floppy Disc Controller
- SCSI
- SAS-Interface
- RS 232 (V.24) - Peripherie-Schnittstelle
- RS 232 (V.24) - DÜ-Schnittstelle
  HDLC, Sync., Async. bis 800 KB/sec

- Interface für Anzeigeneinheit
- Busanschluß für Erweiterungskarten
- Hardware Kalender und Uhr
- Lautsprecheranschluß
- Notstromversorgung

P W S

Display - Präsentation

- Voll- und Semigrafik (800 x 600 Punkte)
- Windowing
- Zooming (Vergrößern und Verkleinern um feste Faktoren)
- Scaling
- unterschiedliche Schriftarten und -größen
- Proportional-Schrift
- Scrolling (Gesamtschirm und einzelne Windows)
- Softscroll
- Positive Darstellung mit 75 Vollbildern/sec
- unterschiedliche Monitorgrößen (12"), 15", (17")
- Teletex-fähig

Optionen:

- Farbe (16 Farben aus einer Palette von 4096)
  100 Halbbildern/Sec

- BTX-Zusatzkarte

P W S

Peripherie-Geräte

Manipulation
- Tastaturen
- Softkeys
- Mouse

Monitor
- 15" positiv
  Optional 12", 17"
- 14" Farbe

Massenspeicher
- 5 1/4" Floppy Disc
- 5 1/4" Hard Disc
- Streaming Tape

Schnittstellen
- V.24 HDLC, Sync, Async bis 800 KBd
- LAN-Anschluss
  - Token
  - Ethernet
  - Weitere LAN-Standards

Längerfristig
- Spracherkennung
- Sprachausgabe von Text
- Video Eingabe/ausgabe
- Telefax
- Telefon Integration (Telefonbuch, aut. Wahl, neue Dienste)

PWS - Aufbau

Speicher 2MB
BTX
Speicher Bus
Basisproz. iApx 186 512 KB
Display Contr.
Tast. SS
Bit Map Display
V24 asyn.
2x SAS
V24 IHSS X21
Colour Contr.
α
num.
Mouse
UCM
Dü Contr. iAPX 188 Z80
V24
variable SS
LAN
PWS - Bus 16(32) Daten 32 Adressen
SCSI Interf.
SCSI Bus
HP Contr FD MDL
5 1/4" SL
FD Contr.
VLSI-CPU 8864
68010 CPU

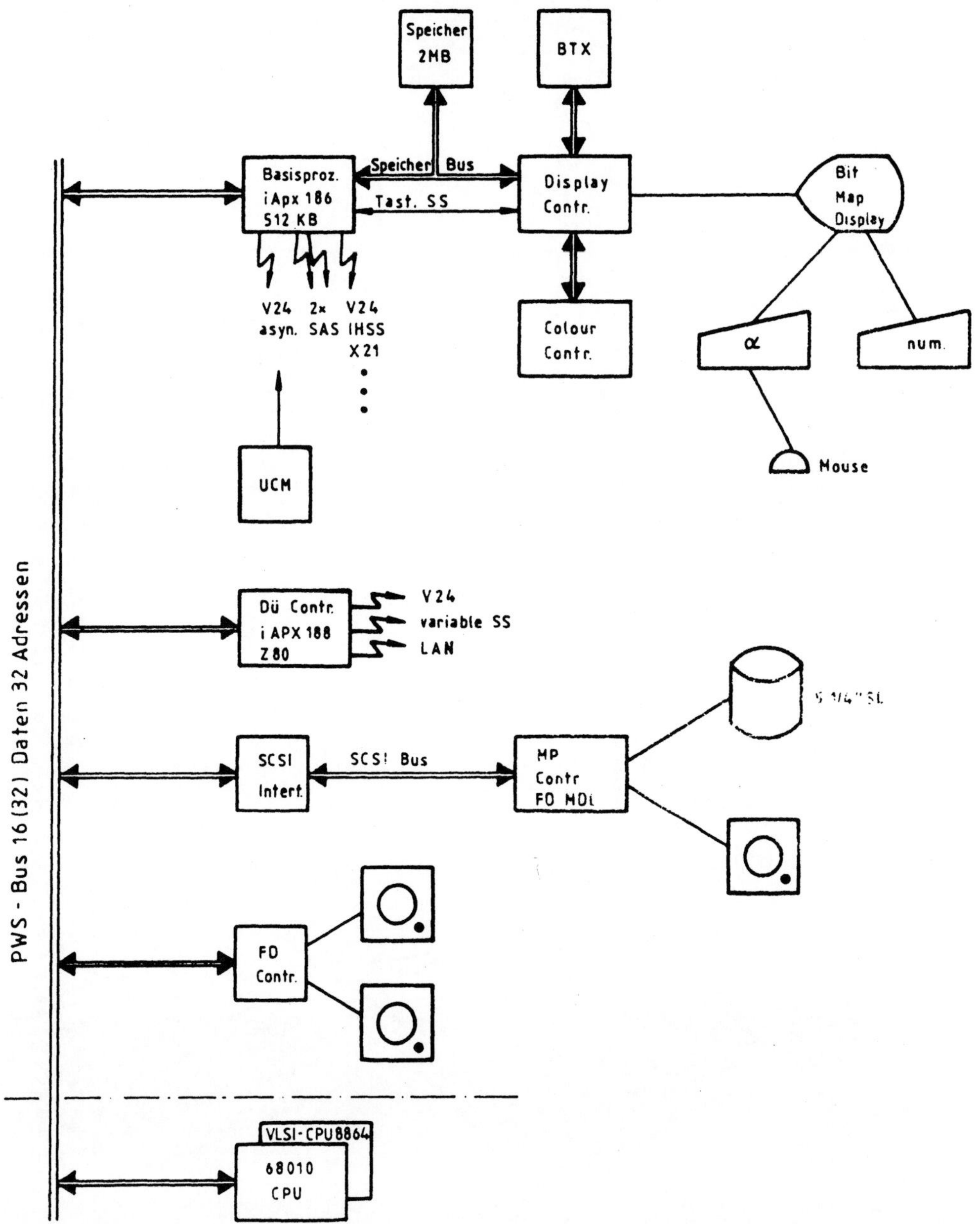

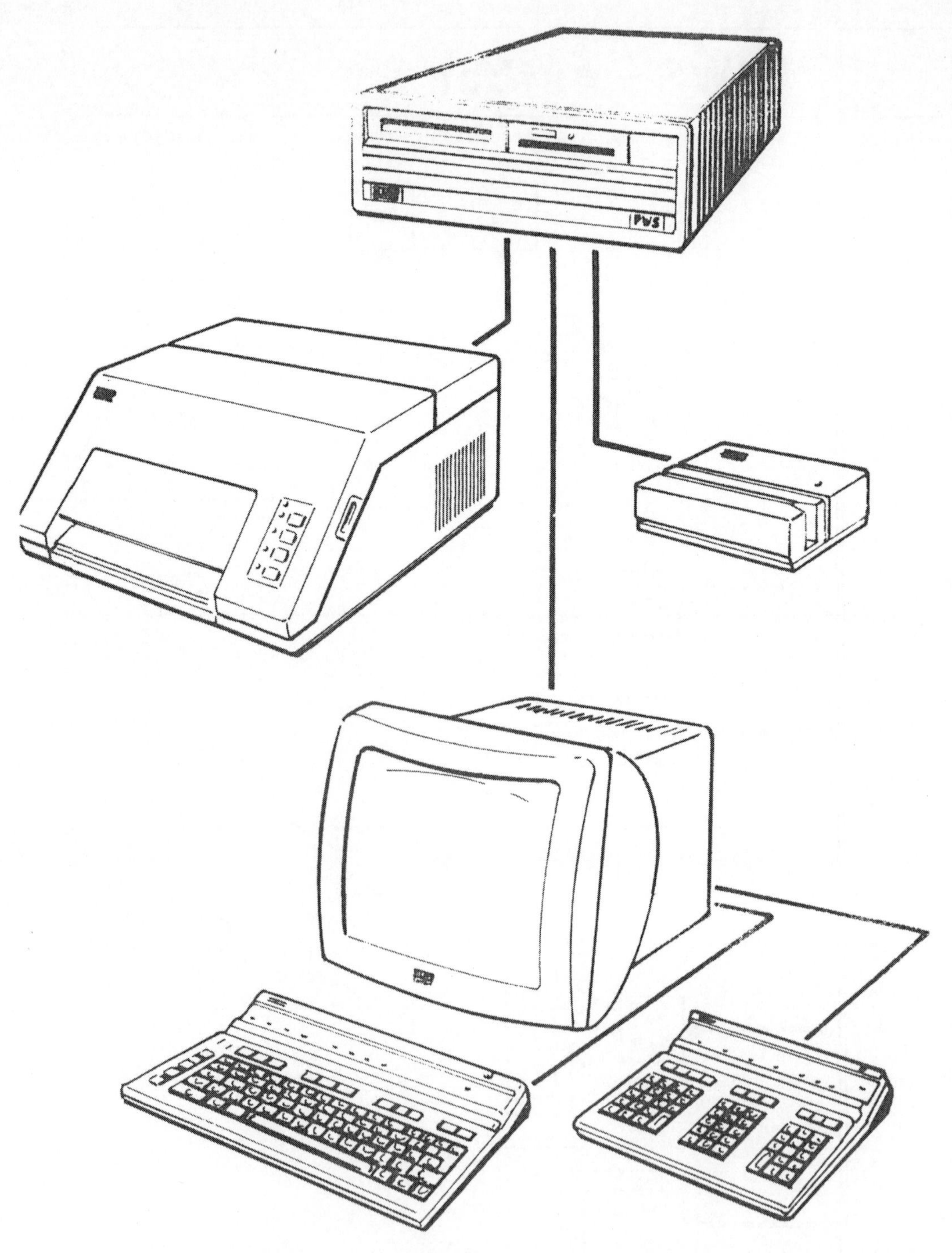

Erweiterungskarten

- Speichererweiterung bis auf 2 MByte

- LAN-Anschluß - Token ring
                 - Ethernet
                 - weitere LAN-Standards

- Bildschirmtext

- Sprach-Ein- / Ausgabe

- Undercover Modem

- Harddisc-Controller

- Streamer-Controller

- Parallel-Schnittstellen (Centronics, IEEE 488)

- DÜ-Schnittstellen (V.24, X.21, IHSS...)

- Ver- und Entschlüsselung

- Telefon Anschluß

- Klarschriftleser

- Scanner

- Zusatz-Prozessoren (Unix-Prozessor)

P W S

Software

- Standard PC-Betriebssystem MS-DOS

  Multitasking-Betrieb

  Multi-Windowing

  Netzwerksfähigkeit

  Inter-Task-Kommunikation

- **Arbeitsplatz-Betrieb durch DAP-Emulationen**

- **3rd party Software für MS-DOS**

- **Erweiterung um andere Standard Betriebssysteme**

  (z.B. Unix, Xenix, CP/M...)

- **88BK, 88TV - Software**

MS-DOS-STRUKTUR

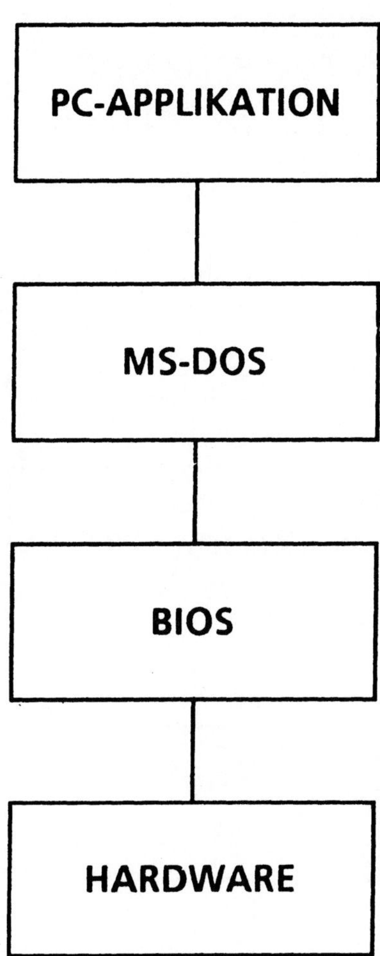

PWS-PLATTENZUGRIFFE

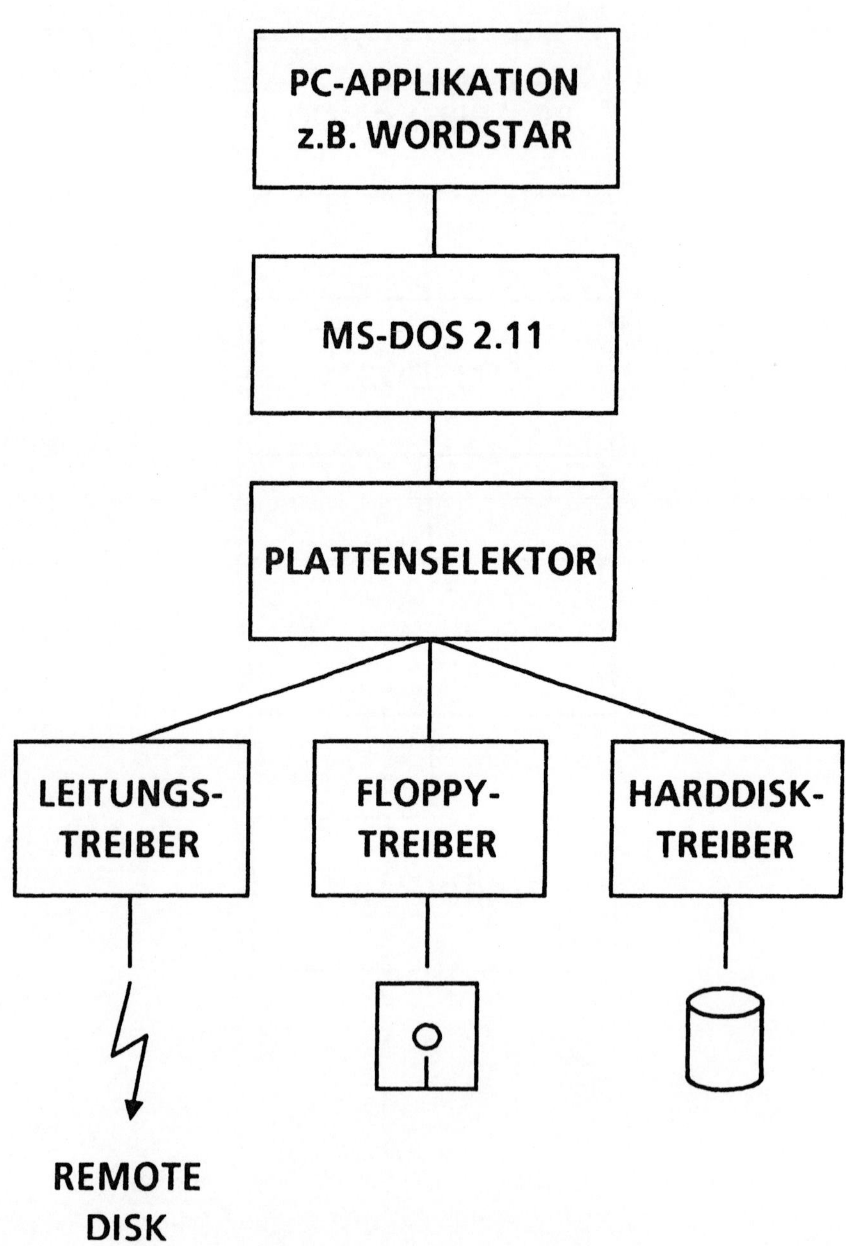

PWS-SW-STRUKTUR

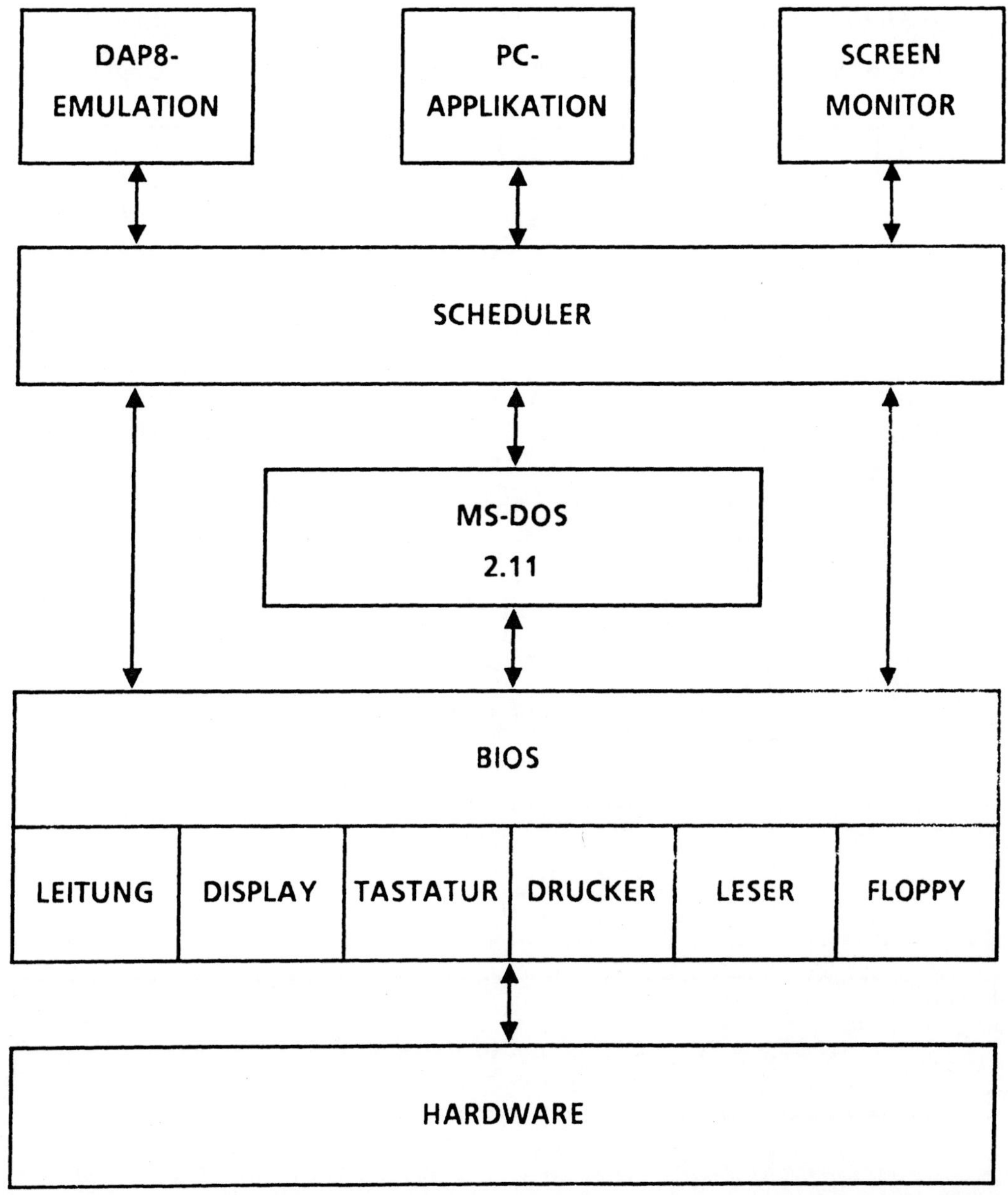

PWS-DISPLAY-STEUERUNG

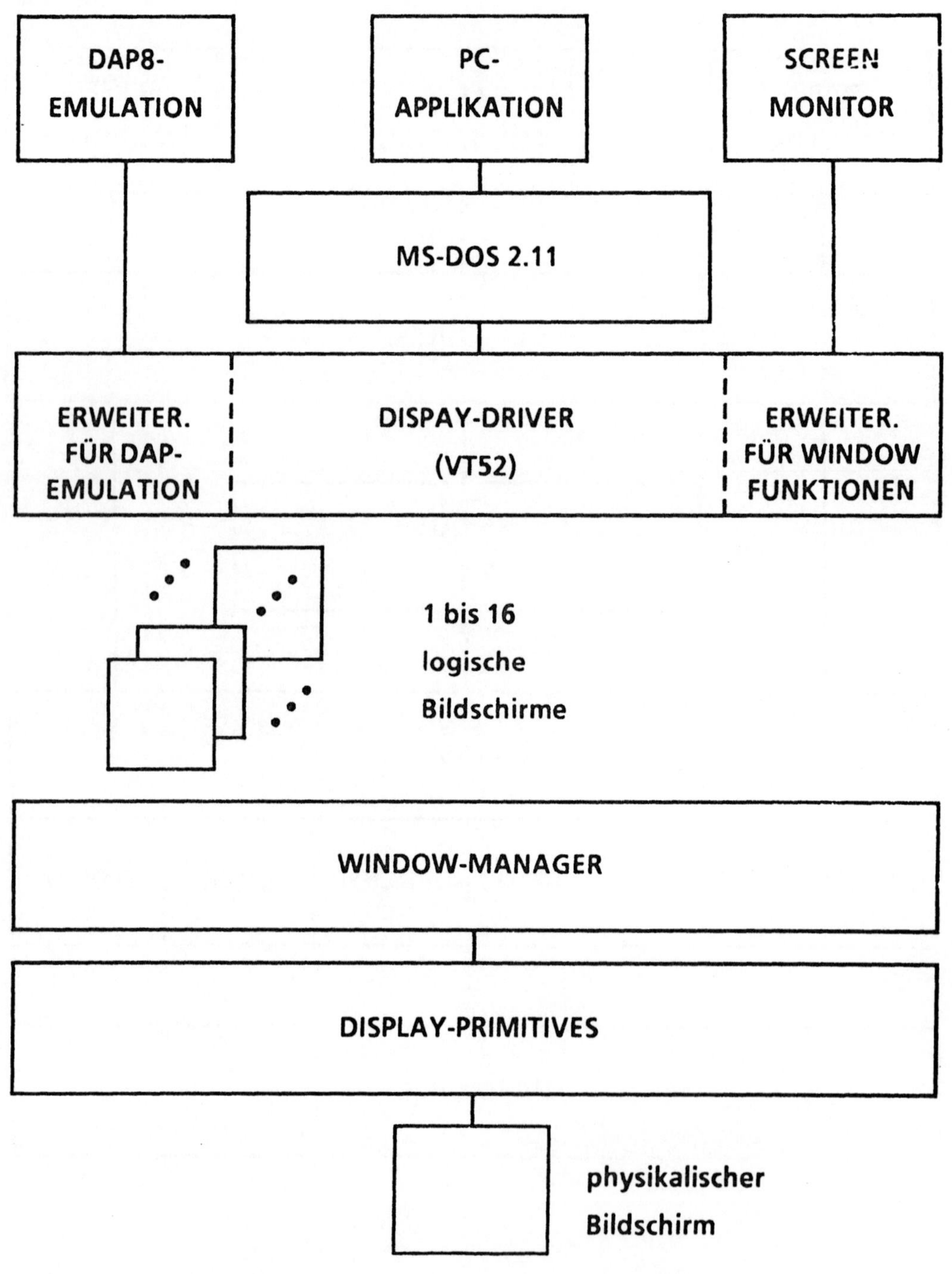

PWS-TASTATUR-TREIBER

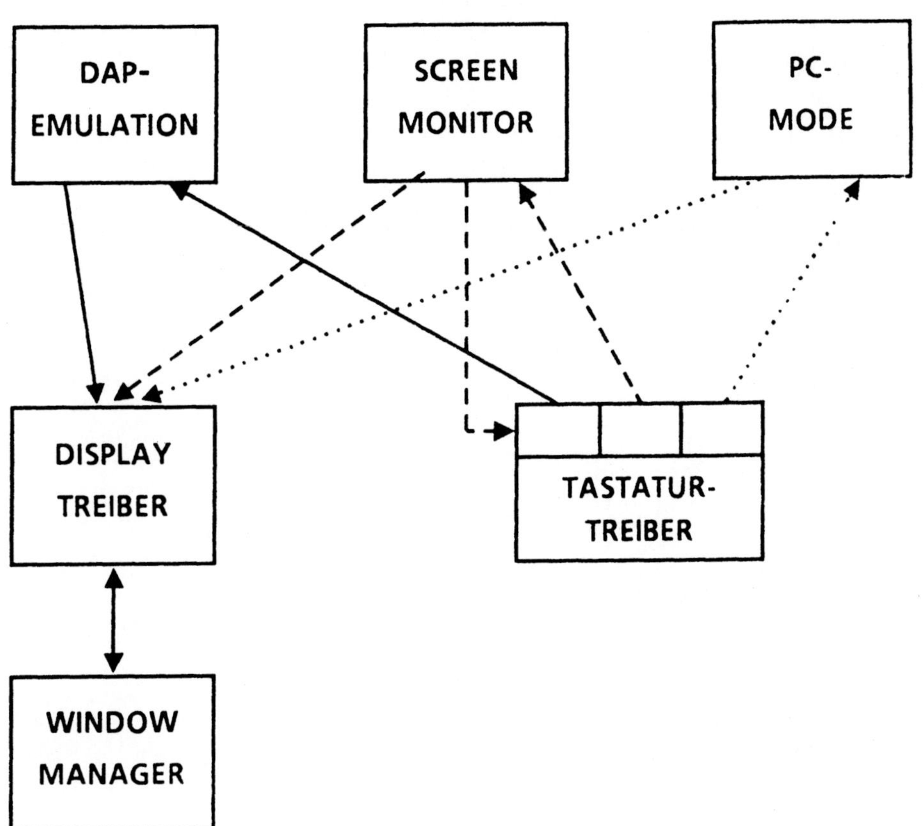

Hardware- und Software Architektur eines multifunktionalen Büroarbeitsplatzes mit Bildschirmtext

Dr. W. Weidner
Systementwicklung
Kommunikationssysteme
Philips Data Systems
Siegen-Eiserfeld
West Germany

Abstract

The hardware architecture of a prototype of a multi functional terminal integrating alphanumerical (data and text) processing, graphics, and videotex is presented together with the software architecture of the videotex subsystem.

Die Hardware-Architektur eines Prototypen eines multifunktionalen Terminals, das alphanumerische (Daten- und Text-)Verarbeitung, Graphics und Bildschirmtext integriert, wird vorgestellt, sowie die Software-Architektur des Bildschirmtext Subsystems.

Übersicht

1. Einleitung
2. Anforderungen aus den verschiedenen Anwendungsgebieten
3. Hardware Architektur des integrierten Video Controllers
4. Software Architektur des Btx Subsystems

1. Einleitung

Ende 1982 erhielt ich den Auftrag, aktiv an der Fertigstellung der Rahmenbedingungen für Bildschirmtext-Terminals /3/ im FTZ Darmstadt mitzuwirken.

Zu diesem Zeitpunkt war das wesentliche Gerüst des Abstract Terminal Model sowie des Presentation Protocol bereits festgelegt (/1/, /2/).

Nun zeichnete sich schon früher der Trend weg von dedizierten und hin zu "general purpose" Terminals ab, die die Möglichkeit der Integration statischer Informationen wie Daten, Text und Graphiken und Videoinformation boten, also was man heute "multifunktionale Arbeitsplätze nennt.

Die Anfang 1983 im FTZ Darmstadt festgeschriebene Einigung /3/ muß deshalb in manchen Punkten als Katastrophe bezeichnet werden. Nicht nur verhindert z.B. die so unsinnige Wertevielfalt des Btx-Flash eine kostengünstige Lösung. Insbesondere ist die Abstützung von Bildschirmtext auf die veraltete Fernsehnorm ein Hemmschuh auf dem Wege zu zukunftsweisenden pixelorientierten Lösungen, die die Voraussetzung für Integration darstellen.

Anfang 1983 begann in unserem Hause die Einbeziehung von Bildschirm-
text in die Entwicklung eines Prototypen für einen multifunktionalen
Büroarbeitsplatz im Rahmen des schon anderswo beschriebenen SOPHOMA-
TION Konzeptes.

Dabei stellte sich heraus, daß die Berücksichtigung von Bildschirmtext überproportionalen Aufwand in der Hardware Architektur nach sich
zieht. Ebenso ist die Software eines vollständigen Btx Subsystems
in sich recht komplex.

Auf einen Nenner gebracht: das fern von Text/Datenverarbeitung konzi-
pierte Bildschirmtext hat seinen Preis, wenn man es mit der heute üblichen Hardware/Software Qualität von Büroterminals genießen will.

2. Anforderungen aus den verschiedenen Anwendungsgebieten

Applikationen für Daten- und Textverarbeitung, Teletex, monochrome
und farbige Graphik, Bildschirmtext und CEPT-geometric mode stellen
unterschiedliche Anforderungen an die Auflösung von Displays (siehe
Tabelle 1).

Das Display eines multifunktionalen Terminals muß diese unterschiedlichen Anwendungen möglichst gleichmäßig gut bedienen. Wir wählten
deshalb 640 x 480 Pixels.

3. Hardware Architektur des integrierten Video Controllers

Das Video Controller Konzept (siehe Abbildung 1) basiert auf einer
bitmapped Struktur. Die auf dem Display angezeigte Pixelinformation
ist im Raster Frame Store (RFS) gespeichert. Auf den RFS kann von
einem externen Prozessor (z.B. iAPX88 oder iAPX186) über ein 8/16 bit
breites Systembus Interface zugegriffen werden.

In Verbindung mit dem Pixel Data- und dem Plane Select Register kann
der Prozessor Multiple Pixel Write- und Plane-orientierte Operationen
auf dem RFS durchführen.

Der Screen Refresh wird von einem Timing Generator zusammen mit einem
programmierbaren Timing/Address Control Modul gesteuert. Die Organisation des im RFS gespeicherten physikalischen Screen ist Scanline-
orientiert. Ein spezieller Refresh Algorithmus adressiert diese Informationen über eine Scanline Pointer Tabelle, die ebenfalls im RFS
liegt.

Die einzelnen Komponeten des Video Controllers sind nachfolgend
stichpunktartig charakterisiert:

1. **Raster Frame Store**
   Der RFS ist in zwei Banks aufgeteilt (Bank 0 und 1). Pro Bank kann
   es 1 bis 5 Planes geben. Jede Plane umfaßt 16K16 bits. Während
   eines Screen Refresh können Bank 0 und 1 gleichzeitig adressiert
   werden, d.h. 32 bit per Refresh Zyklus. Am Systembus erscheint der
   RFS als ein homogener Adressraum.

ANFORDERUNGEN AUS DEN VERSCHIEDENEN ANWENDUNGSGEBIETEN

Anforderung / Konsequenzen	Zeichen vert x hor	Box hor x vert	Zeichen-vorrat	Pixels hor x vert	Attribute	Grauwerte/ Farben	Besonderheit/ Bemerkungen
Daten, Text	25 x 80	9 x 15	< 256	(720 x 375)*	je Zeichen: underline inverted	je Zeichen: 3 Stufen	
Teletex, VT100, 3270	25 x 132	6 x 15	< 512	(792 x 375)*	je Zeichen: underline PLU/PLD (partial line up, partial line down) inverted double	je Zeichen: 3 Stufen	
Monochrome Grafik	n. a.	n. a.	n. a.	640 x 480 oder 512 x 390 (Tektronix)	n. a.	je Pixel: 2 -4 Stufen	entsprechend 2 planes
Farbige Grafik	n. a.	n. a.	n. a.	320 x 240	n. a.	je Pixel: 8 aus 8 Farben	entsprechend 3 planes
Bildschirmtext (BTX)	(24+1) x 40	12 x 10	571 + 94 DRCs (dynamically redefinable characters)	(480 x 252)*	je Zeichen: flash underline conceal size window inverted protected marked	je Zeichen: Vordergrund Hintergrund 32 aus 4096 Farben plus Sonderbe-handlung der Zeichen aus dem DRC-Set	entsprechend 5 planes bei Pixel-Darstellung;- nicht äqui-distante Pixels
oder	(20+1) x 40	12 x 12					
oder Closed User Group	(24+1) x 80	6 x 10					
oder	(20+1) x 80	6 x 12					
Videotex/CEPT (geometric mode)	wie BTX	wie BTX	wie BTX	wie BTX	wie BTX	je Pixel: 32 aus 4096 Farben	entsprechend 5 planes
Fest-/Bewegtbild (von VLP, Scanner,etc)	n. a.	n. a.	n. a.	n. a.	n. a.	n. a.	625 Zeilen TV-Norm, nicht flimmerfrei

n.a.: nicht anwendbar

Resultat: Minimale Speichergröße je plane für integrierten Ansatz: 307.200 bit. Tatsächlicher Ausbau abhängig von Speichertechnologie.
*: Errechneter Wert aus Zeichenzahl, Boxformat

TABELLE 1

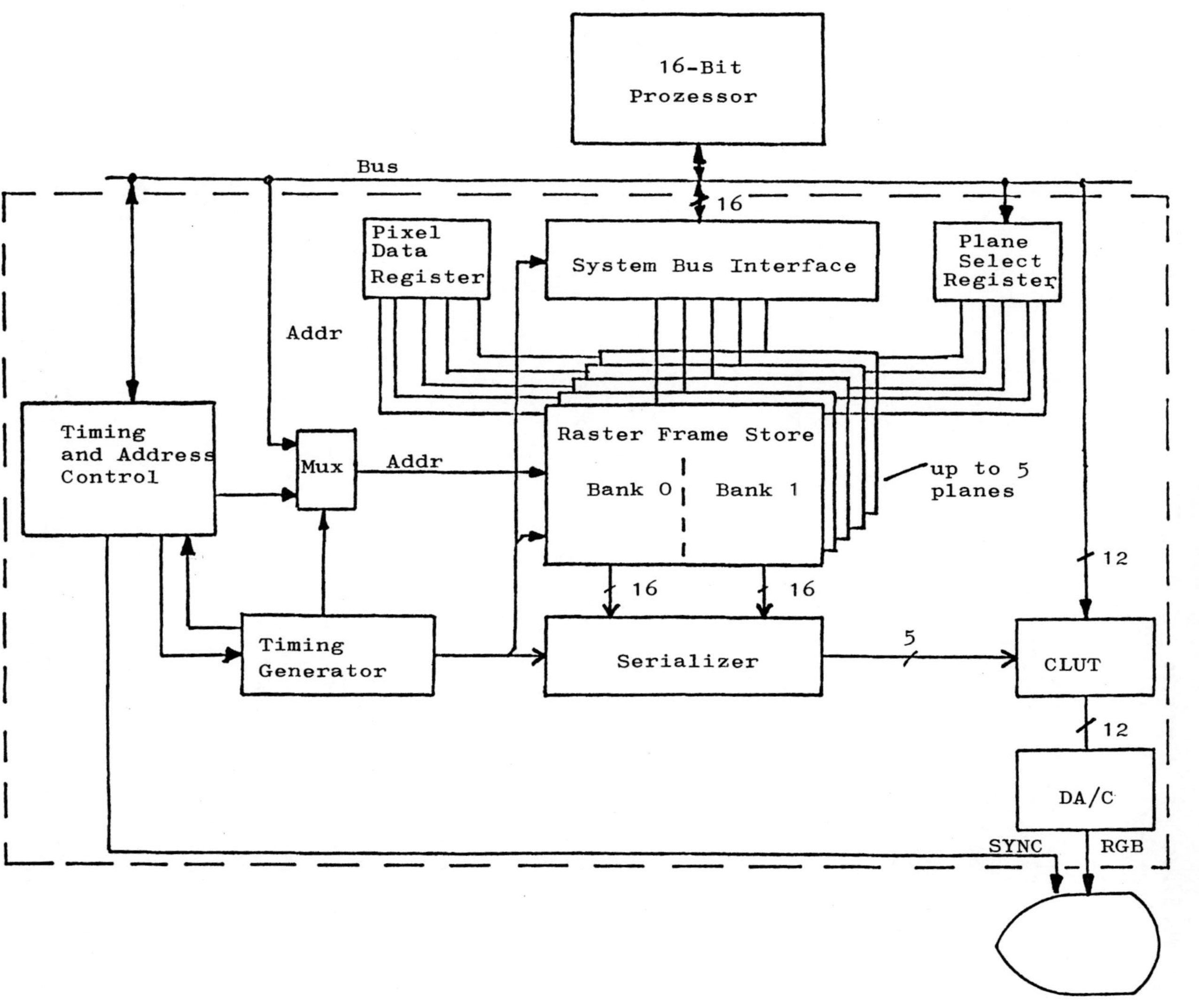

Abbildung 1

Hardware Konzept eines integrierten Video Controllers

2. Systembus Interface
gestattet 16 bit breiten Zugriff. In Verbindung mit dem Pixel Data- und Plane Select Register unterstützt es Multiple Pixel Write- und Plane-orientierte Operationen.

3. Pixel Data Register
besteht aus einem 8 bit breiten Output Port. Es enthält die Informationen für ein Pixel, das sind die Werte aller Planes, die zu einem Pixel gehören.

4. Plane Select Register
besteht aus einem 8 bit breiten Output Port. Es dient der Auswahl einer der bis zu 5 Planes während eines Systembus Zugriffs.

5. Serializer
führt die parallel/seriell Transformation für 16 Pixels gleichzeitig durch.

6. Colour Look Up Table
gestattet 32 von 4096 Farben zu einer Zeit und ist durch einen externen Prozessor programmierbar.

7. D/A Konverter
erzeugt RS170/RS343 kompatible Interface Signale für den Monitor.

Auf dem RFS arbeitet entweder der Screen Refresh, oder es wird über den Systembus zugegriffen. Beide werden synchronisiert, wobei der Screen Refresh die höhere Priorität besitzt.

4. Software Architektur des Btx Subsystems

Das minimale Btx Stubsystem besteht - neben dem Terminal - aus dem Btx Decoder. Dieser gliedert sich in drei klar unterscheidbare Komponenten, siehe Abbildung 2:

- dem Netzzugang, der den Data Link Service realisiert,
- dem Interpretationsteil, der den Line Code in eine interne Zwischenform transformiert, bzw. bei Keyboarddaten Line Code erzeugt,
- dem Darstellungsteil, der aus der internen Zwischenform Displayinhalte erzeugt.

Sobald mit einem solchen System Btx-Seiten editiert und zur Btx-Zentrale per Bulk geschickt werden sollen, muß der Decoder über zwei Schnittstellen verfügen:

- Data Link Service Interface, das den Netzzugang ermöglicht,
- Interface zur internen Zwischenform (Btx-Display Interface).

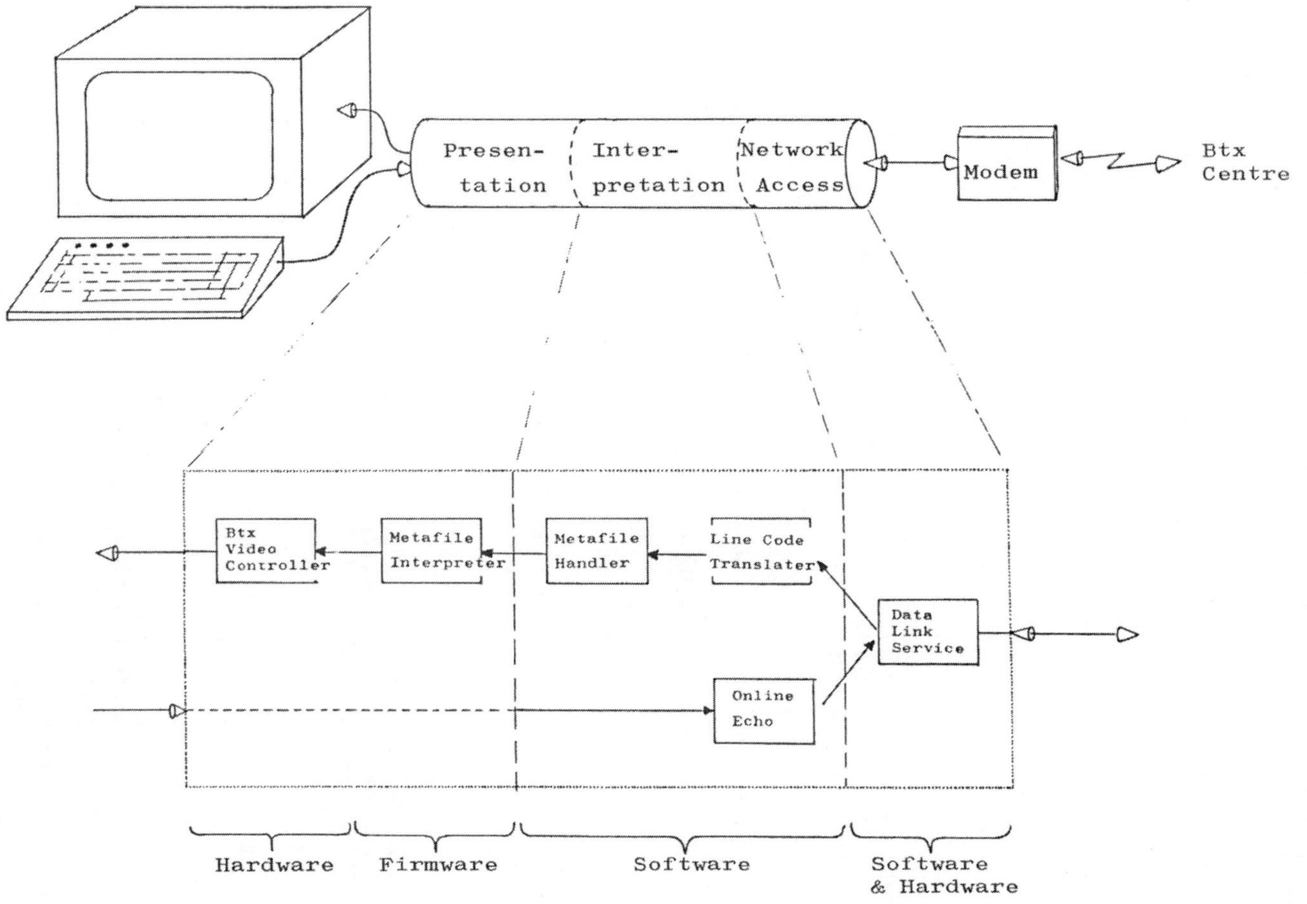

Abbildung 2

Allgemeines Konzept eines Btx-Decoders

Zur vernünftigen Weiterverarbeitung von Btx-Daten bedarf es im Btx Subsystem noch zweier weiterer Systemschnittstellen, siehe Abbildung 3:

- dem Btx Data Store Interface, das den Zugang zu offline Datenbanken in der Art und Weise gestattet, wie dies online möglich ist und darüberhinaus das Netz der Querverweise konsistent verwaltet,
- dem Vtx Print Management Interface, das das Ausdrucken von Btx-Seiten inklusive 4- und 16-Farben-DRCS in Graustufen oder reduziertem Farbumfang von rund 400 Farben gestattet.

Diese vier Schnittstellen bilden den universalen "Werkzeugkasten" für jede nur denkbare Btx-Applikation von Page-Editoren über Auswertungs- und Automatisierungsprogramme bis hin zu Bulk-Editoren und Bulk-Transfer.

Das Herzstück dieser Architektur ist die Verwaltung der internen Zwischenform, der **Metafile Handler**, der das Btx Display Interface realisiert. Jeder rechteckige Ausschnitt des Display kann als Metafile definiert werden. Da Metafiles jeweils getrennte Datenstrukturen sind, ist es möglich, einzelne Bildschirmausschnitte "zerstörungsfrei" gegeneinander zu verschieben bzw. zu überlagern.

Das Character und Attribut Memory eines Metafiles ist nach dem Parallelmodell organisiert, das heißt, an jeder Characterposition ist stets die Menge der zugehörigen Attributwerte vorhanden.

Für die Software ist die tiefste Schicht das Metafile, also gerade jene Form, die für jede Softwarebearbeitung von Text und Daten die natürliche ist.

Damit unterscheiden wir uns grundsätzlich von anderen Ansätzen, die z.B. ausschließlich im Pixelmemory mit Grafikelementen arbeiten und Pixelmemoryinhalte nach Btx zurückübersetzen müssen.

Die Elemente eines Metafiles sind

- Character und Attribut Memory, wahlweise 25 x 40 oder 25 x 80
- DRCS Memory, maximal 8 Sätze à 128 bis 15 Sätze à 64
- Full Screen Colours
- Colour Map
- DCLUT-4
- DCLUT-16
- Format, z.B. Position des Metafiles im Pixelmemory, auf dem Display darzustellender Ausschnitt aus dem Metafile,...
- Scrolling Area
- Attribute Markers
- Reveal
- Cross Reference Information, z.B. für SIZE

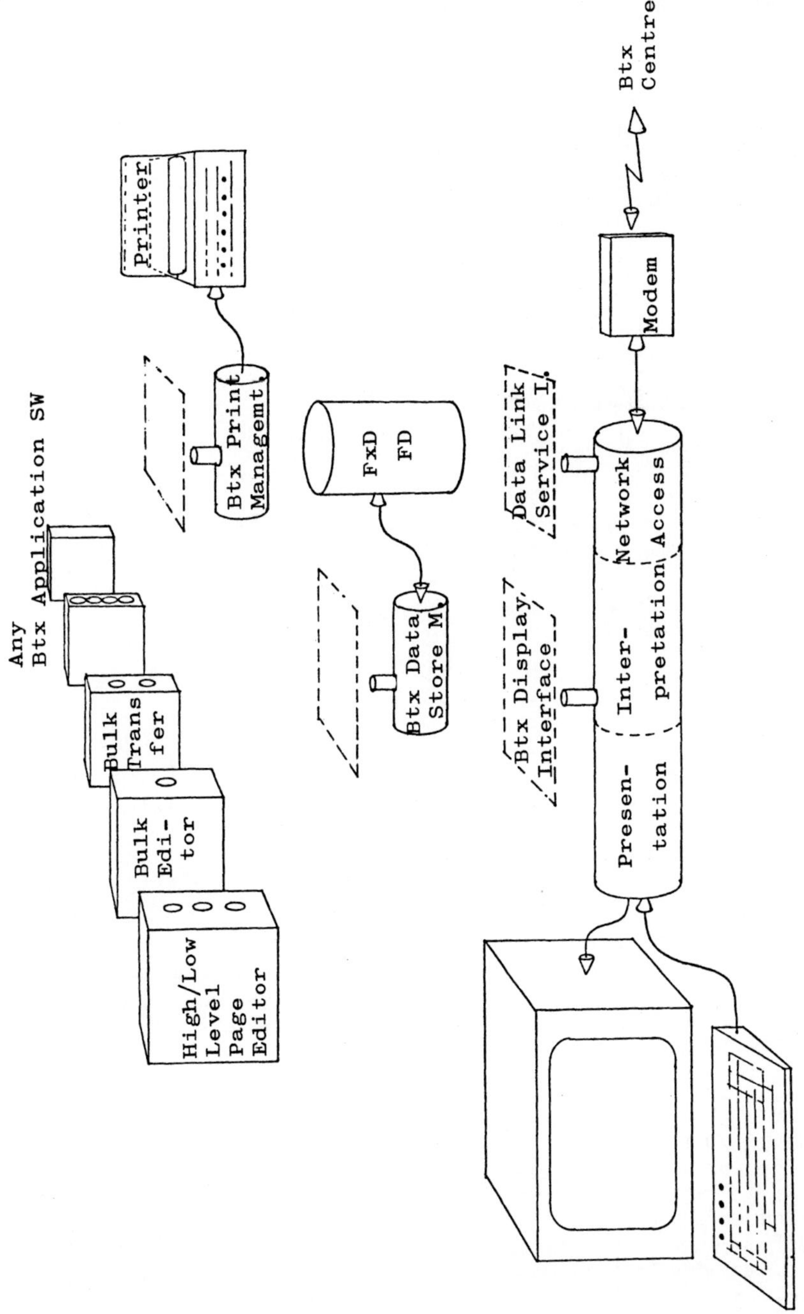

Abbildung 3

Software Konzept eines Btx Subsystems

Zum Schluß soll die von uns realisierte Software kurz umrissen werden.

Die Offline Datenbank und das Btx Print Management wurden schon weiter oben skizziert. Als Beispiel für die Reduktion von 4- und 16-Farben-DRCS auf Grauschattierungen sei die Lokomotive aus der Btx-Seite 1049131 aus dem CEPT Demonstrationsprogramm der Hochschule für Gestaltung in Offenbach angeführt, siehe Abbildung 4.

GP 300 72 x 72 dots/inch (Matrix 2 x 3)
Schwelle = 0,505

Oberhalb des Btx Display Interface haben wir Page-Editoren, einen Bulk-Editor und Bulk-Transfer realisiert. Ein Page-Editor ist menuegesteuert und kann - muß aber nicht - mit einer Maus arbeiten. Das Metafile Konzept wird benutzt, um den Bildschirm in verschiedene Fenster zu unterteilen. So kann in einem Fenster editiert, in einem anderen ein Menue eingeblendet (und verlustfrei wieder weggeblendet) und in einem weiteren Btx-Informationen gelesen werden.

Ebenso können mittels des Metafile Konzepts Text- oder Graphikteile gekennzeichnet, verschoben oder mit Attributen, z.B. mit anderen Farben unterlegt werden. Entsprechende DRCS-Unterstützung wie Vergrößerung und Malfunktion auf DRCS-Dot-Ebene sind auf diese Weise leicht realisierbar geworden.

Mit dem Bulk-Editor werden zweierlei Funktionsklassen verfügbar:
- das Editieren der Baumstruktur mit dem Netz der Querverweise und
  den DRCS-Verweisen
- das Editieren der Seitenköpfe.

Basierend auf dem Btx Data Store Management wird bei jeder Verletzung der vorhandenen Baumstruktur (durch z.B. Löschen oder Umbenennen von Seiten, auf die von anderen Seiten verzweigt wird oder die Decoder Information anderer Seiten enthalten) sofort die Menge der betroffenen Seiten gemeldet, bevor die Operation tatsächlich ausgeführt werden kann.

Der Bulk-Transfer gestattet die Übertragung einzelner Seiten, einer
Menge von Seiten oder ganzer Teilbäume. Da die Baumstruktur stets
offline konsistent gewartet wird, ist der Bulk-Transfer mit einer
einzigen Transaktion ohne jede online-Nacharbeiten abgeschlossen.
Jede beliebige Btx-Applikation von Automatisierungen im Mitteilungsdienst bis zu Konvertierungen von alphanumerischen Seiteninhalten
nach z.B. WordStar-Dokumenten oder umgekehrt, ist über das Metafile
Konzept leichter realisierbar als wenn man direkt auf dem Line Code
aufsetzen muß.

/1/ Specification of a Basic Videotex Terminal operating to the
    EUROPEAN VIDEOTEX SERVICE
    FTZ Darmstadt, April 1982

/2/ CEPT VIDEOTEX PRESENTATION LAYER DATA SYNTAX T/CD 06-01
    Issue 1 May 1981
    Issue 2 September 1983

/3/ Rahmenbedingungen   für   Bildschirmtext-Terminals   (functional
    objectives)
    FTZ Darmstadt, Februar 1983

1 The Standard Generalized Markup Language: Basic Concepts

Dr. C. F. Goldfarb
IBM Research Laboratory
San Jose, California, USA

The Markup Process

Text processing and word processing systems typically require additional information to be interspersed among the natural text of the document being processed. This added information, called "markup," serves two purposes:

1. Separating the logical elements of the document; and

2. Specifying the processing functions to be performed on those elements.

In publishing systems, where formatting can be quite complex, the markup is usually done directly by the user, who has been specially trained for the task. In word processors, the formatters typically have less function, so the (more limited) markup can be generated without conscious effort by the user. As higher function printers become available at lower cost, however, the office workstation will have to provide more of the functionality of a publishing system, and "unconscious" markup will be possible for only a portion of office word processing.

It is therefore important to consider how the user of a high function system marks up a document. There are three distinct steps, although he may not perceive them as such.

1. He first analyzes the information structure and other attributes of the document; that is, he identifies each meaningful separate element, and characterizes it as a paragraph, heading, ordered list, footnote, or some other element type.

2. He then determines, from memory or a style book, the processing instructions ("controls") that will produce the format desired for that type of element.

3. Finally, he inserts the chosen controls into the text.

Here is how the start of this paper looks when marked up with controls in a typical text processing formatting language:

```
.SK 1
Text processing and word
processing systems typically
require additional information
to be interspersed among
the natural text of the document
being processed.
This added information, called
"markup," serves two purposes:
.TB 4
.OF 4
.SK 1
1.¬Separating the logical
elements of the document; and
.OF 4
.SK 1
2.¬Specifying the processing
functions to be
performed on those elements.
.OF 0
.SK 1
```

The .SK, .TB, and .OF controls, respectively, cause the skipping of vertical space, the setting of a tab stop, and the offset, or "hanging indent," style of formatting. (The not sign (¬) in each list item represents a tab code, which would otherwise not be visible.)

Procedural markup like this, however, has a number of disadvantages. For one thing, information about the document's attributes is usually lost. If the user decides, for example, to center both headings and figure captions when formatting, the "center" control will not indicate whether the text on which it operates is a heading or a caption. Therefore, if he wishes to use the document in an information retrieval application, search programs will be unable to distinguish headings—which might be very significant in information content—from the text of anything else that was centered.

Procedural markup is also inflexible. If the user decides to change the style of his document (perhaps because he is using a different output device), he will need to repeat the markup process to reflect the changes. This will prevent him, for example, from producing double-spaced draft copies on an inexpensive computer line printer while still obtaining a high quality finished copy on an expensive photocomposer. And if he wishes to accept competitive bids for the typesetting of his document, he will be restricted to those vendors that use the identical text processing system, unless he is willing to pay the cost of repeating the markup process.

Moreover, markup with control words can be time-consuming, error-prone, and require a high degree of operator training, particularly when complex typographic results are desired. This is true (albeit less so) even when a system allows defined procedures ("macros"), since these must be added to the user's vocabulary of primitive controls. The elegant and powerful TeX system (2), for example, which is widely used for mathematical typesetting, includes some 300 primitive controls and macros in its basic implementation.

These disadvantages of procedural markup are avoided by a markup scheme due to C. F. Goldfarb, E. J. Mosher, and R. A. Lorie (3, 4). It is called "generalized markup" because it does not restrict documents to a single application, formatting style, or processing system. Generalized markup is based on two novel postulates:

1. Markup should describe a document's structure and other attributes rather than specify processing to be performed on it, as descriptive markup need be done only once and will suffice for all future processing.

2. Markup should be rigorous so that the techniques available for processing rigorously-defined objects like programs and data bases can be used for processing documents as well.

These postulates will be developed intuitively by examining the properties of this type of markup.

Descriptive Markup

With generalized markup, the markup process stops at the first step: the user locates each significant element of the document and marks it with the mnemonic name ("generic identifier") that he feels best characterizes it. The processing system associates the markup with processing instructions in a manner that will be described shortly.

A notation for generalized markup, known as the Standard Generalized Markup Language (SGML), has been developed by a Working Group of the International Organization for Standardization (ISO). Marked up in SGML, the start of this paper looks like this:

```
<p>
Text processing and word
processing systems typically
require additional information
to be interspersed in
the natural text of the document
being processed.
This added information, called
<q>markup</q>, serves two purposes:
<ol>
<li>Separating the logical
elements of the document; and
<li>Specifying the processing
functions to be
performed on those elements.
</ol>
```

Each generic identifier (GI) is delimited by a less-than symbol (<) if it is at the start of an element, or by less-than followed by stroke (</) if it is at the end. A greater-than symbol (>) separates a GI from any text that follows it.[1] The mnemonics P, Q, OL, and LI stand, respectively, for the element types paragraph, quotation, ordered list, and list item. The combination of the GI and its delimiters is called a "start-tag" or an "end-tag," depending upon whether it identifies the start or the end of an element.

This example has some interesting properties. There are no quotation marks in the text; the processing for the quotation element generates them and will distinguish between opening and closing quotation marks if the output device permits. The comma that follows the quotation element is not actually part of it but is brought inside the quotation marks during formatting. Similarly, sequence numbers are generated for the ordered list items. The source text, in other words, contains only information; characters whose only role is to enhance the presentation are generated during processing.

If, as postulated, descriptive markup like this suffices for all processing, it must follow that the processing of a document is a function of its attributes. The way text is composed offers intuitive support for this premise. Such techniques as beginning chapters on a new page, italicizing emphasized phrases, and indenting lists, are employed to assist the reader's comprehension by emphasizing the structural attributes of the document and its elements.

---

[1] Actually, these characters are just defaults. The Standard Generalized Markup Language permits a choice of delimiter characters.

From this analysis, a 3-step model of document processing can be constructed:

1. Recognition: An attribute of the document is recognized, e.g., an element with a generic identifier of "footnote."

2. Mapping: The attribute is associated with a processing function. The footnote GI, for example, could be associated with a procedure that prints footnotes at the bottom of the page or one that collects them at the end of the chapter.

3. Processing: The chosen processing function is executed.

Text formatting programs conform to this model. They recognize such elements as words and sentences, primarily by interpreting spaces and punctuation as implicit markup. Mapping is usually via a branch table. Processing for words typically involves determining the word's width and testing for an overdrawn line; processing for sentences might cause space to be inserted between them.[2]

In the case of low-level elements such as words and sentences the user is normally given little control over the processing, and almost none over the recognition. Some formatters offer more flexibility with respect to higher-level elements like paragraphs, while those with powerful macro languages can go so far as to support descriptive markup. In terms of the document processing model, the advantage of descriptive markup is that it permits the user to define attributes—and therefore element types—not known to the formatter and to specify the processing for them.

For example, the Standard Generalized Markup Language sample just described includes the element types "ordered list" and "list item," in addition to the more common "paragraph." Built-in recognition and processing of such elements is unlikely. Instead, each will be recognized by its explicit markup and mapped to a procedure associated with it for the particular processing run. Both the procedure itself and the association with a GI would be expressed in the system's macro language. On other processing runs, or at different times in the same run, the association could be changed. The list items, for example, might be numbered in the body of a book but lettered in an appendix.

So far the discussion has addressed only a single attribute, the generic identifier, whose value characterizes an element's semantic role or purpose. Some descriptive markup schemes refer to markup as "generic coding," because the GI is the only attribute they recognize (5). In generic coding schemes, recognition, mapping, and processing can be accomplished all at once by the simple device of using GIs as control procedure names. Different formats can then be obtained from the same markup by invoking a different set of homonymous procedures. This approach is effective enough that one notable implementation, the SCRIBE system, is able to prohibit procedural markup completely (1).

Generic coding is a considerable improvement over procedural markup in practical use, but it is conceptually unsound. Documents are complex objects, and they have other attributes that a markup language must be capable of describing. For example, suppose the user decides that his document is to include elements of a type called "figure" and that it must be possible to refer to individual figures by name. The markup for a particular figure element known as "angelfig" could begin with this start-tag:

```
<fig id=angelfig>
```

"Fig," of course, stands for "figure," the value of the generic identifier attribute. The GI identifies the element as a member of a set of elements having the same role. In contrast, the "unique identifier"

---

[2] The model need not be reflected in the program architecture; processing of words, for example, could be built into the main recognition loop to improve performance.

1 SGML: Basic Concepts

(ID) attribute distinguishes the element from all others, even those with the same GI. (It was unnecessary to say "GI=fig," as was done for ID, because in the Standard Generalized Markup Language it is understood that the first piece of markup for an element is the value of its GI).

The GI and ID attributes are termed "primary" because every element can have them. There are also "secondary" attributes that are possessed only by certain element types. For example, if the user wanted some of the figures in his document to contain illustrations to be produced by an artist and added to the processed output, he could define an element type of "artwork." Because the size of the externally-generated artwork would be important, he might define artwork elements to have a secondary attribute, "depth."[3] This would result in the following start-tag for a piece of artwork 24 picas deep:

```
<artwork depth=24p>
```

The markup for a figure would also have to describe its content. "Content" is, of course, a primary attribute, the one that the secondary attributes of an element describe. The content consists of an arrangement of other elements, each of which in turn may have other elements in its content, and so on until further division is impossible.[4] One way in which the Standard Generalized Markup Language differs from generic coding schemes is in the conceptual and notational tools it provides for dealing with this hierarchical structure. These are based on the second generalized markup hypothesis, that markup can be rigorous.

Rigorous Markup

Assume that the content of the figure "angelfig" consists of two elements, a figure body and a figure caption. The figure body in turn contains an artwork element, while the content of the caption is text characters with no explicit markup. The markup for this figure could look like this:[5]

```
<fig id=angelfig>
<figbody>
<artwork depth=24p>
</artwork>
</figbody>
<figcap>Three Angels Dancing
</figcap>
</fig>
```

The markup rigorously expresses the hierarchy by identifying the beginning and end of each element in classical left list order. No additional information is needed to interpret the structure, and it would be possible to implement support by the simple scheme of macro invocation discussed earlier. The price the user pays for this simplicity, though, is that he must enter an end-tag for every element.

This price is totally unacceptable in practice. The user knows that the start of a paragraph, for example, terminates the previous one, so he will be reluctant to go to the trouble and expense of entering an explicit end-tag for every single paragraph just to share his knowledge with the system. He will have equally strong feelings about other element types he may define for himself, if they occur with any great frequency.

---

[3] "Depth=" is not simply the equivalent of a vertical space control word. Although a full-page composition program could produce the actual space, a galley formatter might print a message instructing the layout artist to leave it. A retrieval program might simply index the figure and ignore the depth entirely.

[4] One can therefore speak of documents and elements almost interchangeably: the document is simply the element that is at the top of the hierarchy for a given processing run. A technical report, for example, could be formatted both as a document in its own right and as an element of a journal.

[5] Like "GI=," "content=" can safely be omitted. It is unnecessary when the content is externally generated, it is understood when the content consists solely of tagged elements, and for text characters it is implied by the delimiter (>) that ends the start-tag.

With the Standard Generalized Markup Language, however, it is possible to advise the system about the structure and attributes of any type of element the user creates. This is done by creating a "document type description," using features of the language called "element declarations." While the markup in a document consists of descriptions of individual elements, a document type description defines the set of all possible valid markup of a type of element.

An element declaration includes a description of the allowable content, normally expressed in a notation derived from the BNF notation used for formal grammars. Suppose, for example, the user extends his definition of "figure" to permit the figure body to contain either artwork or certain kinds of textual elements. The element declaration might look like this:[6]

```
<!ELEMENT
-- ELEMENT          MIN    CONTENT                        --
1  fig              - -    (figbody, figcap?)
2  figbody          - O    (artwork | (p | ol | ul)+)
3  artwork          - O    NULL
4  figcap           - O    (#CHARS*)
>
```

Line 1 means that a figure contains a figure body and, optionally, can contain a figure caption following the figure body. (The hyphens will be explained shortly.)

Line 2 says the body can contain either artwork or an intermixed collection of paragraphs, ordered lists, and unordered lists. The "O" in the markup minimization field ("MIN") indicates that the body's end-tag can be omitted when it is unambiguously implied by the start of the following element. The preceding hyphen means that the start-tag *cannot* be omitted.

Line 3 defines artwork as having a null content, as it will be generated externally and pasted in. As there is no content in the document, there is no need for ending markup, so it can be omitted.

Line 4 defines a figure caption's content as 0 or more characters. A character is a terminal, incapable of further division. The "O" in the "MIN" field indicates the caption's end-tag can be omitted. In addition to the reasons already given, omission is possible when the end-tag is unambiguously implied by the end-tag of an element that contains the caption.

It is assumed that p, ol, and ul have been defined in other element declarations.

With this formal definition of figure elements available, the following markup for "angelfig" is now acceptable:

```
<fig id=angelfig>
<figbody>
<artwork depth=24p>
<figcap>Three Angels Dancing
</fig>
```

There has been a 40% reduction in markup, since the end-tags for three of the elements are no longer needed.

● As the structure declaration defined the figure caption as part of the content of a figure, terminating the figure automatically terminated the caption.

---

[6] The question mark (?) means an element is optional, the comma (,) that it follows the preceding element in sequence, the asterisk (*) that the element can occur 0 or more times, and the plus (+) that it must occur 1 or more times. The vertical bar (|) is used to separate alternatives. Parentheses are used for grouping as in mathematics.

1 SGML: Basic Concepts

- Since the figure caption itself is on the same level as the figure body, the <figcap> start-tag implicitly terminated the figure body.

- The artwork element was self-terminating, as the structure declaration defined its content to be null.[7]

An element declaration also contains an "attribute definition" for each element that has attributes. The definition includes the possible values the attribute can have, and the default value if the attribute is optional and is not specified in the document.

Here is the element declaration for figure with the attribute definitions added:

```
<!ELEMENT
-- ELEMENT                 MIN    CONTENT                              --
--           ATTRIBUTE     VALUE                             DEFAULT --
  1 fig                    - -    (figbody, figcap?)
             id            ID                                NULL
  2 figbody                - O    (artwork | (p | ol | ul)+)
  3 artwork                - O    NULL
             depth         CHARS                             REQUIRED
  4 figcap                 - O    (#CHARS*)
>
```

The declaration indicates that a figure can have an ID attribute and that its value must be a unique identifier name. The attribute is optional and does not have a default value if not specified.

In contrast, the depth attribute of the artwork element is required. Its value can be any character string.

Document type descriptions have uses in addition to markup minimization.[8] They can be used to validate the markup in a document before going to the expense of processing it, or to drive prompting dialogues for users unfamiliar with a document type. For example, a document entry application could read the description of a figure element and invoke procedures for each element type. The procedures would issue messages to the terminal prompting the user to enter the figure ID, the depth of the artwork, and the text of the caption. The procedures would also enter the markup itself into the document being created.

Even in systems not sophisticated enough to read a type description directly, knowledge of it can be built into the application procedures. For example, in the case of the figure elements above, the figure caption procedure would terminate the figure body processing and set a switch. If the end-of-figure procedure found the switch not set it would recognize that this instance of a figure had no caption and would invoke the end-of-body procedure as well. The result is as if the markup parser had read the element declaration, although at the penalty of increasing the complexity of the application procedures.

Conclusion

Regardless of the degree of accuracy and flexibility in document description that generalized markup makes possible, the concern of the user who prepares documents for publication is still this: can the Standard Generalized Markup Language, or any descriptive markup scheme, achieve typographic

---

[7] The Standard Generalized Markup Language actually allows the markup to be reduced even further than this.

[8] Some complete, practical document type descriptions may be found in (4), although they are not coded in the Standard Generalized Markup Language.

results comparable to procedural markup? A recent publication by Prentice-Hall International (6) represents empirical corroboration of the generalized markup hypotheses in the context of this demanding practical question.

It is a textbook on software development containing hundreds of formulas in a symbolic notation devised by the author. Despite the typographic complexity of the material (many lines, for example, had a dozen or more font changes), no procedural markup was needed anywhere in the text of the book. It was marked up using a language that adhered to the principles of generalized markup but was less flexible and complete than the Standard Generalized Markup Language (4).

The available procedures supported only computer output devices, which were adequate for the book's preliminary versions that were used as class notes. No consideration was given to typesetting until the book was accepted for publication, at which point its author balked at the time and effort required to re-keyboard and proofread some 350 complex pages. He began searching for an alternative at the same time the author of this paper sought an experimental subject to validate the applicability of generalized markup to commercial publishing.

In due course both searches were successful, and an unusual project was begun. As the author's processor did not support photocomposers directly, procedures were written that created a source file with procedural markup for a separate typographic composition program. Formatting specifications were provided by the publisher, and no concessions were needed to accommodate the use of generalized markup, despite the marked up document having existed before the specifications.[9]

The experiment was completed on time, and the publisher considers it a complete success (7).[10] The procedures, with some modification to the formatting style, have found additional use in the production of a variety of in-house publications.

Generalized markup, then, has both practical and academic benefits. In the publishing environment, it reduces the cost of markup, cuts lead times in book production, and offers maximum flexibility from the text data base. In the office, it permits interchange between different kinds of word processors, with varying functional abilities, and allows auxiliary "documents," such as mail log entries, to be derived automatically from the relevant elements of the principal document, such as a memo.

At the same time, SGML's rigorous descriptive markup makes text more accessible for computer analysis. While procedural markup (or no markup at all) leaves a document as a character string that has no form other than that which can be deduced from analysis of the document's meaning, generalized markup reduces a document to a regular expression in a known grammar. This permits established techniques of computational linguistics and compiler design to be applied to natural language processing and other document processing applications.

Acknowledgments

The author is indebted to E. J. Mosher, R. A. Lorie, T. I. Peterson, and A. J. Symonds—his colleagues during the early development of generalized markup—for their many contributions to the ideas presented in this paper, to N. R. Eisenberg for his collaboration in the design and development of the procedures used to validate the applicability of generalized markup to commercial publishing, and to C. B. Jones and Ron Decent for risking their favorite book on some new ideas.

---

[9] On the contrary, the publisher took advantage of generalized markup by changing some of the specifications after he saw the page proofs.

[10] This despite some geographical complications: the publisher was in London, the book's author in Brussels, and this paper's author in California. Almost all communication was done via an international computer network, and the project was nearly completed before all the participants met for the first time.

1 SGML: Basic Concepts

References

1 B. K. Reid, "The Scribe Document Specification Language and its Compiler," *Proceedings of the International Conference on Research and Trends in Document Preparation Systems*, 59-62 (1981).

2 Donald E. Knuth, *TAU EPSILON CHI, a system for technical text*, American Mathematical Society, Providence, 1979.

3 C. F. Goldfarb, E. J. Mosher, and T. I. Peterson, "An Online System for Integrated Text Processing," *Proceedings of the American Society for Information Science*, 7, 147-150 (1970).

4 Charles F. Goldfarb, *Document Composition Facility Generalized Markup Language: Concepts and Design Guide*, Form No. SH20-9188-1, IBM Corporation, White Plains, 1984.

5 Charles Lightfoot, *Generic Textual Element Identification—A Primer*, Graphic Communications Computer Association, Arlington, 1979.

6 C. B. Jones, *Software Development: A Rigorous Approach*, Prentice-Hall International, London, 1980.

7 Ron Decent, *personal communication to the author* (September 7, 1979).

1.0 Acknowledgments

<u>Benutzerschnittstellen an multifunktionalen
Büroarbeitsplätzen
Schnittstellenmodelle und Evaluation</u>

H.-J. Bullinger, K.-P. Fähnrich, K.-H. Hanne, J. Ziegler
Fraunhofer Institut für Arbeitswirtschaft und Organisation
(IAO), Stuttgart

<u>Zusammenfassung</u>

Der Artikel führt ein Schichtenmodell zur Definition von Mensch-Rechner-Schnittstellen ein. Es wird das Mensch-Rechner-Kommunikationsprinzip der direkten Manipulation definiert und auf Möglichkeiten und
Grenzen der Evaluation von Mensch-Rechner-Schnittstellen eingegangen
sowie Ergebnisse einer entsprechenden Studie vorgestellt. Schließlich
werden generische Kommunikationsmodi mit "direkter Manipulation", "natürlichsprachlicher Eingabe" und "formalen Sprachen" isoliert und definitorisch zu einer wissensbasierten "symbiotischen" Schnittstelle
zusammengefügt.

1 Einleitung

Die Markteinführung einer neuen Generation von "Workstations" hat ein
Prinzip der Mensch-Rechner-Kommunikation verwirklicht, das in Zukunft
zu einem grundlegenden Kommunikationsmodus an Büroarbeitsplätzen werden kann. Dieses Prinzip der "direkten Manipulation" stellt (vereinfacht) eine Interaktion mit einer visualisierten Informationsumgebung
dar. Einfache Anwahl- und Zeigeoperationen und wenige grundlegende
Funktionen ermöglichen die Interaktion. Einige dieser Systeme sind
mittlerweile mehr oder weniger am Markt etabliert. Repräsentanten sind
z.B. die Systeme XEROX Star (X8010), APPLE Lisa und Macintosh, SUN,
PERQ, KAYAK-Buroviseur /1/,/2/,/3/. Im Zusammenhang mit der genaueren
definitorischen Eingrenzung dieses Kommunikationsmodus und einer Klassifikation seines Profiles auch im Vergleich mit anderen Kommunikationsmodi stellt sich für die Arbeitswissenschaft eine Reihe von wichtigen Problemfeldern:

o Die Entwicklung und Beurteilung von Modellen für Mensch-Rechner-
   Schnittstellen inclusive der Bestimmung der relevanten Einflußfaktoren und entsprechender formaler Beschreibungssprachen.

o Die Definition von grundlegenden "generischen" Kommunikationsmodi
und deren ergonomischen und technischen Profilen.

o   Die Definition von fortgeschrittenen integrierten, multimodalen
oder auch "symbiotischen" Schnittstellen, die unter Einbeziehung
von wissensbasierten "Benutzerassistenten" oder "user agents" eine
bessere Adaptierung der Maschinenschnittstelle an die (unterschiedlichen) Benutzer, das Benutzerverhalten sowie die Arbeitsaufgaben
zuläßt.

2   Mensch-Rechner-Schnittstellen

Der Begriff "Mensch-Rechner-Schnittstelle" ist bisher nicht ausreichend operationalisiert. Wichtige Ansätze werden z.B. in /4/, /5/ und
/6/ vorgestellt, wobei die beiden letzteren Arbeiten formale Beschreibungssprachen anbieten.

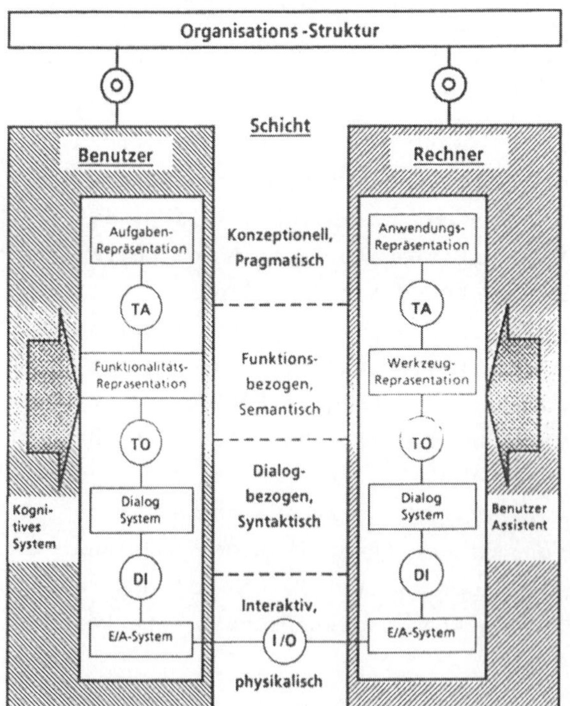

Bild 1: Ein Schichtenmodell der Mensch-Rechner-Schnittstelle

Das im folgenden vorgestellte Modell (siehe Bild 1) versucht, Ansätze dieser Arbeiten zu integrieren und Mensch-Rechner-Kommunikation als geschichtetes Modell ähnlich dem ISO-OSI (open systems interconnection) Modell zu interpretieren.

In der <u>Organisationsstruktur</u> werden Wesen, Struktur und Ausprägung der gemeinsam von Mensch und Rechner zu erbringenden Arbeitsaufgaben entsprechend der Aufbau- und der Ablauforganisation vorstrukturiert.

Erfolgreiche Mensch-Rechner-Kommunikation setzt in diesem Modell den Aufbau von vier geschichteten Kommunikationsstrukturen (Protokollebene im Sinne des ISO-OSI Modelles) voraus.

Diese Schichten können als konzeptionell-pragmatisch, funktionsbezogen-semantisch, dialogbezogen-syntaktisch und Ein-/Ausgabe-bezogen-interaktiv charakterisiert werden. Dabei stellt die I/O-Schnittstelle die einzige <u>physikalische</u> Verbindung zwischen Mensch und Rechner dar.

Erfolgreiche Mensch-Rechner-Kommunikation setzt dabei den Aufbau von kompatiblen Strukturen auf allen vier Schichten voraus. Dabei ist das kognitive System des Menschen in außerordentlich flexibler Art in der Lage, diese vier Schichten aufzubauen. Grenzen werden dabei hauptsächlich durch die Fähigkeiten und Fertigkeiten der Benutzer gesetzt. Rechnerseitig wird dieser Adaptionsprozeß vom Systemdesign begrenzt. Es existieren drei Ansätze:

o   Ein auf feste Arbeitsaufgaben und Benutzercharakteristika abgestelltes Systemdesign.
o   Ein an variable Arbeitsaufgaben und verschiedene Benutzergruppen adaptierbares Systemdesign. Vom Benutzer können einige Systemparameter eingestellt werden.
o   Ein selbstadaptives Design der Mensch-Rechner-Schnittstelle. Diese Lösung kann durch die Schaffung einer "intelligenten", wissensbasierten Instanz (des Benutzerassistenten) ermöglicht werden. Dabei erwirbt und repräsentiert der Benutzerassistent Wissen über organisatorische Regelungen, die Umsetzung von Funktionalität in Problemlösungen, die Verwendbarkeit von Software-Werkzeugen bzw. ihrer Leistungsumfänge, die Profile von unterschiedlichen Dialogformen sowie globale und aktuelle Benutzercharakteristika. Das repräsentierte Wissen wird zusammen mit anderen vorgegebenen Schlußregeln zur Adaption der rechnerseitigen Komponente der Mensch-Rechner-Schnittstelle eingesetzt.

Der erste Ansatz ist der bisher am weitesten verbreitete. Er führte zu hochangepaßten Mensch-Rechner-Schnittstellen. Oft werden dabei "Kommunikationsdefekte" vorprogrammiert. Systeme, die auf dem zweiten Ansatz basieren, sind viel flexibler - um den Preis eines wesentlich erhöhten Implementationsaufwandes. Erste Ansätze zur Schaffung von Systemen entsprechend dem dritten Ansatz sind in der Literatur dokumentiert (/7/, /8/, /9/). Eine generelle Implementation dieses Prinzips ist jedoch noch nicht geleistet.

Jeder der drei vorgestellten Ansätze zum Systemdesign kann dabei von einem Architekturkonzept wie in Bild 1 dargestellt profitieren:

o Einflußparameter werden zuordenbar.
o Mensch-Rechner-Kommunikations-Software kann effizienter erstellt werden.
o Ansätze eines "rapid prototyping" mit Hilfe von Schnittstellengeneratoren werden vereinfacht.
o Der Schritt von der korrektiven zur konzeptiven Ergonomie kann vollzogen werden.

Im folgenden wird eine vertiefende Beschreibung dieser Schnittstellenarchitektur gegeben (siehe Bild 1).

Die I/O-Schnittstelle bildet die einzige physikalische Verknüpfung zwischen Mensch und Rechner. Das Ein-/Ausgabesystem nimmt Benutzereingaben über Tastaturen, Spracheingabe, Anzeigegeräte etc. entgegen und transferiert diese in eine geräteunabhängige, funktionale Repräsentation (Dialog-Schnittstelle DI) als Input an das Dialogsystem. Zudem transferiert das Ein-/Ausgabesystem die von der Dialogschnittstelle zur Verfügung gestellten Ausgaben in eine gerätespezifische Informations-Codierung (Bildschirmausgaben unter Verwendung verschiedener Formen von Informationscodierung und Organisation von Information, Sprachausgabe etc.).

Das Dialogsystem führt eine Syntaxanalyse des von der Dialog-Schnittstelle bereitgestellten Inputs durch, bzw. formuliert syntaktisch richtige Ausgabesequenzen. Dabei bildet die Werkzeugschnittstelle (TO) eine vom speziellen Dialogmodus unabhängige Repräsentation der Eingangsparameter für die verschiedenen Software-Werkzeuge, die die dem Benutzer zur Verfügung stehende Funktionalität des Rechners repräsen-

tieren. Von der Werkzeugrepräsentation wird dann eine werkzeugunabhängige Repräsentation der Lösung der Arbeitsaufgabe (Schnittstelle zur
Aufgabenstruktur - TA) aufgebaut und dem Anwendungsmodell übergeben.
Dieses stößt sodann die Abarbeitung an.

Ein Systemdesign sollte dabei vom Konzeptionellen über die Semantik
und Syntax zur Definition der Interaktion fortschreiten. Die Systemstandardisierung hat im übrigen den umgekehrten Weg eingeschlagen.

3 Evaluation von Mensch-Rechner-Schnittstellen

Die Evaluation von Mensch-Rechner-Schnittstellen soll die Bewertung
von Systemen bezüglich ihrer für den Benutzer relevanten Gestaltungsgüte ermöglichen. Eine wissenschaftlich vertretbare Vorgehensweise bei
der Evaluierung muß sich zunächst auf eine geeignete Modellvorstellung
der Benutzerschnittstelle stützen. Weiter sind geeignete Zielkriterien
zur Systembewertung, die auf der Modellvorstellung aufbauen und durch
beobachtbare Größen operationalisiert werden können, zu entwickeln.
Hier ist in der Vergangenheit sicher zu häufig von vage definierten
Gemeinplätzen Gebrauch gemacht worden. Die Kriterien müssen zudem in
ihrer Gewichtung gegeneinander abgestimmt werden.

Zur Erfassung der Beurteilungsgrößen können verschiedene Untersuchungsmethoden herangezogen werden. Eine Übersicht ist in Abbildung 2
dargestellt. Bei der Auswahl von Zielkriterien für die Bewertung von
Benutzerschnittstellen ist es entscheidend, daß diese Beurteilungskriterien hinreichend voneinander unabhängig sind und die wesentlichen
Fragestellungen an Benutzerschnittstellen umfassend abdecken. Ein Versuch, einen solchen Kriteriensatz zu definieren, wurde in der DIN-Normungsarbeit unternommen. Für die Bewertung des Mensch-Rechner-Dialogs
werden im Entwurf zu DIN 66234, Teil 8 /10/, folgende Kriterien und
Definitionen vorgeschlagen:

o Aufgabenangemessenheit: Die Unterstützung der eigentlichen Aufgabe
   des Benutzers, ohne die Erledigung dieser Aufgabe durch Eigenschaften des Systems zusätzlich zu belasten.

Bild 2:   Untersuchungsmethoden zur Erfassung von Beurteilungsgrößen bei der Evaluierung von Benutzerschnittstellen an Mensch-Rechner-Systemen

o <u>Selbsterklärungsfähigkeit</u>: Die Möglichkeit, während des Dialogs Erläuterungen zu Einsatzzweck und Einsatzweise zu erhalten, soweit die dargestellten Informationen nicht unmittelbar verständlich sind.

o <u>Steuerbarkeit</u>: Die Beeinflußbarkeit des Dialogs durch den Benutzer.

o <u>Erlernbarkeit</u>: Die Eigenschaft des Dialogs, den Benutzern den Erwerb von Kenntnissen zu erleichtern, die für das Verständnis von Anwendungszweck und Anwendungsweise des Systems gebraucht werden.

o <u>Verläßlichkeit</u>: Die Auslegung des Dialogverhaltens des Systems entsprechend den Erwartungen des Benutzers.

o <u>Fehlertoleranz</u>: Verarbeitung von Eingaben so, daß möglichst trotz Eingabefehler das intendierte Arbeitsergebnis erreicht wird und/ oder dem Benutzer die Ursachen des Fehlers zum Zwecke der Behebung verständlich gemacht werden.

Die Hauptproblematik dieser empirisch gewonnenen Kriteriensammlung (siehe z.B. /11/) liegt nun darin, daß sie nicht konsequent aus einem

Benutzerschnittstellenmodell (wie in /12/, /4/) abgeleitet wurde. So kann unter Problemangemessenheit das Vorhandensein geeigneter Anwendungs-Software-Programme und Software-Werkzeuge verstanden werden, was nach der Gliederung z.B. des IFIP-Benutzerschnittstellenmodells /4/ keine Frage der Dialog-, sondern der Werkzeugschnittstelle ist. Weiter sind Überlappungen bzw. Abhängigkeiten der Kriterien möglich. So wird die Erlernbarkeit stark von der Selbsterklärungsfähigkeit eines Systems beeinflußt bzw. es überdecken sich die Kriterien teilweise zumindestens im normalen Sprachgebrauch. Unklarheiten bestehen auch bezüglich der geforderten Selbsterklärungsfähigkeit, die sowohl als Eigenschaft des Systems, eine selbstevidente Dialogführung anzubieten, wie auch als Fähigkeit, dem Benutzer über den eigentlichen Dialog hinausgehende Erläuterungen anzubieten, verstanden werden kann.

4 Direkte Manipulation

4.1 Das Prinzip der direkten Manipulation

Direkte Manipulation ist eine Dialogform (siehe z.B. /13/, /14/, /15/, /16/), die sich besonders an Nicht-EDV-Spezialisten, oder auch gelegentliche Benutzer wendet. Sie war primär für eine Gruppe von Benutzern intendiert, die als Fachspezialisten ("knowledge worker") zu bezeichnen ist /13/. Dabei wird primär auf Erlernbarkeit und weniger auf Effizienz Wert gelegt.

Die Direkte Manipulation ist als Dialogmöglichkeit in die schon genannten Arbeitsplatzsysteme integriert. Shneiderman /14/ beschreibt die direkte Manipulation mit den folgenden Charakteristika (siehe dazu auch /9/ und /13/ sowie Bild 3):

o Fortlaufende Darstellung der momentan "interessierenden" Objekte
o Physikalische Manipulation oder einfaches Drücken von Funktionstasten anstelle komplexer Syntax
o Schnelle, schrittweise und reversible Operationen, deren Auswirkung auf die ausgewählten Objekte sofort sichtbar wird.

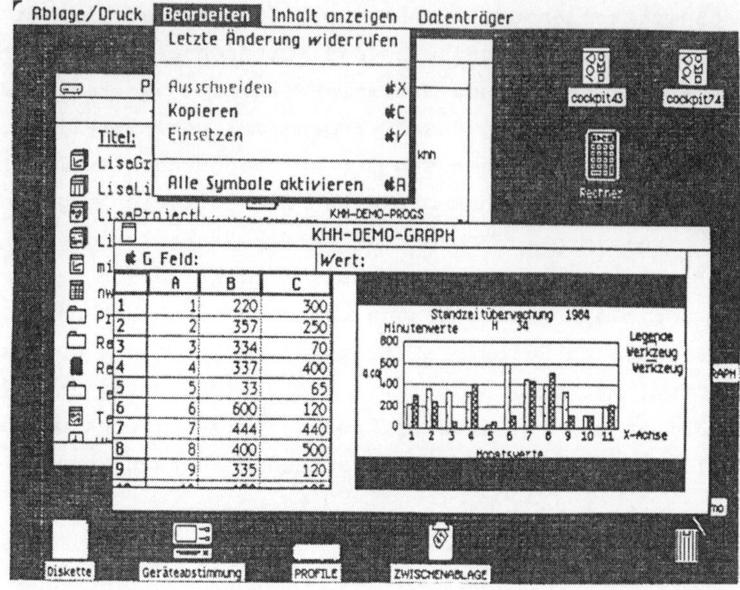

Bild 3:   Informationsumgebung als Abbild eines Schreibtisches mit der Möglichkeit "direkter Manipulation" (Beispiel vom APPLE Lisa-System)

Auf dem Modell der Mensch-Rechner-Schnittstelle aufbauend (vgl. Bild 1), läßt sich direkte Manipulation vorläufig durch die folgenden Punkte definieren /13/:

o Die Schnittstelle zeigt ein festes und beschränktes konzeptionelles Modell bezüglich der Anwendungsrepräsentation, das für spezielle Anwendungsklassen ausgelegt ist. Die Adäquatheit direkter Manipulation in einem Aufgabenkontext hängt in hohem Maße von der Angemessenheit dieses Konzeptes ab. Direkte Manipulation bietet "Metaphore" (z.B. Konzept einer Büroumgebung) an, die die Systemfunktionalität auf Objekte, Beziehungen zwischen Objekten und Funktionen, die einen aufgabenbezogenen Kontext für die Interaktion darstellen, abbilden. Es ist notwendig, daß das konzeptionelle Modell dem Benutzer einsichtig gemacht werden kann, indem ihm der aktuelle Kontext einer Interaktion in geeigneter Weise (im Regelfalle unter Verwendung eines Fenstersystems) angezeigt wird.

o Die Semantik der in einem konzeptionellen Modell benutzten Objekte ist aus einem generischen (Grund-) Teil und einem auf die spezielle Instantiierung des Objektes bezogenen Teiles zusammengesetzt. Das

Konzept wird durch die Benutzung von relativ wenigen generischen Funktionen, die auf diese Objekte angewendet werden können, vervollständigt. Mit dem konzeptionellen Modell beschreiben diese Charakteristika den Bereich des vom Benutzer benötigten und in den Entwurf der Schnittstelle eingebetteten "know-what".

o Die klare Organisation des konzeptionellen Modells mit Objekten und Funktionen ist die Voraussetzung für die Syntax der direkten Manipulation. Jede Benutzeraktion arbeitet gleichzeitig nur mit einer dieser Klassen. Die Kommandos des Benutzers erhalten die Form "Objekt-Funktion". Die Manipulationsinteraktion besteht also aus Folgen "Auswahl eines Objektes - Einleiten der für dieses Objekt gewünschten Funktion", einschließlich der näheren Attributspezifizierung der Objekte. Das System antwortet explizit auf jede Aktion dieser Folge. Komplexe Aufgaben werden durch Aneinanderreihen von diesen reversiblen aufeinander aufbauenden Schritten gelöst.

o An der physikalischen Schnittstelle ist die Systemausgabe in eine Informationsumgebung eingebettet, die gleichzeitig verschiedene hierarchisch strukturierte Bereiche (normalerweise in Fenster-Technik) anzeigt. Dieser Ansatz steht im Gegensatz zu "normalen" streng sequentiellen Informationsausgaben. Der Bildschirm muß Texte und zumindest einfache graphische Objekte darstellen können. Zur Eingabe benötigt die direkte Manipulation ein Zeigegerät (z.B. eine Maus), Funktionstasten auf der Tastatur und/oder virtuelle Tasten auf dem Schirm. Die letzten beiden Abschnitte beschreiben den Bereich des für die Interaktion benötigten "know-how".

Der offensichtlichste Aspekt direkter Manipulation ist die Visualisierung des konzeptionellen Modelles oder des Teiles davon, welcher gerade im aktuellen Interaktionskontext interessiert. Für jeden Benutzerschritt wird eine Rückmeldung erzeugt und solange angezeigt, wie der Zusammenhang der Interaktion erhalten bleibt. Dadurch kann der Benutzer die Systemfunktionalität "erforschen" und erlernen.

Die Bezeichnung "Direkte Manipulation" scheint gerechtfertigt, da die Charakteristika der stufenweise physikalischen Handarbeit mit der sofortigen Erfolgskontrolle und Rückmeldung hier an der Mensch-Rechner-Schnittstelle simuliert wird.

Heute scheint es, daß die Direkte Manipulation einen generischen Interaktionsmodus darstellt, der sich von anderen Interaktionsmodi grundlegend unterscheidet. Die Vor- und Nachteile direkter Manipulation können herausgearbeitet und mit den anderen möglichen Kommunikationsmodi verglichen und über das schon vorgestellte Modell der Mensch-Rechner-Schnittstelle und über das Konzept des Benutzerassistenten verknüpft werden.

4.2 Direkte Manipulation am XEROX Star-System

Eines der bekanntesten Systeme, das an der Benutzerschnittstelle direkte Manipulation verwendet, ist das XEROX Star-System. Seine Entwickler haben folgende Design-Kriterien ohne genauere Definition der direkten Manipulation aufgestellt:

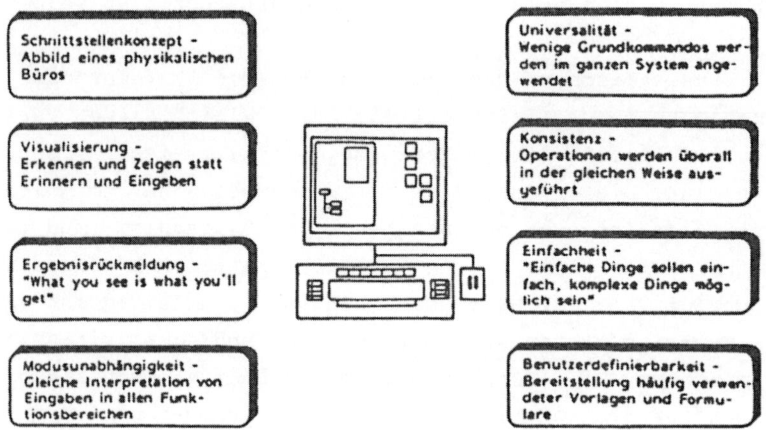

Bild 4: Gestaltungskriterien für die Entwicklung von Systemen mit
         direkter Manipulations-Schnittstelle

Durch ihre enge Ausrichtung auf ein System wirken diese Gestaltungskriterien griffiger als die teilweise abstrakten DIN-Kriterien (vgl. Kap. 3). Manche dieser Entwicklungskriterien können für eine nähere Bestimmung der abstrakten DIN-Kriterien herangezogen werden. Universalität und Konsistenz z.B. können wesentliche Voraussetzungen für die Erlernbarkeit und die Steuerbarkeit eines Systems darstellen. Aus diesem Grund sind diese beiden genannten Kriterien als sehr wesentlich für eine benutzerfreundliche Schnittstellenauslegung anzusehen.

Eine umgehende Rückmeldung des erzielten Arbeitsergebnisses kann den

Benutzer stark unterstützen. Dies wird durch die Forderung "What you
see is what you get" für manche Aufgabenbereiche (wie Textverarbeitung
und Graphik) anschaulich illustriert.

Die Konzeption, ein Abbild der physikalischen Arbeitsumgebung mit entsprechenden graphischen Symbolen (Piktogrammen) zu verwenden, ist für
die angestrebten Einsatzbereiche an multifunktionalen Büroarbeitssys-
temen sinnvoll. Wie weit diese Konzeption auf andere Anwendungsgebiete
(z. B. organisatorische Planungsprozesse) oder Benutzergruppen (z. B.
Programmierer) ausgeweitet werden kann, muß noch untersucht werden.

Die Forderung nach weitgehend modusunabhängigen Interaktionen besagt,
möglichst wenige Dialogzustände im System zu haben, in denen Eingaben
des Benutzers unterschiedlich interpretiert werden können. So können
bei herkömmlichen Systemen beim Editieren und bei der Verwaltung von
Texten unterschiedliche Befehlsätze oder sogar gleichlautende Befehle,
die in den verschiedenen Fällen unterschiedliche Bedeutung haben, auftreten. Diese Tatsache führt beim Benutzer häufig zu Verwirrung und
Fehlern, da er sich über den gegenwärtigen Dialogstatus und die entsprechenden Befehle nicht im Klaren ist.

Bemerkenswert ist auch die Forderung nach Einfachheit: "Einfache Dinge
sollen einfach, komplexe Dinge möglich sein." /16/. Dahinter steckt
die Einsicht, daß Komplexität, die in der Aufgabenstellung enthalten
ist, an der Benutzerschnittstelle grundsätzlich nicht zum Verschwinden
gebracht werden kann. Ein gewisser Umfang an Basisfunktionalität sollte dem Benutzer jedoch sehr leicht zugänglich sein, damit er überhaupt
die Voraussetzung erhält, sich in komplexere Aufgaben einzuarbeiten.

5   Bewertung einer Benutzerschnittstelle mit direkter graphischer
     Manipulation

Um eine weitere Operationalisierung der Erlernbarkeit und Selbst-
erklärbarkeit einzuführen, wurde am Fraunhofer-Institut für Arbeitswirtschaft und Organisation (IAO), Stuttgart, eine empirische Studie
durchgeführt. Dabei wurde das XEROX Star System als ein System mit direkter Manipulation benutzt.

Verschiedenen Untersuchungsgruppen wurden drei festgelegte Benchmark-Aufgaben mit zunehmendem Schwierigkeitsgrad gestellt. Die Testgruppe der Studie bestand aus 11 Personen von 21 bis 30 Jahren mit 3 Stufen von EDV-Erfahrungen (Keine Erfahrung, mäßige Erfahrung in der Textverarbeitung, hoch geübte Programmierer). Keine der Untersuchungspersonen hatte zuvor die XEROX-Star "Workstation" benutzt. Die Aufgaben steigerten sich von anfänglich einfachen Korrekturen eines gemischten Text- und Graphikdokumentes (inclusive Organisation und Handhabung der Schreibtischobjekte), über komplexere Textverarbeitungsfunktionen (einschließlich der Benutzung von virtuellen Tastaturen) bis zur Entwicklung von komplexen Text-/Graphik-Dokumenten. Die Aufgaben enthielten einen relativ geringen textlichen Eingabeanteil. Die Ausführungszeiten wurden relativ zu den von einer Kontrollgruppe von "Experten" benötigten Zeiten beurteilt.

Den Versuchspersonen (9 männlich, 2 weiblich) wurde nur eine sehr kurze, standardisierte Einführung in das System gegeben (ca. 10 Minuten), die die grundlegenden Konzepte der Interaktion erklärte. Es wurde ihnen jedoch erlaubt, den Beobachter jederzeit während der Versuchsdurchführung um zusätzliche Auskunft zu bitten. Dadurch sollte auch die Selbsterklärungsfähigkeit des Systems bestimmt werden.

Das Ziel dieser Studie war es, das Verhalten von Benutzern zu untersuchen, die bisher keine Vorkenntnisse über die benutzte "Workstation" hatten. Ebenso sollte der Bedarf an Zusatzinformationen, die Lernzuwachsrate zwischen einfachen und komplexeren Aufgaben sowie das Auftreten von Fehlern im Aufgabenzusammenhang untersucht werden.

In der Studie wurden keine Vergleiche zwischen direkter Manipulation und anderen Interaktionsmodi durchgeführt.

Das bemerkenswerte Ergebnis (siehe Bild 5) war, daß die Unterschiede der Ausführungszeiten zwischen "Star-Experten" und "Star-Neulingen" einen Faktor 4 aufwiesen im Vergleich zu den relativ geringen Unterschieden innerhalb der 3 verschiedenen Anfänger-Benutzergruppen selbst.

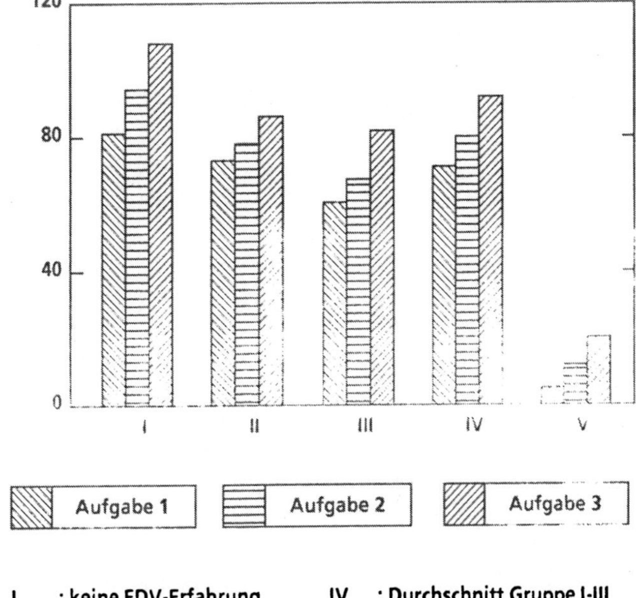

Bild 5:   Auf die Benutzergruppen bezogene Ausführungszeiten der Aufgaben

Dies ist umso bemerkenswerter da die Erfahrung der "Star-Neulinge" von
"völlig unerfahren" über "erfahren mit Textverarbeitung" bis zu "große
Programmiererfahrung" reichten. Dies unterstützt die Hypothese, daß
direkte Manipulation eine <u>relativ hohe Anfangsleistung für Neulinge</u>
mit geringen Ausgangsvoraussetzungen ergibt.

Für die folgenden Betrachtungen wurden die Ausführungszeiten der Aufgaben mit der jeweiligen Ausführungszeit der Experten- Kontrollgruppe
standardisiert, um die unterschiedlichen Aufgabenausführungszeiten   zu
bereinigen.

Von den Inhalten der Benchmark-Aufgaben konnte angenommen werden, daß
sie aufgrund ihres Aufbaus erheblich voneinander abweichen würden. Im
Falle der Unabhängigkeit der Aufgaben müßten die Ausführungszeiten re-
lativ gleich sein. Dies konnte jedoch auf statistisch signifikantem
Niveau verworfen werden. Die standardisierten Ausführungszeiten (siehe
Bild 6) zeigen einen offensichtlichen <u>Lerneffekt</u>.

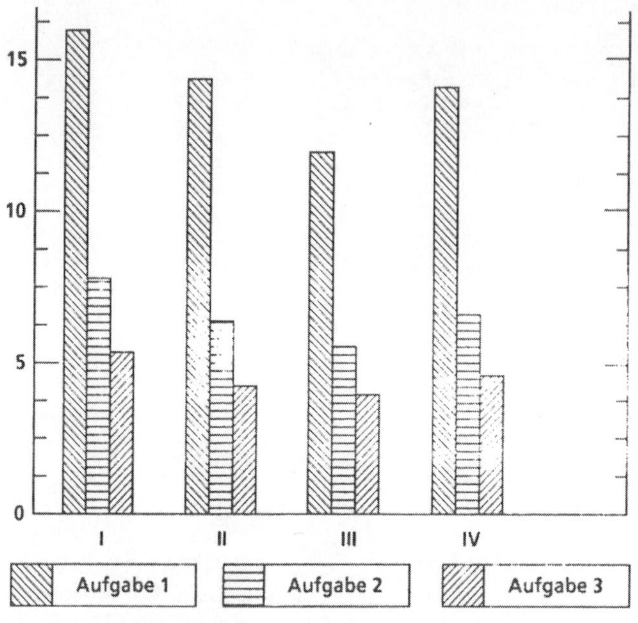

Bild 6:   Verhältnisse der Ausführungszeiten normiert über die
          Expertenausführungszeiten

Dies kann durch die Möglichkeit des Wissenstransfers im Verlauf der
Aufgabenbearbeitung erklärt werden. Dies wiederum unterstützt die Annahme einer leichten Erlernbarkeit der Interaktion durch direkte Manipulation.

Die Daten über die von den Testpersonen zusätzlich nachgefragten Informationen sowie die Anzahl von Fehlern wurde mit der "optimalen"
Expertenlösung verglichen. Die Aufgaben zerfielen in bis zu 129 Grund-
aufgabenschritte, die jeweils ein "Objekt", eine "Eigenschaft" oder
eine "Funktion" behandelten.

Die Auswertung ergab, daß die Handhabung der Eigenschaften die größten
Probleme stellte. Das Verhältnis der gestellten Fragen bzw. der gemachten Fehler bei der Veränderung von Eigenschaften bei der Durchführung von Funktionen sowie bei der Auswahl von Objekten ergab sich wie
10 zu 4 zu 3. Bei fast jeder Eigenschaftsveränderung traten Fragen

oder Fehler bei den Versuchspersonen auf, wobei die Fragen in hohem Maße überwogen.

Bei den Funktionen hielten sich Fragen und Fehler die Waage. Bei Auswahloperationen wurden etwas mehr Fragen als Fehler beobachtet.

In einem ersten Ansatz wurde versucht die Fragen in "know-what"- und "know-how"-Fragen einzuteilen. In dieser eher willkürlichen Trennung überwogen die "know-how" Fragen, wiederum besonders bei Eigenschaftenänderungen.

Die beobachteten, die Eigenschaftenänderungen betreffenden, Probleme könnten dahingehend interpretiert werden, daß ein großer Teil der Komplexität der Schnittstelle in der Eigenschaften-Struktur "versteckt" liegt.

Wie schon gesagt sollen diese Daten, sowie andere hier nicht erwähnte Beobachtungen, hauptsächlich zur Bildung von Methoden und Hypothesen für die nächsten Schritte der empirischen Evaluierung dienen.

6 "Symbiotische" Benutzerschnittstellen

Aufbauend auf den vorgestellten Modellen der Benutzerschnittstelle lassen sich einige "generische" Klassen von Kommunikationsmodi isolieren und ihre Profile aus verschiedenen Gesichtspunkten bestimmen. Mit Hilfe dieser Profile lassen sich die Einzelaspekte bewerten und Idealprofile für adaptive multimodale Kommunikationsmodi und zugehörige Benutzerschnittstellen definieren. Für die vorgenannten multimodalen adaptiven Schnittstellen wurde die Bezeichnung "symbiotische" Schnittstellen vorgeschlagen. Darin zusammengefaßt sind die auf einer in Zukunft gemeinsamen Repräsentation basierenden drei Kommunikationsmodi "Natürlichsprachliche Dialoge", "Direkte Manipulation" und "Formale Sprachen" (vgl. Bild 7).

Kommunikationsmodi wie "Keyword"-Techniken, Kommandosprachen oder Formular-/Menu-Techniken können ebenfalls hier eingeordnet werden.

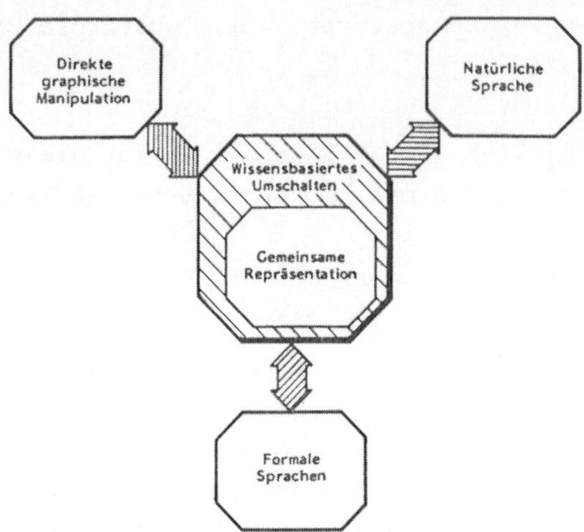

Bild 7: Vorgeschlagene generische Kommunikationsmodi in der

Mensch-Rechner-Kommunikation

Die Grundidee eines "symbiotischen" Dialoges ist es, die verschiedenen
Kommunikationsmodi benutzer- und kontextabhängig einzusetzen und ggf.
zu verändern und zu adaptieren. Dies ist nur möglich, wenn einerseits
die technischen Merkmale erfüllbar sind, die Arbeitsaufgabe und die
ein- oder auszugebenden Informationen dazu geeignet sind und ander-
seits eine intelligente Instanz in der Lage ist, solche Dialogwechsel
und Adaptionen aufgrund des eingepaßten Wissens in "intelligenter"
Weise durchzuführen.

Wir möchten darauf hinweisen, daß zum gegenwärtigen Zeitpunkt die Ausprägungen eines solchen "symbiotischen" Dialogs hauptsächlich spekula-
tiver Art sind. Es fehlen noch theoretische und empirische Untersuchungen, wie sie z.B. in Kap. 4 als Versuch einer Beschreibung und in
Kap. 5 als erste Studienergebnisse für die graphische Manipulation
vorliegen. Diese und andere empirische Untersuchungen werden zur Zeit
an verschiedenen Institutionen durchgeführt (vgl. /13/).

Auf der Basis der genannten Einschränkung kann heute schon an Profilen
für solche "symbiotischen" Schnittstellen gearbeitet werden, die wiederum als Regeln (siehe Bild 8) in einen intelligenten Benutzerassistent integriert werden können.

> **Wenn** der Benutzer bezüglich der Arbeitsaufgabe
> relativ ungeübt ist
>
> **dann** offeriere ihm
> **falls** schwer visualisierbare Inhalte vorliegen
> als Dialogform einen rechnerinitierten Dialog
> (kombinierten Masken-Menu-Dialog)
>
> **falls** Inhalte leicht visualisierbar
> als Dialogform einen gemischten Dialog
> (direkte Manipulation)
>
> **sonst** offeriere hochgeübten Benutzern
> einen benutzerinitierten Dialog
> (natürliche Sprache oder komplexe Kommandosprache)

Bild 8: Fiktiver Ausschnitt aus dem Regelwissen eines intelligenten
Benutzerassistenten

Dies hat folgende Vorteile:

o Ein kontextabhängiger Umschaltmechanismus kann so leicht verwirklicht werden.

o Wenn eine solche Schnittstelle die "generischen" Kommunikationsmodi
beherrscht, läßt sich Redundanz in die Kommunikation einführen, um
viele der Mißverständnisse und der daraufhin nötigen Korrekturen
und Nachfragen zu vermeiden.

o Bekannte Nachteile von einzelnen Kommunikationsmodi - z.B. die
nicht vorhandene programmierbare Kontrollstruktur der direkten Manipulation - lassen sich durch Hinzufügen von Elementen der anderen
Kommunikationsmodi kompensieren.

Ein fiktives Beispiel eines möglichen symbiotischen Dialoges einer Da-
tenbankabfrage mit natürlicher Sprache und graphischen Möglichkeiten
zeigt das folgende Bild (vgl. auch /9/).

Viele Vorteile der direkten (im Beispiel auf graphische Konstruktions-
elemente bezogenen) Manipulation wie Deixis lassen sich mit Vorteilen
der natürlichen Sprache (wie z.B. Quantoren, Ellipsen) verbinden
(siehe z.B. /17/, /18/).

Die Arbeiten des letzten Kapitels werden am IAO u.a. im Rahmen des
ESPRIT Projektes 3.3 "A Logic Oriented Approach to Knowledge and Data
Bases Supporting Natural User Interaction" vorangetrieben.

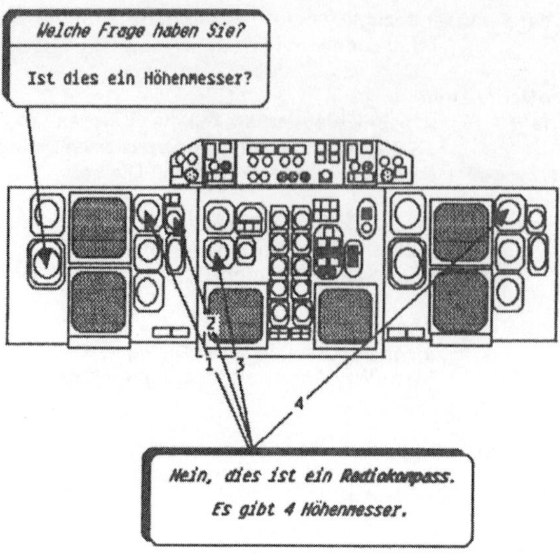

Bild 9:   Ausschnitt aus einem fiktiven Dialogablauf mit "direkter
          Manipulation" und "natürlichsprachlicher Ein-/Ausgabe"

7   Literatur

/1/   Bullinger, H.-J.; Fähnrich, K.-P.; Kärcher, M.:
      Der Star im "Ethernet. In: Bürotechnik 11/1981, S. 108 ff.

/2/   Naffah, N.:
      LEA: A Language for Multiplication Interaction on the Buro-
      viseur. In: Balzert, H. (Hrsg.): Software Ergonomie.
      ACM-Berichte 14. Stuttgart, 1983.

/3/   Williams, G.:
      The LISA Computer System. In: BYTE, Feb. 83, S. 33ff.

/4/   Williamson, H.:
      User Environment Model. Rep. of the 1st Meeting of the European
      User Environment Subgroup of the IFIP. WG 6.5, 1981.

/5/   Moran, Th.:
      The Command Language Grammar: A Representation of the User Inter-
      face of Interactive Computer Systems.
      Int. J. Man-Machine-Studies, 15, 1981, pp. 3 - 50.

/6/ Shneiderman, B.:
     Multiparty Grammars and Related Features for Defining Interactive
     Systems. IEEE Trans. Systems, Man, Cybernetics, Vol. SMC 12,
     No. 2, 1982.

/7/ Anderson, R. H.; Gillogly, J. J.:
     Rand Intelligent Terminal Agent (RITA): Design Philosophy.
     Rep. R - 1809 - ARPA. Rand Corp., Santa Monica, 1976.

/8/ Hayes, Ph. J.; Szekely, P.:
     Graceful Interaction through the COUSIN Command Interface.
     Carnegie-Mellon-University, Computer Science Rep. CMU-CS-83-102,
     1983.

/9/ Bullinger, H.-J.; Fähnrich, K.-P.:
     Symbiotic Man-Computer Interfaces and the User Assistent Concept.
     Erscheint in: Proc. 1st USA-Japan Conf. on Human-Computer-Inter-
     action, Honolulu, Hawaii, Aug. 1984.

/10/ DIN:
     DIN 66234, Teil 8: Dialoggestaltung. Entwurf, 1984.

/11/ Dzida, W.; Herda, S.; Itzfeld, W. D.:
     Factors of User-Perceived Quality of Interactive Systems.
     Gesellschaft für Mathematik und Datenverarbeitung, Bonn, Institut
     für Software-Technologie (IST). Bericht Nr. 40 des IST der GMD,
     1978.

/12/ Oberquelle, H.; Maas, S.; Kupka, I.:
     Schnittstellen als Kommunikationsbarrieren?. Office Management,
     Sonderheft 1983.

/13/ Fähnrich, K.-P.; Ziegler, J.:
     Workstations using direct manipulation as interaction mode - As-
     pects of design, application and evaluation. Erscheint in:
     Shackel, B. (Hrsg.): Proc. of the 1st Conf. on Human-Computer-
     Interaction INTERACT 84, London, Sept. 84.

/14/ Shneiderman, B.:
     The Future of Interactive Systems and the Emerge of Direct Mani-
     pulation. Behaviour and Information Technology, Vol. 1, No.3,
     1982, pp. 237ff.

/15/ Tessler, L.:
     The Smalltalk Environment. BYTE, Aug. 1981, pp. 90 - 147.

/16/ Smith, D.C. et al.:
     Designing the Star User Interface. In: Degano, P.; Sandewall, E.
     (Hrsg.): Integrated Interactive Computing Systems. Amsterdam,
     New York, Oxford: North Holland Publication Company, 1983.

/17/ Bijl, A.; Szalapaj, P.:
     Saying what you want with Pictures and Words. Erscheint in:
     Shackel, B. (Hrsg.): Proc. of the 1st Conf. on Human-Computer-
     Interaction INTERACT 84, London, Sept. 84.

/18/ Brown, D.; Chandrasekaran, B.:
     Design Considerations for Picture Production in Natural Language
     Graphics System. Dept. of Comp. & Inform. Science, Ohio State
     Univ., 1983.

Funktion und Architektur
von CAP Systemen

Heinz Petersen

Rechenzentrum der RWTH Aachen

1. Allgemeines

Die Situation im Bereich der rechnerunterstützten Herstellung von Dokumenten (Computer aided Publishing) ist gekennzeichnet durch Anwendungssysteme auf EDV-Anlagen (DPS-Systeme) und Bürosystemen (BIKOS) einerseits und durch den Stand der Technik bei modernen Fotosatzanlagen andererseits. Beide Entwicklungslinien bieten Vorteile in Technologie
oder Know-how bezüglich der Anwendung, sind aber - von ganz geringen
Ausnahmen abgesehen - unabhängig voneinander entstanden und extrem in-
kompatibel.
Die Grundfunktionen eines CAP-Systems sind in Abb. 1 dargestellt.
Die Aufgabenstellung für die Entwicklung von CAP-Systemen läßt sich
etwa wie folgt skizzieren:
1. Es sind die schwerwiegenden Nachteile derzeitiger Systeme, sowohl
   der DPS als auch der Satzsysteme zu beseitigen.
2. Das spezifische Know-how beider Seiten ist zu integrieren.
3. Unabhängig von den besonderen Anforderungen in bestimmten Anwendungsbereichen ist eine einheitliche Systemarchitektur zu entwickeln.

2. Vorgehensweise bei der Architekturentwicklung

Der Prozeß zur Herstellung von Dokumenten findet im Sinne des ISO-Modells auf der Anwendungsebene statt und ist außerordentlich komplex, so
daß die Entwicklung einer geeigneten Architektur des gesamten Vorgangs
erforderlich erscheint. Ähnlich wie bei der Entwicklung des ISO-Modells
sollte demnach so vorgegangen werden, daß
1. der gesamte Prozeß untersucht und "verstanden" wird,
2. die komplexen Funktionsabläufe entwirrt werden,
3. ein abstraktes Modell als Verständigungs- und Normungsmittel sowie
   als Arbeitsrahmen entwickelt wird.
Das Modell ist unabhängig von jeder Art der Implementierung der einzelnen Funktionen. Denkbar und teilweise existent sind Implementierungen
als Serverfunktionen in lokalen Netzen, als geschlossene Anwendungspa-
kete auf mittleren und größeren EDV-Anlagen oder in Form von Workstations.

2.1 Dokumente und deren Herstellung

2.1.1 Wissenschaftliche Literatur als Beispiel

Wissenschaftliche Literatur besteht aus Dokumenten, deren Darstellungsformen nahezu alles das verlangen, was drucktechnisch möglich ist. Nicht
generell, jedoch aus Kostengründen und wegen der geringen Anzahl, sollen
Farbreproduktionen ausgeschlossen sein. Generell lassen sich die Darstellungsformen in fünf Gruppen einteilen:

1. Text

Text ist dadurch gekennzeichnet, daß die Zeichen aus einem vereinbar-
ten Alphabet linear angeordnet sind und zu ganz bestimmten Strukturen
zusammengefaßt werden. Übliche Strukturen sind Einzelzeichen, Worte,
Zeilen, Blöcke, Spalten, Seiten, Bände. Die Zeilen können unterschiedlich angeordnet sein (Ausgangzeile links, Ausgangzeile rechts, Aus-
gangszeile Mitte oder Zeilenspaltung, bei vorgegebener Laufweite). Mehr-
zeilige Strukturen entstehen durch unterschiedliche Laufweiten der Ein-
zelzeilen (Blocksatz, Flattersatz rechts, Flattersatz links, Kontursatz).
Jedes Textelement kann durch eine Auszeichnung hervorgehoben (kursiv
stellen, halbfett, fett, unterstreichen, sperren) oder in einer bestimmten Schriftart und wechselnden Schriftgraden (-größen) dargestellt
werden. Je nach technischer Notwendigkeit oder erforderlicher Qualität
können derartige Ausprägungen des Textes kombiniert oder durch weitere
Gestaltungsfunktionen ergänzt werden (etwa Trennungen, Veränderungen
der Zeichen- und Wortzwischenräume usw.).

2. Tabellen

Tabellen sind in der Regel spalten- und zeilenstrukturiert angeordnete
Textelemente, deren Struktur durch Linienmuster oder durch Hinterlegen
von Rastern hervorgehoben wird. Ihre Funktion ist die möglichst über-
sichtliche Darstellung von Zusammenhängen oder Ordnungen. Die Darstellung von Tabellen reicht von der freien "künstlerischen Gestaltung" bis
zur genormten Darstellung nach DIN 55 301. Eine Tabelle enthält den Ta-
bellenkopf, in dem die Spalten der Tabelle beschrieben werden. Der Ta-
bellenkopf wird unterteilt in den Kopf zur Vorspalte und in den Kopf
des Tabellenfeldes. Die eigentliche Information der Tabelle befindet
sich im Tabellenfeld in den Tabellenfächern.
Die Technik der Verschachtelung von Tabellen ermöglicht die ein- bzw.
zweidimensionale Darstellung mehrdimensionaler Zusammenhänge.

3. Formeln

Generell versteht man unter Formeln die zweidimensionale Anordnung von
Zeichen. Je nach Anwendungsgebiet sind ganz bestimmte Strukturen üblich,
etwa chemische Formeln oder mathematische Formeln. Die Darstellung mathe-
matischer Formeln z.B. erfordert einen erweiterten Zeichensatz (in der

gesamten wissenschaftlichen Literatur sind mehr als 2000 verschiedene
Zeichen bekannt), unterschiedliche Zeichengrößen für Normaldarstellung,
Indizes, Integrationsgrenzen, Funktionen usw., sowie unterschiedliche
Auszeichnungen und Akzente /1/.

4. Grafiken

Mit Rücksicht auf zwei mögliche, unterschiedliche Herstellungsprozesse
müssen rechnererzeugte und scannererfaßte Grafiken unterschieden werden.
Im ersten Fall werden die Grafiken mit Hilfe geeigneter Sprachmittel
beschrieben und mittels Rechner und Ausgabegerät (Plotter, Bildschirm
etc.) erzeugt. Anstelle der visuellen Darstellung kann ein Metafile
und von da aus die dokumentengerechte Darstellung generiert werden.
Falls Grafiken bereits in gedruckter Form vorliegen oder von Hand ge-
zeichnet worden sind, können sie mittels Scanner digitalisiert und danach in dokumentengerechte Form gebracht werden.

5. Bilder

Grautonbilder werden in der Regel von Scanner erfaßt (wie unter 4. Flach-
bett-, Trommel- oder Kamerascanner) und je nach Art der Darstellung im
Dokument mit unterschiedlichen Bildverarbeitungsalgorithmen bearbeitet.
Eine wichtige Klasse dieser Algorithmen sind die Rasterfunktionen zur
Vorbereitung der Bilder für die Offset-Vorlage oder die Tiefdruckgravur.

6. Coded Voice wird nicht als Element eines wissenschaftlichen Dokumentes betrachtet und wird deshalb hier nicht behandelt. Es ist allerdings
denkbar, daß die Verwendung dieses Elementes bei der Erstellung von
Manuskripten Vorteile bietet.

2.2 Die Stufen des Herstellungsprozesses

Die Herstellung von Dokumenten war im Laufe der Jahrhunderte, in denen
schriftliche Aufzeichnungen vorgenommen wurden, vielfältigen Veränderungen unterworfen. Bevor die Kunst des Buchdruckes erfunden wurde,
fand die Herstellung eines Dokumentes unmittelbar mit Pinsel und Feder
durch den Autor statt. Kennzeichnend war die unmittelbare Beziehung
zwischen Autor und Dokument. Mit Beginn des Buchdruckes setzte die Entwicklung der Vervielfältigungstechnik ein und damit eine Arbeitsteilung,
die mit fortschreitender Technik immer deutlicher wurde.
Heute führen die technischen Möglichkeiten und die wirtschaftlichen
Zwänge dazu, daß wieder eine möglichst enge Beziehung zwischen Autor
und Dokument hergestellt wird mit dem Ziel, möglichst ohne Qualitäts-
verlust ein Dokument schnell, ohne fehleranfällige und kostenzehrende
Zwischenschritte zu erzeugen und zu vervielfältigen.

Da in der Regel die Herstellung eines Dokumentes über Satz und Druck
zu teuer und zeitaufwendig ist, hat sich die Methode eingebürgert, Schreibmaschinen mit unterschiedlichen Schriftträgern zu verwenden, Abbildung-
gen einzukleben und die so entstandene Vorlage phototechnisch und über
Offset-Maschinen zu vervielfältigen. Das hat unter anderem zur Folge,
daß die Herstellung eines Dokumentes außerordentlich mühsam und zeit-
raubend ist, da Schreibmaschinen nur über sehr einfache Korrektur- und
Textverarbeitungsfunktionen verfügen und außerdem mehrere Schriftträger
verwendet werden müssen. Die mit dieser Methode erreichbare Qualität
hingegen liegt weit unter dem erforderlichen Qualitätsstandard, der für
die einwandfreie Lesbarkeit von kompliziertem Text, Formeln und Tabellen
erforderlich ist. Weiterhin bedeutet die (nichtelektronische) Montage
von Grafiken, Bildern und Texten, daß in jedem Fall, d.h. auch bei klein-
sten Auflagen, eine Druckvorlage erzeugt werden muß oder die Vervielfältigung nur über Schnellkopierer möglich ist.
Für die Entwicklung eines modernen Konzeptes zur Herstellung von Dokumenten ist es zunächst erforderlich, den gesamten Herstellungsprozeß
in Einzelfunktionen zu untergliedern und die Schnittstellen zwischen
diesen Funktionen zu beschreiben. Abb. 2 zeigt die Struktur des Herstellungsprozesses. Dabei ist einem Beispiel für die konventionelle,
qualitativ hochwertige die integrierte, qualitativ gleichwertige Methode gegenübergestellt. Demnach kommt es darauf an, die Objekte "Manuskript", Typoskript", "Dokument" zu beschreiben und die Funktionen "Herstellung dieser Objekte" und deren Beziehungen untereinander zu definieren.

2.2.1 Manuskript

Die Eingabeseite der ersten Herstellungsstufe stellt die Mensch-Maschine-
Schnittstelle einer Schreibmaschine, einer Erfassungstastatur oder eines
Textsystems dar und wird an dieser Stelle nicht näher behandelt.
Die Ausgabeseite bildet die Eingabeseite der nachfolgenden Bearbeitungs-
stufe.
Grundsätzlich kann ein Manuskript auf zwei Arten bearbeitet werden. Da
es eine Grundfunktion erfüllt, nämlich die Beschreibung eines Inhalts
und der Inhalt (beim fertigen Manuskript) nicht verändert wird, bleibt
die Bearbeitung der Beschreibung. Diese wiederum kann - ohne Änderung
des Inhalts - in der vorliegenden Sprache gestaltet oder in eine andere
Sprache übersetzt werden.
Im folgenden wird die weitere Beschreibung eines Manuskriptes behandelt,

welches inhaltlich und sprachlich seine endgültige Form gefunden hat.
Das Manuskript enthält die vollständige Information des endgültigen Dokuments (Nutzinformation) in syntaktisch und orthographisch richtiger
Schreibweise. Damit enthält das Manuskript alle Informationen, die der
Autor vermitteln möchte, in einer korrekten Form.

Ein Manuskript an sich (nicht dessen Darstellung!) enthält zunächst keine Gestaltungsinformation, besitzt also keine physikalische (oder typographische) Struktur. Wesentlich dagegen ist die logische Struktur eines
Manuskriptes, die in ihrem Grobaufbau z.B. in Inhaltsverzeichnis mit
Titel, Kapitelnumerierung und -überschriften zum Ausdruck kommt. Ein
Kapitel wiederum ist logisch gegliedert in Blöcke, Sätze, Wörter und
Zeichen. Worttrennungen kommen im Manuskript nicht vor, die Wörter enthalten allenfalls Trennvorschläge.

Ein Manuskript enthält keine speziellen Gestaltungshinweise, etwa über
Schriftart, Schriftgrad oder Satzspiegel und keine Information über das
gewünschte Ausgabegerät und ist somit unabhängig von jeder Art der Darstellung und deshalb besonders geeignet für den Transport in Netzen.
Logisch gehören zum Manuskript auch Bilder und Graphiken, obwohl diese
in der Regel getrennt gespeichert und ausgegeben (oder angefertigt)
werden.

Der Text eines Manuskriptes kann auf unterschiedlichste Weise dargestellt
werden - als endgültiges Dokument mit anspruchsvoller Gestaltung, zum
Korrekturlesen in Form von Schreibmaschinenseiten oder zur Korrektur
auf einem Bildschirm - in jedem Fall durchläuft das Manuskript eine
Realisierung der nachfolgenden beiden Herstellungsstufen als Typoskript
und Dokument.

Die erforderlichen Funktionen zur Erstellung eines Manuskript sind solche für die Eingabe, die Korrektur, die Speicherung, die Ausgabe und
die Übertragung von Elementen, aus denen ein Manuskript besteht.

Bei der Darstellung ist es erforderlich, die logische Struktur auf eine
physikalische Struktur abzubilden, wobei die Regel gilt, daß die Darstellung (also die Gestaltung) den logischen Zusammenhang der Information
nicht stören darf sondern wiedergeben soll. Diese Regel läßt sich um
so schwerer einhalten, je unflexibler das Ausgabegerät ist.

Die Darstellung eines Manuskriptes auf Schreibmaschinenseiten ist somit
der Sonderfall eines Dokumentes auf der Basis eines "einfachen" Typoskriptes. Die Verbindung zur nächsten Stufe des Herstellungsprozesses
für Texte erfolgt über ein Protokoll zur Manuskriptbeschreibung, welches nur Elemente zur Beschreibung von Zeichenketten aus einem gewählten
Alphabet und der logischen Struktur enthält.

2.2.2 Typoskript

Die zweite Stufe des Herstellungsprozesses für ein Dokument erhält ein Manuskript als Eingabeinformation und dient der Erzeugung eines Typoskripts. Das Typoskript enthält alle Informationen, die zusätzlich zum Manuskript die Gestaltung eines Dokumentes vollständig beschreiben. Dazu gehören typographische Befehle, die berechnete Laufweite der Schrift, bezogen auf den Satzspiegel und die Satzart, Worttrennungen, der Seitenumbruch, Paginierung, Fußnotenberechnung usw. Es ist durchaus möglich (mit gewissen Einschränkungen), aus der logischen Struktur mit bestimmten voreingestellten typographischen Parametern ein Typoskript per Programm zu bestimmen, d.h. die o.g. Grundregel zu implementieren. Die Funktion der zweiten Stufe entspricht im wesentlichen der eines Satzrechners ohne die dort üblichen Textverarbeitungsfunktionen, da das Manuskript bereits vollständig vorliegt, bzw. Textkorrekturen im Manuskript erfolgen.

Die Darstellung eines Typoskripts kann wiederum elektronisch auf einem Speichermedium erfolgen oder grafisch zur Ausgabe auf Bildschirmen oder Protokolldruckern. Für die Übertragung eines Typoskripts ist ein Protokoll erforderlich, welches alle Sprachelemente zur vollständigen inhaltlichen und gestalterische Beschreibung eines Dokuments enthält. Dieses Protokoll muß jedoch unabhängig von der dritten Herstellungsstufe, also auch von der Art des Ausgabegerätes, sein.

2.2.3 Dokument

Die dritte Herstellungsstufe hat die eigentliche Erzeugung des Dokumentes zur Aufgabe. Grundsätzlich ist die Eingabeschnittstelle unabhängig vom Ausgabegerät, wobei die dritte Stufe die Aufgabe der Protokollübersetzung auf zum Teil sehr unterschiedliche Geräte hat. Mögliche Endgeräte sind hochauflösende Bildschirme, Belichter (optmechanisch, CRT, Laser), Impact- und Non-Impact-Drucker, Mikrofilmrecorder usw. Wesentlich für die Funktion der Protokollabbildung ist vor allem die Einteilung der Geräte nach ihren Schnittstellen in eine zeichenorientierte und eine bitoritentierte (oder codierte und digitale) Klasse. Bei Non-Impact-Ausgabegeräten übernimmt ein "intelligenter Controller" die Abbildung des zeichenorientierten auf das bitorientierte Protokoll.

2.3 Das Modell der Protokollschichten

Die Erstellung eines Dokumentes stellt einen Kommunikationsprozeß dar,
der - in Anlehnung an das ISO-Modell für offene Kommunikationssysteme
- strukturell mit Hilfe eines abstrakten Autor/Dokument-Modells (AUTO-
DOK-Modell) beschrieben werden kann.
Im Falle der unmittelbaren Herstellung eines Dokumentes durch den Autor
mit Feder und Pinsel stellen Autor und Dokument gewissermaßen ein ge-
schlossenes System dar, in dem keine gesondert zu betrachtenden Über-
tragungsvorgänge und damit verbundene Teilfunktionen der Instanzen
"Autor" und "Dokument" zu beschreiben sind.
Falls zwischen Autor und Dokument weitere Instanzen dafür sorgen, daß
der Kommunikationsprozeß zustande kommt, so liegt es nahe, die Funktionen dieser Instanzen nach Möglichkeit so zu ordnen, daß eine Schichtung
ensteht. Gleichgültig, ob der Kommunikationsprozeß innerhalb eines Netz-
werkes oder eines geschlossenen multifunktionalen Arbeitsplatzes statt-
findet - die einzelnen Funktionen müssen realisiert werden und zwar aus
konstruktionstechnischen Gründen mit identischer Architektur. Wesentlich ist vor allem die Tatsache, daß die Protokolle, die der Beschreibung von Manuskripten und Typoskripten (oder Teilen davon) dienen, nicht
in befriedigender Weise genormt sind. Dies bedeutet einerseits die Ver-
einbarung von einheitlichen Protokollen z.B. innerhalb eines lokalen
Netzes oder Einrichtung von Übersetzungsmechanismen. Abb. 3 zeigt eine
mögliche Struktur der in Frage kommenden Protokolle zur Darstellung und
Übertragung von Textelementen ind Dokumenten.
Die Entwicklung und Festlegung einer Protokollstruktur ist in diesem
Anwendungsbereich besonders wichtig, weil einerseits die Entwicklung
der Gerätetechnik außerordentlich schnell voranschreitet, andererseits
eine stark wachsende Zahl von Autoren (mit entsprechend großer Anzahl
verschiedener Geräte- und Darstellungswünschen) der Service der Doku-
menterstellung in Anspruch nehmen möchten. Nur mit einer klaren Architektur der Protokollschichten sind Übersetzungsmechanismen denkbar, die
die Voraussetzung für die Erfüllung dieser Forderungen darstellen. So
gesehen, stellt das AUTODOK-Modell einen speziellen Fall des allgemeinen
Client/Server-Modells dar.

2.4 Die Realisierung des Modells

Für die Implementierung eines CAP-Systems müssen im wesentlichen die
Punkte beachtet werden, die in der Hauptsache die Eigenschaften eines
Systems bestimmen: die sprachliche Beschreibung der einzelnen Produktionsstufen und der Elemente eines Dokumentes, die Funktionen für den
Übergang zwischen den Stufen, die Benutzeroberfläche für die interaktiven Arbeiten und die Einbindung existierender Techniken und Systeme.
Je nach Ausbildung der Systemkomponenten ergeben sich Anwendungssysteme
vom "einfachen" Textsystem bis zur integrierten Verarbeitung von Text
und Bild mit direkter Druckplattenherstellung.

2.4.1 Funktionelle Struktur eines CAP-Systems

In Abb. 4 sind die wichtigsten Funktionen eines CAP-Systems und deren
Zusammenhang dargestellt. Für jede Funktion muß eine geeignete Software-
/Hardware-Realisierung gefunden werden und zwar für die Bearbeitung von
Text, Graphik, Formeln, Tabellen und Bildern. Ob und in welchem Maße
interaktive Funktionen mit entsprechenden Benutzeroberflächen vorhanden
sind, hängt vom speziellen Anwendungssystem ab.

2.4.2 Die Beschreibung von Manuskript und Typoskript

Die Beschreibung des Manuskriptes besteht generell aus zwei Teilen:
a) der Beschreibung des Inhalts, b) der Beschreibung der logischen
Struktur. Bei Texten werden Alphabete verwendet, die auf bestimmten
Codes basieren sowie syntaktische und orthographische Regeln. Die logische Struktur wird durch logische Auszeichnungen wiedergegeben, die
die Elemente der Struktur (Titel, Autor, Absatz usw.) bezeichnen. Bei
Formeln sind beide Teile aufwendiger und komplizierter, da die Zeichen-
menge wesentlich größer und die möglichen logischen Strukturen durch
die Vielzahl der mathematischen Regeln viel zahlreicher sind.
Die Beschreibung eines Typoskripts ändert sich in Bezug auf den Inhalt
nicht, die Gestaltung, also die Beschreibung der physikalischen Struktur, erfolgt durch sog. typographische Befehssprachen.

2.4.3 Der Übergang zwischen den Produktionsstufen

Der Übergang zwischen den Produktionsstufen erfolgt durch den Manuskript-
Typoskript-Transformer (MTT) und durch den Typoskript-Dokument-Trans-
former (TDT). Der MTT hat die Aufgabe eines "automatischen Setzers" und
kann somit von extrem unterschiedlicher Leistungsfähigkeit sein. In den
meisten Fällen wird der Einsatz einer Bibliothek von Transformations-
algorithmen für bestimmte Typen von Dokumenten ausreichend sein. Bezieht
man ästhetische Kriterien in die Transformation mit ein, so werden für
die Implementierung sehr aufwendige Programme benötigt.
Der TDT dient zur Abbildung eines Typoskripts auf unterschiedliche Aus-
gabegeräte. Ob und in welcher Weise eine solche Abbildung erfolgen kann,
hängt von der Art des Typoskripts und den entsprechenden Geräteschnitt-
stellen ab, insbesondere ob ein Gerät die integrierte Darstellung von
Text, Grafik und Bild zuläßt.

2.4.4 Die Benutzeroberfläche für die interaktiven Arbeiten

In welchem Umfang interaktive Arbeiten möglich oder erforderlich sind,
hängt von der Anwendung eines Systems ab. Typisches Beispiel dafür ist
der Einsatz von Satzsystemen für Werk- oder Akzidenzsatz. Selbst ein
graphischer Arbeitsplatz für die interaktiven Korrekturen von Bildern
oder Zeichen kann Teil eines Systems sein. Generell können fünf unterschiedliche interaktive Funktionen unterschieden werden: das Erzeugen
(und Korrigieren) von Manuskripten (Text und/oder Grafik), das Gestal-
ten von Typoskripten, der Arbeitsplatz für Pixelgraphik, die Formulierung (oder Änderung) von MTT- und TDT-Algorithmen.
Im einfachsten Fall existiert der Bildschirm eines Textverarbeitungssystems zur Manuskripterstellung und entsprechende Programme zur Erzeugung der Dokumente.

2.4.5 Die Einbindung existierender Techniken

Die Verarbeitung von Dokumenten hat im Forum der Textverarbeitung eine
gewisse Tradition, die zwar qualitativ (von der Gestaltung und der Technik der Ausgabe her gesehen) durch eng gesetzte Grenzen gekennzeichnet
ist, durch die aber eine große Anzahl von Geräten (Schreibmaschinen,
Textsysteme, PCs, Typenrad- und Nadeldrucker) und gespeicherten Daten
existieren. Moderne CAP-Systeme sollten deshalb besonders daraufhin

bewertet werden, inwieweit es möglich ist, diese in die vorhandene Text-
verarbeitungsumgebung einzubetten. Praktisch bedeutet das die Weiterver-
wendung vorhandener Geräte und die Übernahme der Daten. Im extremen Fall
müssen für on-line-Anschlüsse z.B. von Druckern entsprechende TDT-Modu-
le bereitgestellt, im zweiten Fall muß für die Übernahme von Daten und
Datenträgern unterschiedlichster Art durch Klarschriftleser und über
Leitungen gesorgt werden. Die Überwindung der existierenden Inkompatibilitäten stellt ein besonderes Problem bei CAP-Systemen oder auch Satzsystemen dar.

2.5 Beispiele

2.5.1 Manuskript - Typoskript - Dokument

Anhand von zwei Beispielen soll im folgenden der Vorgang der Dokument-
erstellung mit den drei wesentlichen Stufen erläutert werden. Hierbei
handelt es sich um eine Formel und um einen Text, der sowohl als Buchseite als auch als Overhead-Folie gestaltet werden soll.

2.5.1.1 Beispiel Formel

2.5.1.1.1 Manuskript

Mit Hilfe des Textverarbeitungssystems TEX soll der Ausdruck

$$\sqrt[n]{x^n + y^n}$$

gedruckt werden.
Das Manuskript - Nutzinformation und logische Auszeichnungen - hat in
TEX die Form

$$\$\backslash\text{root } n \backslash \text{ of } \{x\hat{}n + y\hat{}n\}\$ \ .$$

2.5.1.1.2 Typoskript

TEX erstellt aus dem Manuskript automatisch ein Typoskript in Form eines
DVI-Files (device independent file):

```
801: INTDEF1 11: amis---LOADED AT SIZE 327680 DVI UNITS
821: FNTNUM11 CURRENT FONT IS amis
822: SETCHAR110 H:=-9745141+2885460-10055681, HH:=466
 n
823: POP
LEVEL 2:(H=0,V=10289394,W=0,X=0Y=1345841,Z=786432,HH=0,VV=478)
824: PUSH
LEVEL 2:(H=0,V=10289394,W=0,X=0Y=1345841,Z=786432,HH=0,VV=478)
825: PUSH
LEVEL 3:(H=0,V=10289394,W=0,X=0Y=1345841,Z=786432,HH=0,VV=478)
826: PUSH
LEVEL 4:(H=0,V=10289394,W=0,X=0Y=1345841,Z=786432,HH=0,VV=478)
827: RIGHT22 9669601 H:=0+9669601=9669601, HH:=449
832: DOWN3 -492202 V:=10289394-492202=9797192, VV:=455
836: FNTNUM12 CURRENT FONT IS amsy10
837: SETCHAR112 H:=-9669601+546133-10215734, HH:=474
 p
838: POP
LEVEL 4:(H=0,V=10289394,W=0,X=0Y=1345841,Z=786432,HH=0,VV=478)
839: PUSH
LEVEL 4:(H=0,V=10289394,W=0,X=0Y=1345841,Z=786432,HH=0,VV=478)
840: RIGHT22 10215734 H:=0+10215734=10215734, HH:=475

845: DOWN3 -492202 V:=10289394-492202=9797192, VV:=456
849: PUTRULE HEIGHT 26214, WIDTH 2241261 (2X105 PIXELS)
858: DOWN3 492202 V:=9797192+492202=10289394, VV:=479
862: PUSH
LEVEL 5:(H=10215734,V=10289394,W=0,X=0Y=1345841,Z=786432,HH=475,VV=479)
863: FNTNUM6 CURRENT FONT IS ami10
864: SETCHAR120 H:=10215734+361813=10577547, HH:=492
 x
865: PUSH
LEVEL 6:(H=10577547,V=10289394,W=0,X=0Y=1345841,Z=786432,HH=492,VV=479)
866: DOWN3 -189326 V:=10289394-189326=10100068, VV:=471
870: INTDEF1 9: ami7---LOADED AT SIZE 458752 DVI UNITS
890: FNTNUM9 CURRENT FONT IS ami7
891: SETCHAR110 H:=-10577547+334051=10911598, HH:=508
 n
892: POP
LEVEL 6:(H=10577547,V=10289394,W=0,X=0Y=1345841,Z=786432,HH=492,VV=479)
893: RIGHT21 512451 H:=10577547+512451=11089998, HH:=515

897: FNTNUM6 CURRENT FONT IS ami10
898: SETCHAR43 H:=11089998+509724=11599722, HH:=539
899: RIGHT21 145632 H:=11599722+145632=11745354, HH:=546
 +
903: FNTNUM6 CURRENT FONT IS ami10
904: SETCHAR121 H:=11745354+321308=12066662, HH:=561
 y
905: PUSH
LEVEL 6:(H=12066662,V=10289394,W=0,X=0Y=1345841,Z=786432,HH=561,VV=479)
906: RIGHT20 23514 H:=12066662+23514=12090176, HH:=562
907: DOWN3 -189326 V:=10289394-189326=10100068, VV:=471
913: FNTNUM6 CURRENT FONT IS ami7
914: SETCHAR110 H:=12090176+334051=12424227, HH:=578
 n
```


2.5.1.1.3 Dokument

Das Dokument, in diesem Fall die Formel, hat die Form

$$\sqrt{x^n + y^n}$$

2.5.1.2 Beispiel Text

Das Textbeispiel soll in zwei verschiedenen Formen gestaltet werden,
d.h. es werden zwei Typoskripte und zwei geräteabhängige Files für die
Ausgabe angegeben.

2.5.1.2.1 Manuskript

Folgender Text liegt einschließlich der logischen Auszeichnungen, die
in * eingeschlossen sind, vor:

TI FORTRAN FÜR FUSSGÄNGER *KA* Anweisungen
AS Ein ausführbares Fortran-Programm besteht aus einer oder mehreren
Programmeinheiten: Aus genau einem *A1A* Hauptprogramm *A1E* und beliebig vielen *A1A* Unterprogrammen *A1E*.*AS* Jede Programmeinheit setzt
sich aus ausführbaren und nicht ausführbaren Anweisungen zusammen. *AS*
Die ausführbaren Anweisungen legen die auszuführenden Operationen fest,
wie z.B. die Berechnung eines arithmetischen Ausdrucks, Kontrollanweisungen und Ein/Ausgabe-Anweisungen. *AS* Die *A1A* nicht ausführbaren
Anweisungen *A1E* haben definitorischen Charakter, sie spezifizieren
u.a. den Typ, das Format und die Menge der zu verarbeitenden Daten.

2.5.1.2.2 Typoskript

Typoskript für die Buchseite:


```
 1   ►F999◄►X30◄►Y10◄►PICA◄►H12◄►MM◄►A8◄►PA12◄►B100◄►L◄FORTRAN FÜR FUSSGÄNGER⟩
 2   Anweisungen⟩
 3   ►BA◄►HL0.3,64,85,53.5◄►HL0.3,110,133,53.5◄►HL0.3,36,78,110.5◄⟩
 4   ►BE◄►B105◄►A7◄►PICA◄►H8◄►MM◄Ein ausführbares Fortran-Programm besteht aus einer oder mehreren
     Programmein-
 5   heiten: Aus genau einem Hauptprogramm und beliebig vielen Unterprogrammen. ⟩
 6   Jede Programmeinheit setzt sich aus ausführbaren und nicht ausführbaren Anwei-
 7   sungen zusammen. ⟩
 8   Die ausführbaren Anweisungen legen die auszuführenden Operationen fest, wie z.
 9   B. die Berechnung eines arithmetischen Ausdrucks, Kontrollanweisungen und
10   Ein/Ausgabe-Anweisungen. ⟩
11   Die nicht ausführbaren Anweisungen haben definitorischen Character, sie spezifi-
12   zieren u.a. den Typ, das Format und die Menge der zu verarbeitenden Daten. ⟩
```

Typoskript für die Overhead-Folie:

```
 1  ►F999◄►X30◄►Y10◄►PICA◄►H14◄►MM◄►A8◄►PA12◄►B100◄►C◄FORTRAN FOR FUSSGÄNGER ⌡
 2  Anweisungen⌡
 3  ►KL0.5,42,28,127,190◄►X50◄►B70◄►A7◄►PICA◄►H10◄►MM◄►FC◄Ein ausführbares Fortran-Programm
 4  besteht aus einer oder mehreren
 5  Programm-einheiten: Aus genau einem
 6  ►F985◄►PICA◄►H12◄►MM◄Hauptprogramm►F999◄►PICA◄►H10◄►MM◄ und beliebig vielen
 7  ►F985◄►PICA◄►H12◄►MM◄Unterprogrammen.►F999◄►PICA◄►H10◄►MM◄ ⌡
 8  Jede Programmeinheit setzt sich aus
 9  ausführbaren und nicht ausführbaren
10  Anweisungen zusammen. ⌡
11  Die ausführbaren Anweisungen legen die
12  auszuführenden Operationen fest, wie z.
13  B. die Berechnung eines arithmetischen
14  Ausdrucks, Kontrollanweisungen und
15  Ein/Ausgabe-Anweisungen. ⌡
16  Die ►F985◄►PICA◄►H12◄►MM◄nicht ausführbaren Anweisungen►F999◄►PICA◄►H10◄►MM◄
17  haben definitorischen Character, sie
18  spezifizieren u.a. den Typ, das Format und
19  die Menge der zu verarbeitenden Da-
20  ten. ⌡
```

Die Herstellung des endgültigen Dokuments kann auf verschiedenen Ausgabegeräten erfolgen, da die Typoskripte geräteunabhängig sind.

2.5.1.2.3 Geräteabhängiger File

Als Ausgabegerät für den Beispieltext wurde der Drucker P400 gewählt. Der geräteabhängige File hat für die Overhead-Folie folgende Form:


```
5C 3B 3B 5C 4C 41 32 3B 5C 4C 50 30 3B 5C 55 5B   \;\LA2;\LP0;\UX
44 3B 5C 55 59 44 3B 5C 43 41 30 3B 5C 58 30 3B   D;\UYD;\CA0;\X0;
3C 59 30 3B 3C 59 59 2B 31 36 30 3B 3C 58 30 3B   \Y0;\YY=180;\X0;
5C 58 58 2B 37 31 38 3B 5C 59 59 2B 31 38 30 3B   \XX=718;\YY=180;
5C 46 4F 32 35 3B 5C 46 4F 32 37 3B 81 46 AF 4F   \F025;\F027;.F.O
BC 52 B6 54 AF 32 B6 41 B3 42 D9 46 AF 5D B9 52   .R.T.R.A.N.F.|.R
D6 48 AF 53 B9 53 B1 53 B1 47 BC 5B B3 4E BB 47   .F.U.S.S.G.!.N.G
BC 43 B3 38 84 5C 58 30 3B 5C 58 58 2B 31 30 35   .E.R.\X0;\XX=105

31 3B 5C 59 59 2B 31 39 33 3B 81 41 B3 6E AB 77   1;\YY=193;.A.n.w
B6 63 A8 69 95 73 A8 75 AB 6E AB 67 AC 85 AB 6E   .e.i.s.u.n.g.e.n
83 5C 58 30 3B 5C 58 58 2B 39 30 39 3B 5C 59 59   .\X0;\XX=909;\YY
2B 31 39 34 3B 5C 46 4F 32 33 3B 81 45 A5 69 8F   =194;\F023;.E.i.
6E B4 61 9F 75 9F 73 9C 66 90 7B 9F 66 9F 72 92   n.e.u.e.f.|.h.r.
62 A8 61 9F 72 92 65 9F 73 B1 46 A2 67 9F 72 92   b.a.r.e.e.F.o.r.
74 90 72 98 61 9F 6E 9F 2B 9B 50 A5 72 92 67 9F   t.r.a.n.-.P.r.o.
67 A8 72 92 61 9F 6D AF 62 83 5C 58 30 3B 5C 58   g.r.a.m.m.\X0;\X

58 2B 39 33 30 3B 5C 59 59 2B 31 31 32 3B 81 62   X=930;\YY=112;.b
A8 65 9F 73 9C 74 90 65 9F 68 9F 74 A6 61 9F 75   .e.s.t.e.h.t.a.u
9F 73 B1 65 9F 69 8F 6E 9F 85 9F 72 A8 67 9F 64   .s.i.n.e.r.o.d
A8 65 9F 72 A8 6D AF 63 9F 68 9F 72 92 85 9F 72   .e.r.m.e.h.r.e.r
92 65 9F 6E 82 5C 58 30 3B 5C 58 58 2B 38 36 36   .e.n.\X0;\XX=866
3B 5C 59 59 2B 31 31 32 3B 81 50 A5 72 92 67 9F   ;\YY=112;.P.r.o.
67 A8 72 92 61 9F 6D AF 6D AF 5C 81 24 4C 41 46   g.r.a.m.m.\!$LAF
3B 9B 65 9F 69 8F 6E 9F 68 9F 65 9F 69 8F 74 90   i.e.i.n.h.e.i.t.

65 9F 6E 9F 3A A3 41 A3 75 9F 73 B1 67 A8 65 9F   e.n.:.A.u.s.g.e.
6E 9F 61 9F 75 B6 65 9F 69 8F 6E 9F 73 9F 65 9F   n.e.u.e.i.n.s.e.
5C 58 30 3B 5C 58 58 2B 38 35 33 3B 5C 59 59 2B   \X0;\XX=853;\YY=
31 31 32 3B 5C 46 30 33 31 3B 5C 46 30 33 31 3B   112;\F031;\F031;
81 48 AF 61 A3 73 A8 74 90 85 9F 70 AF 72 92 6F   .H.a.u.p.t.p.r.o
A8 67 AA 72 99 61 A3 6D AF 63 9F 6D 5C 58 30 3B   .g.r.a.m.m.\F025;
5C 46 30 32 33 3B 5C 46 33 33 3B 81 44 9D 65 9F   \F023;.u.n.d.b.e
64 A8 65 B4 62 A3 72 92 6F 9F 67 AF 72 92 61 9F   .l.i.e.b.|.g.e.i

8F 65 9F 6C 8F 65 9F 6E 82 5C 58 30 3B 5C 58 58   .e.l.e.n.\X0;\XX
2B 31 30 36 30 3B 5C 59 59 2B 31 31 32 3B 5C 46   =1060;\YY=112;\F
4F 33 31 3B 5C 46 4F 33 31 3B 5C 46 33 31 3B 81   031;\F031;.U.n.t
9F 65 A6 72 99 70 AF 72 99 6F 9F 67 AF 72 99 61   .e.r.p.r.o.g.r.a
A5 6D 9C 6D 9C 65 9F 6E 82 5C 58 30 3B 5C 58 58   .m.m.e.n...\X0;\
56 58 2B 38 39 33 3B 5C 59 59 2B 31 39 34 3B 5C   XX=893;\YY=194;\
46 4F 32 35 3B 5C 46 4F 32 33 3B 81 4A 9D 65 9F   F025;\F023;.J.e.
64 A8 65 B4 65 A3 72 92 6F 9F 67 AF 72 92 61 9F   d.e.P.r.o.g.r.a.
```

```
6D AF 6D AF 65 9F 69 8F 6E 9F 68 9F 65 9F 69 8F   m.m.e.i.n.h.e.i.
74 A6 73 9C 65 9F 74 90 7A 9C 74 A6 73 9C 69 8F   t.s.e.t.z.t.s.i.
63 9E 68 B4 61 9F 75 9F 73 82 5C 58 30 3B 5C 58   c.h.a.u.s.\X0;\X
58 2B 39 30 31 3B 5C 59 59 2B 31 31 32 3B 81 61   X=901;\YY=112;.a
9F 75 9F 73 9C 66 90 7B 9F 68 9F 72 92 62 A8 61   .u.s.f.|.h.r.b.a
9F 72 92 65 9F 6E B4 75 9F 6E 9F 64 B6 6E 9F 69   .r.e.n.u.n.d.n.i
8F 63 9E 68 9F 74 A6 61 9F 75 9F 73 9C 66 90 7D   .c.h.t.a.u.s.f.]
9F 68 9F 72 92 62 A8 61 9F 72 92 65 9F 6E 82 5C   .h.r.b.a.r.e.n.\

56 30 3B 5C 58 58 2B 31 30 34 33 3B 5C 59 59 2B   X0;\XX=1043;\YY=
31 31 32 3B 81 41 A3 6E 9F 77 A8 65 9F 69 8F 73   112;.A.n.w.e.i.a
9C 73 9F 6E 9F 67 A8 65 9F 6E 7A 9C 75 9F 73   .u.n.g.e.n.z.u.s
9C 61 9F 6D AF 6D AF 65 9F 6E 9F 2E 81 5C 58 30   .a.m.m.e.n...\X0
3B 5C 58 58 2B 36 34 32 3B 5C 59 59 2B 31 39 33   ;\XX=642;\YY=193
3B 81 44 A9 69 8F 63 B5 61 9F 75 9F 73 9C 66 90   ;.D.i.e.a.u.s.f.
7D 9F 68 9F 72 92 62 A8 61 9F 72 92 85 9F 6E B5   }.h.r.b.a.r.e.n.
41 A5 6E 9F 77 A8 65 9F 69 8F 73 9C 75 9F 6E 9F   A.n.w.e.i.s.u.n.

67 A8 65 9F 6E B5 6C 8F 85 9F 67 A8 65 9F 6E B5   g.e.n.l.e.g.e.n.
64 A8 69 8F 65 82 5C 58 30 3B 5C 58 58 2B 38 35   d.i.e.\X0;\XX=85
35 3B 5C 59 59 2B 31 31 32 3B 81 65 9F 75 9F 73   5;\YY=112;.z.u.s
9C 7A 9C 75 9F 66 90 7D 9F 68 B5 4F 41 B6 72 92   .z.u.f.|.h.r.e.n
9F 64 A8 65 9F 6E 9F 4F AF 70 A8 65 9F 72 92 61   .d.e.n.O.p.e.r.a
9F 74 90 69 8F 6F 9F 6E 9F 65 9F 66 6E 66 90 65   .t.i.o.n.e.n.f.e
9F 73 9F 74 90 2E 2E 77 A8 69 8F 65 9F 7A 9C 2E   .s.t...w.i.e.z..
81 5C 58 30 3B 5C 58 58 2B 38 35 37 3B 5C 59 59   .\X0;\XX=857;\YY

2B 31 31 32 3B 42 2E 2E 2E 64 A9 64 A8 69 8F 65   =112;.B...d.i.e.
42 A5 65 9F 72 92 61 9F 63 9E 68 9F 6E 9F 75 9F   B.e.r.a.c.h.n.u.
6E 9F 67 A8 65 9F 69 8F 6E 9F 65 9F 73 B1 61 9F   n.g.e.i.n.e.s.a.
72 92 69 8F 74 90 68 9F 6D AF 65 9F 74 90 69 8F   r.i.t.h.m.e.t.i.
73 9C 63 9E 68 9F 65 9F 73 82 5C 58 30 3B 5C 58   s.c.h.e.s.\X0;\X
56 2B 39 30 31 3B 5C 59 59 2B 31 31 32 3B 81 41   X=901;\YY=112;.A
A3 75 9F 73 9C 64 A8 72 92 75 9F 63 9E 6B 8F 65   .u.s.d.r.u.c.k.e
9C 2E 2E 4B A3 4B A5 6F 9F 6E 9F 74 90 72 92 6F 9C .. K.o.n.t.r.o.l

8F 6C 8F 61 9F 6E 9F 77 A8 65 9F 69 8F 73 9C 75   .l.a.n.w.e.i.s.u
9F 6E 9F 67 A8 65 9F 6E 9F 75 9F 6E 9F 64 83 5C   .n.g.e.n.u.n.d.\
56 30 3B 5C 58 58 2B 31 39 31 38 3B 5C 59 59 2B   X0;\XX=1918;\YY=
31 31 32 3B 81 45 A9 69 8F 6E 9F 2F 41 A3 75 9F   112;.E.i.n./.A.u
9F 73 9C 67 A8 61 9F 62 A8 65 9F 2D 9D 41 A3 6E   .s.g.a.b.e.-.A.n
9F 77 A8 65 9F 69 8F 73 9C 75 9F 6E 9F 67 A8 65   .w.e.i.s.u.n.g.e
9F 6E 9F 2E 81 5C 58 30 3B 5C 58 58 2B 36 30 30   .n...\X0;\XX=600
3B 5C 59 59 2B 31 39 34 3B 81 44 A9 69 8F 65 83   ;\YY=194;.D.i.e.
```

2.5.1.2.4 Dokument

Die endgültigen Dokumente haben folgende Form:
Buchseite:

FORTRAN FÜR FUSSGÄNGER

Anweisungen

Ein ausführbares Fortran-Programm besteht aus einer oder mehreren Programmeinheiten: Aus genau einem <u>Hauptprogramm</u> und beliebig vielen <u>Unterprogrammen</u>.

Jede Programmeinheit setzt sich aus ausführbaren und nicht ausführbaren Anweisungen zusammen.

Die ausführbaren Anweisungen legen die auszuführenden Operationen fest, wie z. B. die Berechnung eines arithmetischen Ausdrucks, Kontrollanweisungen und Ein/Ausgabe-Anweisungen.

Die <u>nicht ausführbaren Anweisungen</u> haben definitorischen Character, sie spezifizieren u.a. den Typ, das Format und die Menge der zu verarbeitenden Daten.

Overhead-Folie:

Inhaltsverzeichnis

Literaturverzeichnis

/1/   Romeo Thieme
      Satz und Bedeutung mathematischer Formeln
      Werner Verlag, Düsseldorf 1983

/2/   Hans F. Ebel / Claus Bliefert
      Das naturwissenschaftliche Manuskript
      Verlag Chemie, Weinheim 1982

/3/   Document Content Architecture
      Revisable Form - Text Reference
      IBM Form SC 23-0758-0, 1983
      Finol-Form - Text Reference
      IBM Form SC 23-0757-0, 1983

/4/   The Xerox Integrated Composition System
      Reference Manual 500546(3/81)

/5/   ISO / TC 97 / SC 5 / WG 12 / N 177:
      Text Interchange and Processing, Juni 83

/6/   S. Schindler et al
      Normungstrends im Bereich der
      computerunterstützten Textbearbeitung
      Interner Bericht Nov. 83

Die Produktion
Herstellung
von
Texten
Bildern
zur Darstellung
von Information
die Aufbereitung
typografische
Aufbereitung
von
Texten u. Formeln
Druckaufbereitung
von
Grafiken
und
Bildern
die Vervielfältigung
Belichtung
von Filmen
auf
Normalpapier
Herstellung
von
Druckplatten
die Nachbearbeitung
seitengerechte
Ablage
Falzen
Kleben
Binden
z. B.

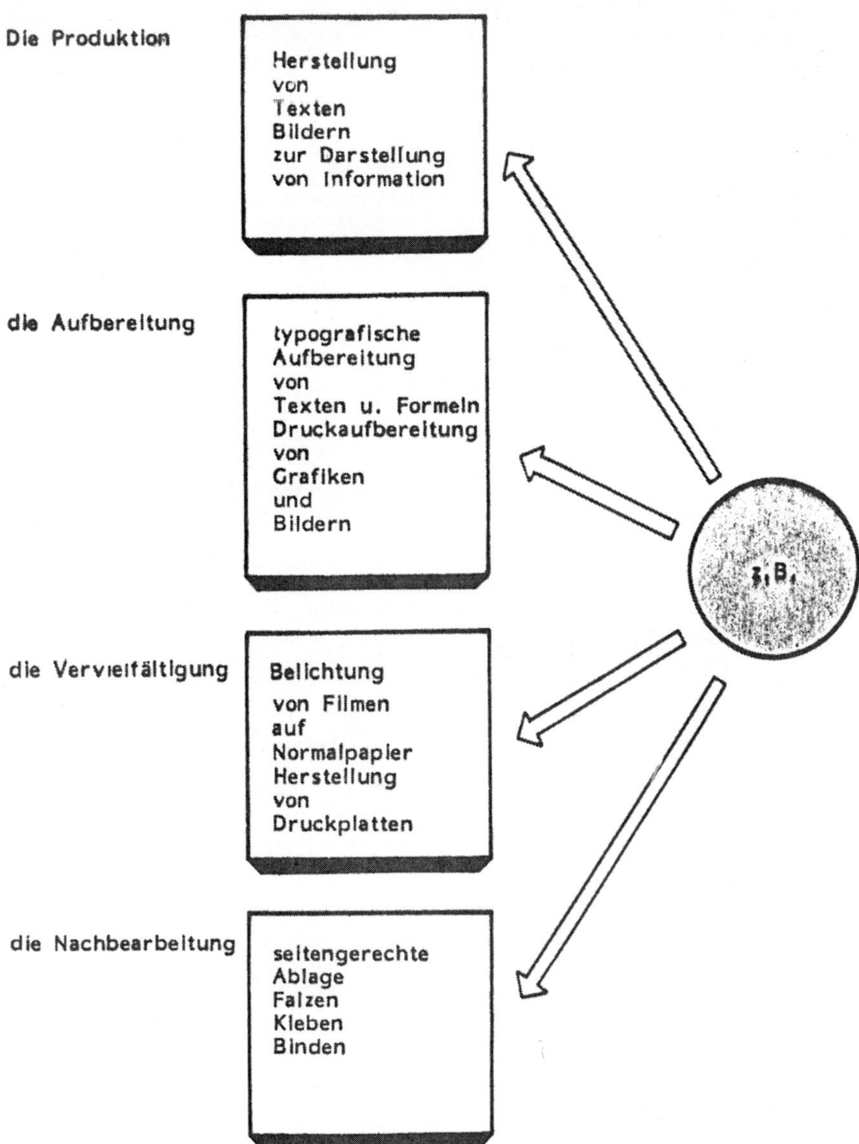

Abb. 1

Autorenkorrekturen
Hauskorrekturen
Autor
handgeschriebene
Vorlage
maschinengeschriebene
Vorlage
Gesetzte Druckvorlage
Kopie und Montage
Andruck
Vervielfältigung
Dokument
konventionell
Autor
Herstellung
des
Manuskripts
Manuskript
Herstellung
des
Typnskripts
Typnskript
Herstellung
des
Dokumentes
Dokument
integriert
Textsystem
Satzsystem
Druck-Server
Dokument-Server

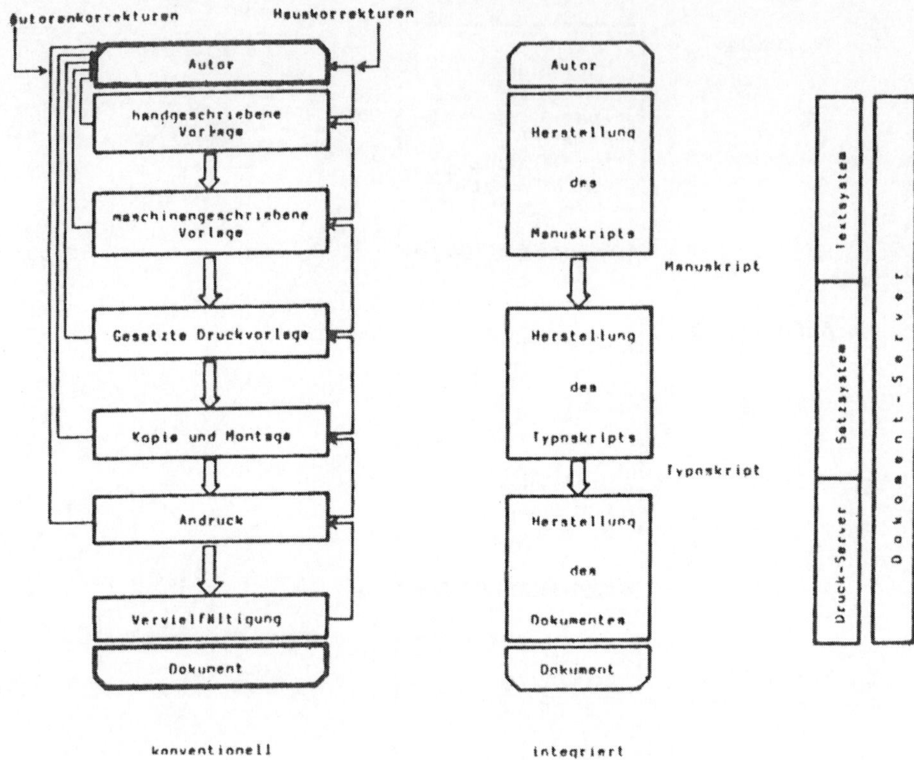

Abb. 2

Autor/Dokument
Autor/Dokument
Anwendung
Datendarstellung
Dokument
Typoskript
Manuskript
CI-Protokoll
NCI-Protokoll
Anwendung
Kommuni-
kation
Transport
Medium
CI ≙ coded image
NCI ≙ non-coded image

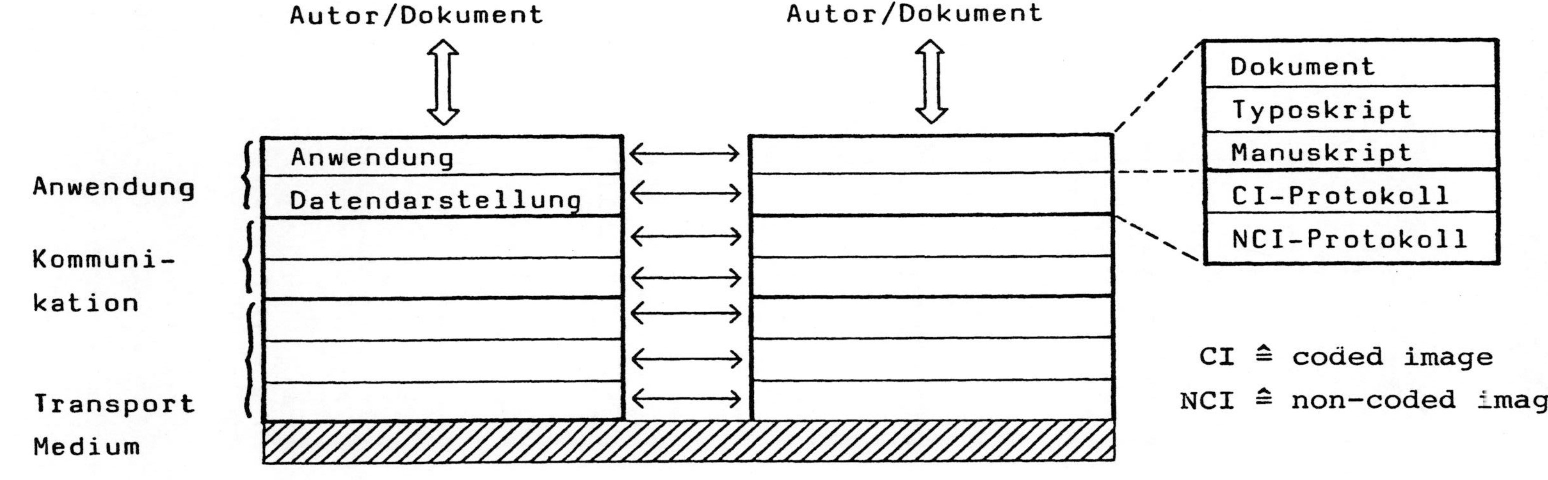

Abb. 3

Ausgabe-
geräte
NCI
CI
TDT
Erzeugung
von
Typo-
skripten
MTT
Erzeugung
von
Manu-
skripten
Speicher - und Transportfunktionen
Interaktive Funktionen
Eingabe-
geräte

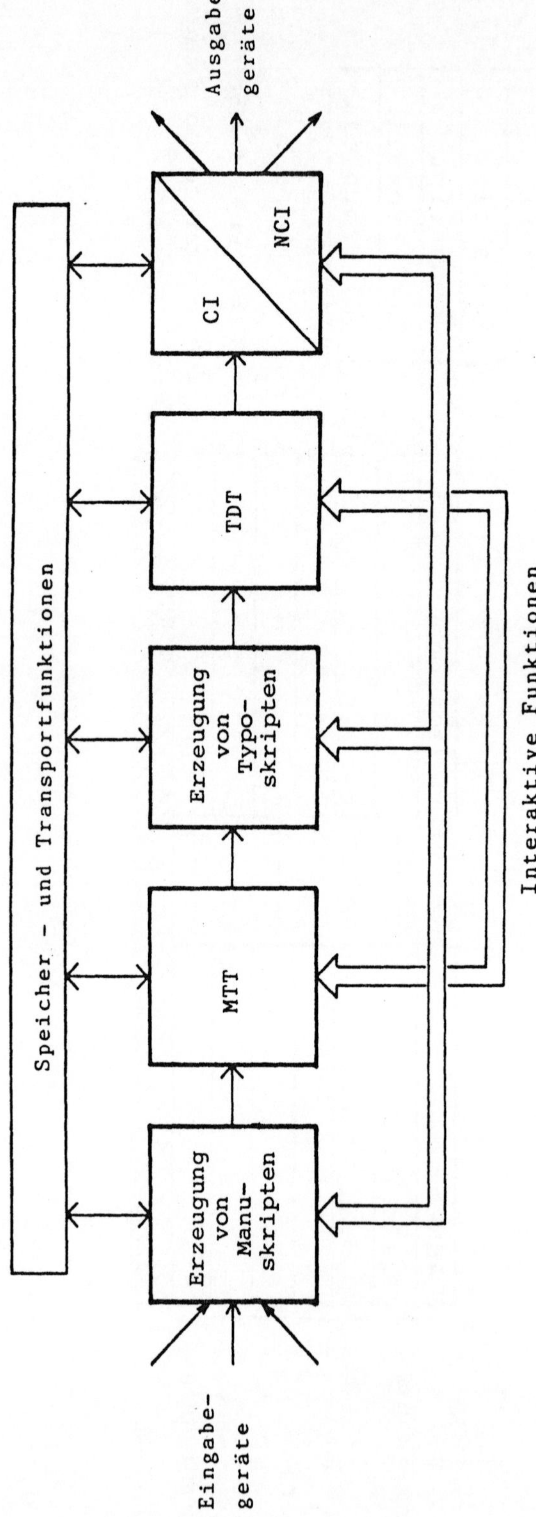

Abb. 4

<u>DOKUMENT-ARCHITEKTUR UND DOKUMENT-AUSTAUSCHFORMATE</u>
<u>STAND DER INTERNATIONALEN NORMUNG</u>

W. Horak
SIEMENS AG
Zentrale Aufgaben Informationstechnik
München

Zusammenfassung:

Neben der Sprache spielt das Dokument eine zentrale Rolle bei der Übermittlung von Information. An persönlichen Arbeitsplatzcomputern unterstützen in zunehmenden Maße Basiswerkzeuge die Handhabung elektronischer Dokumente im Büro. Büroarbeit besteht meist aus einer Folge von Prozessen, die sich über mehrere Arbeitsplätze und mehrere ihrer Werkzeuge erstrecken. Damit Dokumente zwischen kooperierenden Werkzeugen offener Systeme ausgetauscht werden können, benötigt man als Grundlage ein gemeinsames Verständnis vom Aufbau der Dokumente.
Gegenwärtig entwickelt daher ISO/TC97/SC18/WG3 in enger Zusammenarbeit mit ECMA/TC29 und der CCITT Studienkommission VIII ein normiertes Dokumentarchitektur-Modell und davon abgeleitete Dokument-Austauschformate für sowohl nur wiedergebbare als auch weiterbearbeitbare Dokumente.
Das Architekturmodell beschreibt den Aufbau von Dokumenten als eine Hierarchie von logischen Objekten und Layout-Objekten, die den aus verschiedenen Informationsarten (Text, Bild) gemischten Dokumentinhalt strukturieren. Vor allem das Architekturmodell und Prinzipien der Formate werden vorgestellt und Weiterentwicklungsmöglichkeiten aufgezeigt.

Inhalt

1 Einleitung

In internationalen Normengremien werden derzeit große Anstrengungen unternommen um Normen zu entwickeln, die den Austausch von Dokumenten zwischen offenen Systemen ermöglichen sollen. Im einzelnen wurde beim CCITT (Comitté Consultatif International Telegraphique et Telephonique) und wird bei der ISO (International Organization for Standardization) sowie der ECMA (European Computer Manufacturers Association) an folgenden Normen gearbeitet:

Im März 1984 wurde von der Studienkommission VIII des CCITT die Empfehlung T.73 "Dokument-Austausch-Protokoll für die Telematik Dienste" verabschiedet /1,2/. Sie beschreibt ein Dokumentarchitektur-Modell und davon abgeleitete Formate für den Austausch gemischter Text/Faksimile Dokumente. Parallel zum CCITT, aber seine Arbeit berücksichtigend, wurde von der Arbeitsgruppe "Text Structure" (WG3), des Subkomitees SC18 des Technischen Komitees TC97 der ISO der erste Entwurf einer Norm mit den vier Teilen "Allgemeine Einführung" /3/, "Büro-Dokument-Architektur" /4/, "Dokumentprofil" /5/ und "Büro-Dokument-Austauschformate" /6/ erarbeitet. Die Arbeitsgruppe "Text Preparation and Interchange" (WG5) im ISO/TC97/SC18 arbeitet an Normen zur "Positionierung von Text auf Hard-Copy Geräten" /7/ und zur "Darstellung von Text" /8/.

Die Arbeitsgruppe "Text Interchange and Processing" im ISO/TC97/SC5 arbeitet ebenfalls an einer mehrteiligen Norm von der insbesondere der Teil "Dokument Markup Metasprache" /9/ praktisch fertiggestellt ist. Mittels dieser Metasprache kann der Autor an einfachen Datenterminals Fließtext durch einfügen von "markup tags" auf genormte weise in logische Elemente einteilen. Diesen Elementen werden dann nach dem Empfang auf der Verleger-bzw. Druckerseite durch einen Interpreter Formatieranweisungen zugeteilt, um den Text umzubrechen und schließlich der Typesetting-Anlage zu übergeben.

Das Technische Komitee TC29 der ECMA arbeitet ebenfalls an einer den Themenbereich der Arbeitsgruppen ISO/TC97/SC18/WG3 und WG5 umfassenden Norm /10/. Dabei konnte mit großem Erfolg im Sinne eines konzeptionellen Vorreiters Einfluß auf die Entwicklung der CCITT Empfehlung T.73 und die entsprechenden Arbeiten in der ISO genommen werden.

Im folgenden soll der im wesentlichen bei ISO und ECMA gleiche Stand der Arbeiten zum Thema Dokumentarchitektur (Office Document Architecture ODA) und Dokument-Austauschformate (Office Document Interchange Format ODIF) näher beschrieben werden (siehe auch 11,12,13).

2 Dokumentarchitektur-Modell

2.1 Definition von Dokument, Text und Inhalt

Im Rahmen der ODA/ODIF Standards wird unter einem <u>Dokument</u> eine als Einheit austauschbare Menge von Text verstanden. <u>Text</u> ist Information zum menschlichen Verständnis, die in zweidimensionaler Form z.B. auf Papier oder dem Bildschirm wiedergegeben werden kann. Text kann aus <u>Textelementen</u> folgender Kategorien bestehen:

- Zeichenelemente (alpha-numerische Zeichen)
- geometrische Elemente (Linienpraphik)
- photographische Elemente (Bildpunkte, Faksimiles)

Die Textelemente bilden den <u>Inhalt</u> eines Dokumentes.

2.2 Dokumentstruktur und Objekte

Ein gegebenes Dokument ist nicht nur durch seinen individuellen Inhalt gekennzeichnet, sondern auch durch seine individuelle interne Organisation. Das Architektur-Modell unterscheidet zwischen einer <u>logischen Struktur</u> und einer <u>Layout-Struktur</u>. Die logische Struktur ordnet den Inhalt des Dokumentes einer Hierarchie von sogenannten <u>logischen Objekten</u> zu, und die Layout-Struktur ordnet den Inhalt einer Hierarchie von sogenannten <u>Layout-Objekten</u> zu.

Logische Objekte sind z.B. Zusammenfassungen, Titel, Abschnitte, Paragraphen, Bilder, Tabellen usw.. Entsprechend dem rationalen Denken des Menschen ist die logische Ordnung eines Dokumentes im wesentlichen hierarchisch und sequentiell. Eine hierarchische Ordnung ist gegeben durch z.B. Paragraphen, Bilder und Fußnoten als Bestandteile von Unterkapiteln und durch Unterkapitel als Bestandteil von Kapiteln usw.. Eine sequentielle Ordnung ist gegeben unter den Objekten derselben

Hierarchiestufe, wie z.B. durch ein Inhaltsverzeichnis das vom Dokumentkörper gefolgt wird, der wiederum vom Literaturverzeichnis gefolgt wird.

Die logische Struktur kann angemessen durch einen Graphen vom Typ Baum beschrieben werden. In dieser Baumstruktur bilden die Objekte die Knoten. <u>Bild 1</u> ist ein Beispiel einer logischen Struktur. Es zeigt wie der Inhalt des Dokumentes durch die Objekte der untersten Hierarchiestufen in sogenannte <u>Inhaltsstücke</u> unterteilt wird.

Für die Darstellung des Dokumentes auf einem physikalischen Medium ist das Layout des Dokumentes zu bilden. D.h. die Textelemente der Inhaltsportionen der logischen Objekte sind z.B. auf einer Folge von Seiten zu positionieren und ihre Erscheinungsformen zu bestimmen. Durch das Layout wird die dem Dokument innewohnende logische Struktur in einer für den Leser visuell wahrnehmbaren Art ausgedrückt. Aus diesem Grunde bestehen Relationen zwischen der logischen Struktur und der Layout-Struktur, wie z.B. zwischen den Paragraphen und Bildern und ihren korrespondierenden Blöcken auf den Seiten. Daher kann auch die Layout-Struktur analog zur logischen Struktur durch eine Baumstruktur beschrieben werden.

Die Struktur eines gegebenen Dokumentes wird <u>spezifische Struktur</u> genannt. <u>Bild 2</u> zeigt das Modell der spezifischen Dokumentstruktur. Es wird zwischen <u>zusammengesetzten Objekten</u> und <u>Basisobjekten</u> unterschieden. Basisobjekte haben folgende grundlegende Merkmale:

Nur den Basisobjekten sind Inhaltsstücke direkt zugeordnet. Ein Inhaltsstück kann höchstens einem logischen und/oder einem Layout-Objekt zugeordnet sein. <u>Bild 3</u> zeigt wie der Dokumentinhalt von den logischen Basisobjekten und den Layout-Basisobjekten in größte gemeinsame Inhaltsstücke unterteilt wird.

Die Inhaltsstücke der Basisobjekte sind, abhängig von der bzw. den Kategorien ihrer Textelemente, gemäß sogenannten <u>Inhaltsarchitekturen</u> strukturiert. Diese Inhaltsarchitekturen müssen nicht notwendigerweise objekt-orientiert sein. Es wird zwischen einer Zeichen-Inhaltsarchitektur, einer photographischen Inhaltsarchitektur und einer geometrischen Inhaltsarchitektur unterschieden. Anstatt z.B. Silben, Wörter und Sätze als Objekte individuell zu identifizieren werden im Falle der Zeichen-Inhaltsarchitektur Steuerzeichen in die Zeichenfolge der Inhalts-

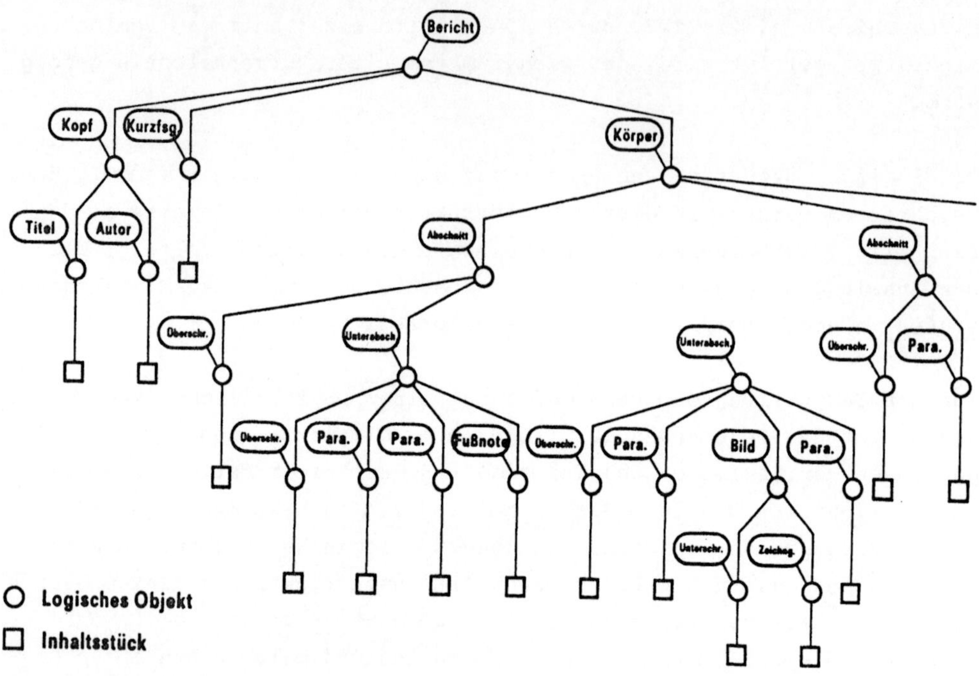

Bild 1   Beispiel einer logischen Struktur

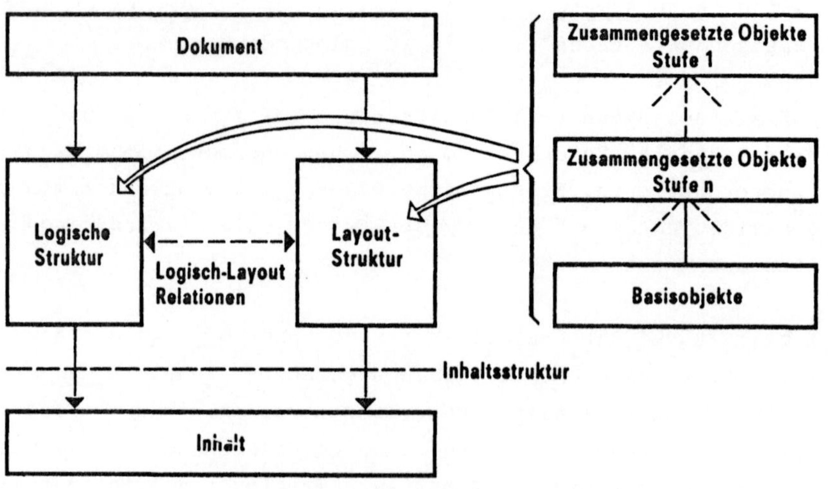

Bild 2   Modell der spezifischen Struktur

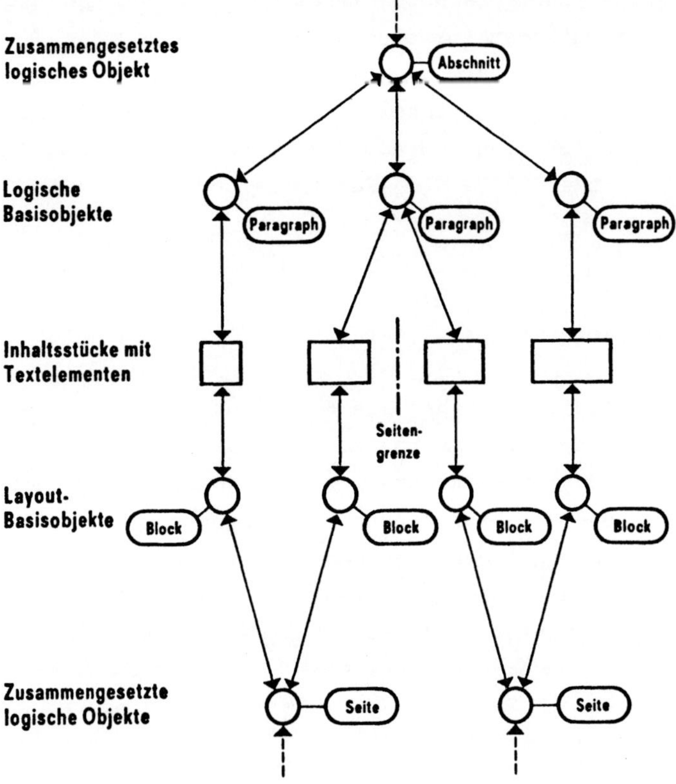

Bild 3   Größte gemeinsame Inhaltsstücke der logischen
Basisobjekte und Layout-Basisobjekte

stücke eingefügt. Zeichenvorschübe dienen dabei sowohl der logischen
Wortbegrenzung als auch dem Positionieren.

Basisobjekte bilden die Schnittstelle zu bereits existierenden Normen,
die als Inhaltsarchitekturen anwendbar sind, wie z.B. CCITT T.61 (Teletex) oder ISO 6937 oder CCITT T.6 (Faksimile) oder ANSI VDM (Grafik).

2.3 Aufbau zusammengesetzter Objekte

Zusammengesetzte Objekte bestehen aus Konstituenten, welche andere zusammengesetzte Objekte und/oder Basisobjekte sein können. Nur eine sequentielle Ordnung der Konstituenten, wie sie durch die Anordnung ihrer Knoten in der Baumstruktur einfach wiedergegeben werden kann,
reicht nicht aus. In manchen Fällen kann der Verfasser keine spezielle
Ordnung unter Objekten festlegen wollen, wie z.B. zwischen Dokumentkörper, Glossar und Bildverzeichnis. Ferner sind Tabellen orthogonale,
zweidimensionale Anordnungen von Elementen bei welchen nicht notwendigerweise die Spalten den Zeilen, oder umgekehrt, als hierarchisch hö-
herwertig bevorzugt zu werden brauchen. Aus diesen Gründen ist neben
der "vertikalen" (hierarchischen) Ordnung auch eine "horizontale"
Ordnung explizit auszudrücken. Dies geschieht mit sogenannten Konstruktoren dreierlei Typs:

Der LIST-Konstruktor spezifiziert eine sequentielle, der ARRAY-Kon-
struktor eine ein- oder mehrdimensionale und der AGGREGAT-Konstruktor
keine bestimmte Ordnung der Konstituenten eines zusammengesetzten Objekts.

2.4 Relationen zwischen Objekten

Unter logischen Objekten und Layout-Objekten können noch andere Beziehungen auftreten als solche, die durch die Baumstruktur und die Konstruktoren ausgedrückt werden. Solche Beziehungen, die sich beliebig
quer über die Strukturbäume erstrecken können, werden Relationen genannt.

Es gibt sogenannte <u>Logisch-Logisch Relationen</u> zwischen logischen Objekten und <u>Layout-Layout Relationen</u> zwischen Layout Objekten. Neben diesen intrastrukturellen Relationen gibt es noch interstrukturelle Relationen, sogenannte <u>Logisch-Layout Relationen</u> zwischen logischen Objekten und Layout-Objekten.

Beispiele für Logisch-Logisch Relationen sind die Relationen zwischen Referenzen und Bildern, Fußnoten, Literaturhinweisen usw.. Beispiele für Layout-Layout Relationen sind die Relationen zwischen Blöcken die sich überlagern.

Logisch-Layout Relationen drücken aus, innerhalb welchen Layout-Objekten, wie z.B. Kolumne oder Block, die Inhaltsstücke der logischen Objekte, wie z.B. Paragraphen und Bilder, positioniert bzw. formatiert wurden. Derartige Relationen brauchen in den Dokumentaustauschformaten nicht notwendigerweise explizit ausgedrückt zu werden, da die logischen Objekte und Layout-Objekte implizit über die Inhaltsstücke miteinander in Beziehung stehen (siehe Bild 3).

2.5 Objekttypen und Objekteigenschaften

Jedes Objekt ist von einem bestimmten Objekttyp. Den Objekttypen sind bestimmte Attributtypen zugeordnet, die strukturelle Beziehungen, Relationen und Eigenschaften ausdrücken. Es wird zwischen den folgenden Objekttypen unterschieden:

Auf der logischen Seite gibt es die Typen <u>Dokument</u>, <u>zusammengesetztes logisches Objekt</u> und <u>logisches Basisobjekt.</u> Eigenschaften logischer Objekte sind die sogenannten <u>Layout-Direktiven.</u> Sie sind von Bedeutung für die Übertragung bearbeitbarer Dokumente, wie

- für Dokumente deren Layout sendeseitig noch nicht gebildet wurde, aber welchen der Verfasser Layoutanweisungen für eine empfangsseitige Layoutbildung mit auf den Weg geben will, und
- für Dokumente mit bereits existierendem Layout bei welchen man aber die Neubildung des Layouts beim empfangsseitigen Editieren unterstützen will.

Layout-Direktiven sind solche wie Einrücken, Abstand (z.B. zwischen

Paragraphen), Witwen- und Waisengröße usw..

Auf der Layoutseite gibt es die Objekttypen Dokument, Seiten-Set, Seite, Rahmen und Block. Objekte dieser Typen bilden gemäß **Bild 4** die unterschiedlichen Hierarchiestufen der Layout-Struktur. **Bild 5** zeigt ein Beispiel einer spezifischen Layout-Struktur mit Objekten dieser Typen. Die Hierarchiestufen mit Objekten des Typs Seiten-Set und Rahmen sind optional. Im Falle eines Dokumentinhaltes einheitlicher Inhaltsarchitektur können die Layout-Basisobjekte vom Typ Seite sein. Im Falle von Inhalten unterschiedlicher Inhaltsarchitekturen (mixed mode) müssen die Layout-Basisobjekte vom Typ Block sein.

Ein Layout-Objekt vom Typ **Seiten-Set** besteht aus mehreren Seiten und/ oder Seiten-Sets welche die Anwendung als eine Gruppe identifizieren möchte. Außer den Seiten-Sets sind alle anderen Layout-Objekte rechtwinkelige Bereiche bestimmter Größe.

Ein Layout-Objekt vom Typ **Seite** repräsentiert eine zu übertragende Layout-Fläche. Ihre Größe kann größer, gleich oder kleiner sein als die Größe der physikalischen Seite auf die sie empfangsseitig abzubilden ist.

Ein Layout-Objekt vom Typ **Rahmen** repräsentiert einen rechtwinkeligen Bereich, der entweder innerhalb einer Seite oder innerhalb eines hierarchisch nächst höheren Rahmens seiten-parallel positioniert ist. Rahmen beschreiben Grenzen des Seitenlayouts. Innerhalb dieser Grenzen wurden die Textelemente der Inhaltsstücke der logischen Objekte positioniert. Wie **Bild 6** zeigt können Rahmen Kopfleisten, Fußleisten, Kolumnen, Felder in Formularen usw. repräsentieren.

Ein Layout-Objekt vom Typ **Block** repräsentiert einen rechtwinkeligen Bereich, der entweder innerhalb einer Seite oder innerhalb eines Rahmens seiten-parallel positioniert ist, und der Textelemente enthält, die gemäß einer alpha-numerischen oder geometrischen oder photographischen Inhaltsarchitektur strukturiert sind.

Layout-Objekte vom Typ Rahmen und Block sind entweder transparent oder opak und können sich teilweise oder ganz gemäß folgenden Regeln überlagern:

- Nur Layout-Objekte, die Konstituenten eines gemeinsamen zusammenge-

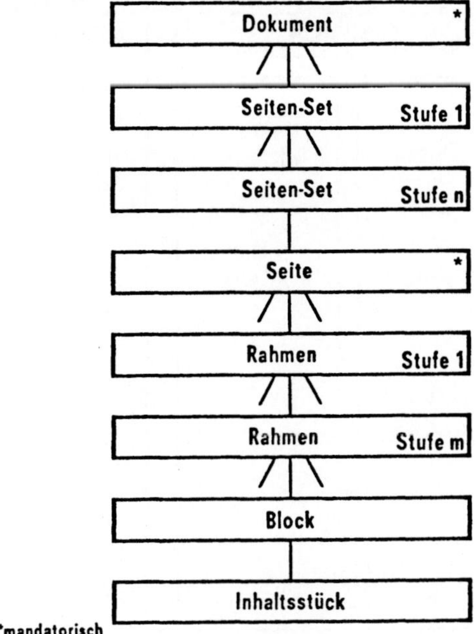

Bild 4   Objekttypen und Hierarchieebenen der Layout-Struktur

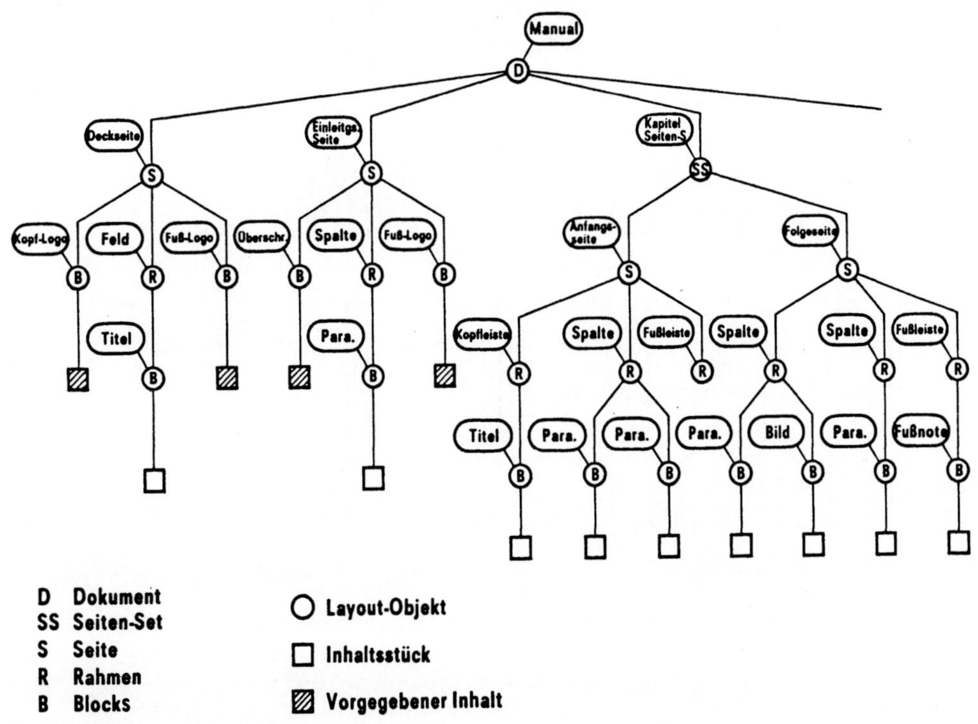

Bild 5   Beispiel einer Layout-Struktur

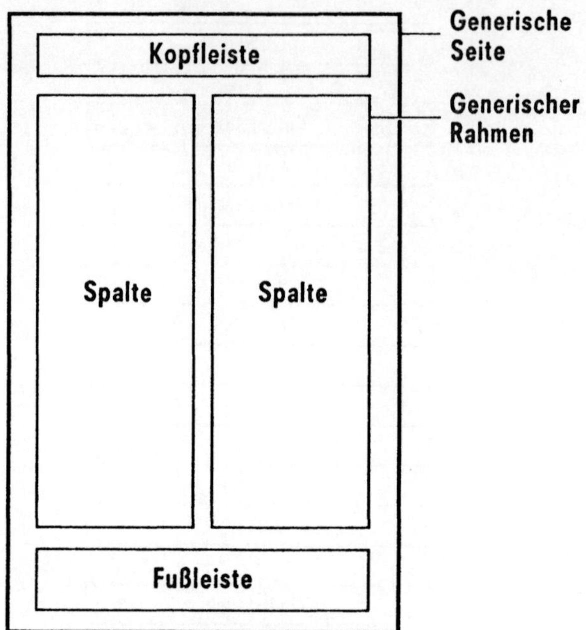

Bild 6   Layout-Muster

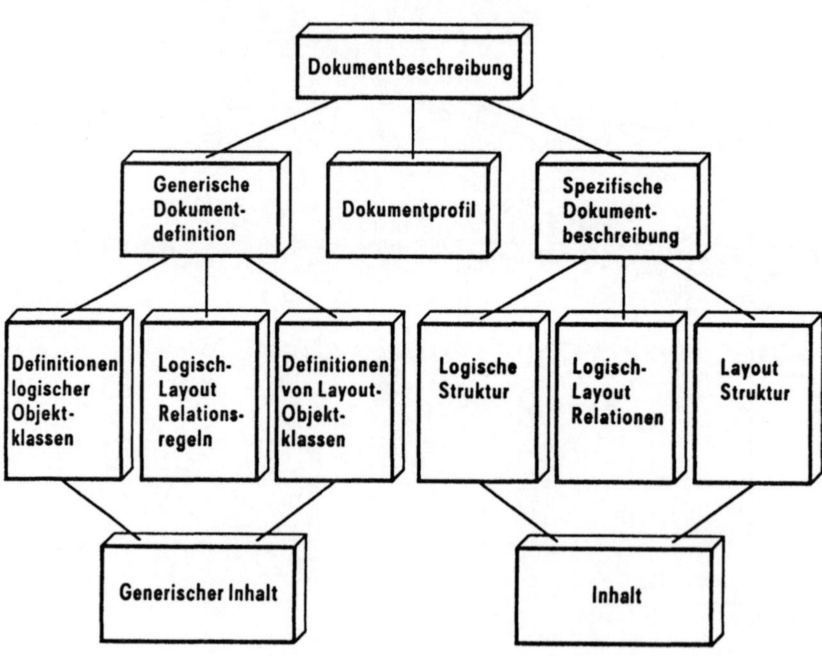

Bild 7   Dokumentarchitektur-Modell

setzten Layout-Objekts (Vater-Objekt) sind, können sich unmittelbar
überlagern. Ihre Überlagerungsordnung ist durch eine dem Vater-Objekt zugeordnete Liste ausgedrückt.
- Die Überlagerungsordnung von Layout-Objekten unterschiedlicher Vater-
  Objekte wird bestimmt durch die Überlagerungsordnung die zwischen ihren Vater-Objekten besteht.
- Ein obenaufliegendes opakes Layout-Objekt verdeckt das darunterlie-
  gende Objekt im gemeinsamen Bereich.
- Ein obenaufliegendes transparentes Layout-Objekt läßt den Inhalt
  des darunterliegenden Objektes sichtbar.

2.6 Definition von Objektklassen

Ähnliche Objekte desselben Typs können zu <u>Objektklassen</u> zusammengefaßt
werden. Logische Objektklassen aus Objekten des Typs logisches Basisobjekt sind z.B. die Klassen Paragraph, Fußnote, Bilderunterschrift.
Layout-Objektklassen aus Objekten des Typs Rahmen sind z.B. die Klassen Kopfleisten-Rahmen, Kolumnen-Rahmen, Fußleisten-Rahmen.

Objektklassen sind nicht normiert, sondern sind von der Anwendung
frei definierbar. Dies kann mittels sogenannter <u>generischer Objektde-
finitionen</u> geschehen. Objektdefinitionen können als ein Satz von Regeln (Grammatik), nach welchen die Objekte der spezifischen Struktur
(Produktionen) gebildet werden können, oder als Muster für spezifische
Objekte, verstanden werden.

Die Ähnlichkeit der Objekte einer Klasse kann darin bestehen, daß sie
mit denselben Konstruktoren aus Konstituenten desselben Typs bzw. Klasse aufgebaut sind, daß sie dieselben Typen und ggf. Werte von Relationen und Eigenschaften und ggf. sogar denselben vorgegebenen Inhalt,
wie z.B. bei Logos und Textbausteinen, haben. Daher können die generischen Objektdefinitionen neben dem <u>Klassennamen</u> (Identifier) aus folgenden Typen von Regeln bestehen:

- <u>Konstruktions-Regeln</u> spezifizieren wie ein Objekt dieser Klasse aus
  anderen Objekten aufgebaut werden darf und von welchem Typ bzw. welcher Klasse diese Konstituenten sein müssen. Diese Regeln erlauben
  alternative und rekursive Konstruktionen, die aus Listen, Arrays
  und Aggregaten bestehen, zu definieren. Durch Aufbauregeln kann die

Erstellung und Überarbeitung der spezifischen Dokumentstruktur unterstützt und überwacht werden.

- <u>Eigenschafts-Regeln</u> spezifizieren den Typ und die Werte von Eigenschaftsattributen. Die Werte können durch Ausdrücke definiert sein. Eigenschaftsregeln von Layout-Objektklassen und logischen Objektklassen (z.B. generische Layout-Direktiven) gestatten die Steuerung der Layout-Bildung.

- <u>Relations-Regeln</u> einer Klasse spezifiezieren die untergeordneten Objektklassen zwischen deren Objekten Intrastrukturrelationen aufgebaut werden können und eventuelle Werte dieser Relationen.

- <u>Inhalts-Regeln</u> dienen der Definition von Basisobjekten bei welchen die Textelemente der zugeordneten Inhaltsstücke als sogenannter generischer Inhalt vorgegeben, oder wie im Falle von Basisobjekten der Klasse Kapitelnummer oder Seitennummer-Block, durch einen Ausdruck zu bestimmen sind.

Um Objektdefinitionen mit derartigen Regeln ausdrücken zu können, bedarf es einer genormten Deklarationssprache. In diesem Bereich stecken die Normenentwürfe noch in den Anfängen. Nur ECMA TC29 hat bisher auf Basis einer BNF-Notation das Format von Konstruktions-Regeln beschrieben.

Objektdefinitionen bauen auf anderen Objektdefinitionen auf. In den ISO und ECMA Normenentwürfen wird als Objektdefinition auch die Beschreibung eines Objektes verstanden, das in der spezifischen Struktur mehrfach an verschiedenen Stellen der Baumstruktur identisch vorkommt. Identisch bedeutet mit denselben Eigenschaften und denselben Konstituenten im Falle eines zusammengesetzten Objekts bzw. mit demselben Inhalt im Falle eines Basisobjekts. Solche Objektdefinitionen, die eigentlich nur den <u>Substituenten</u> eines Knotens bzw. eines Teilbaumes der spezifischen Struktur darstellen, können in demselben Format beschrieben werden wie die spezifische Struktur (siehe Abschnitt 3).

In diesem Sinne ist die "generische Struktur" mit "generischen Objekten" in der CCITT Empfehlung T.73 zu verstehen. Solche generischen Beschreibungen dienen der Effizienz der Übertragung und können als Muster verstanden werden nach welchen spezifische Objekte oder Teilbäume zu erzeugen sind. Das Erzeugen besteht in diesem Falle nur in einem Einko-

pieren dieser Muster in die spezifische Struktur mit ggf. Ergänzung von
Attributen und Inhalt. Ein Beispiel eines solchen Musters ist Bild 6.

2.7 Definition von Dokumentklassen

Ähnliche Dokumente können zu einer Dokumentklasse zusammengefaßt werden. Eine Dokumentklasse wird durch die generische Dokumentdefinition
spezifiziert. Sie besteht aus einer Menge von

- generischen Layout-Objektdefinitionen,
- generischen logischen Objektdefinitionen und
- Relations-Regeln für Relationen vom Typ Logisch-Layout Relation.

Dokumentklassen sind Klassen wie z.B. Geschäftsbrief, Laborbericht, Be-
sprechungsnotiz, Bestellformular. Ebensowenig wie Objektklassen werden
auch Dokumentklassen nicht genormt. Vielmehr ist es das langfristige
Ziel, daß die sendeseitige Applikation mit Hilfe einer genormten Deklarationssprache die Dokumentklasse so definieren kann, daß sie die empfangsseitige Applikation interpretieren und zur klassen-konsistenten
Weiterbearbeitung eines Dokumentes dieser Klasse nutzen kann.

2.8 Gesamtmodell

Bild 7 zeigt das gesamte Modell. Die Beschreibung eines Dokumentes
besteht aus der spezifischen Dokumentbeschreibung und der generischen
Dokumentdefinition.

Die spezifische Dokumentbeschreibung beschreibt die logische Struktur
und die Layout-Struktur, deren Objekte mittels Logisch-Layout Relatio-
nen verbunden sein können und welchen der Dokumentinhalt in Form von
Inhaltsstücken zugeordnet ist, die ihrerseits gemäß bestimmter Inhalts-
architekturen strukturiert sind. Die generische Dokumentdefinition
definiert logische Objektklassen und Layout-Objektklassen die mittels
Logisch-Layout Relations-Regeln zueinander in Beziehung stehen können.
Die Objektdefinitionen bestehen aus Konstruktions-Regeln, Eigenschafts-
Regeln, Instrastruktur-Regeln und Inhalts-Regeln, welche generischen
Inhalt für Basisobjekte definiert. Die generischen Objektdefinitionen

können zusammen mit den Logisch-Layout Relations-Regeln eine Dokumentklasse definieren.

Neben dem generischen und spezifischen Teil enthält eine Dokumentbeschreibung ferner noch ein sogenanntes Dokumentprofil. Es enthält Attribute, die die generellen Eigenschaften des Dokumentes wie Seiten-
zahl, vorkommende Kategorien von Textelementen usw. angeben und Informationen für das Ablegen und Wiederfinden des Dokumentes, wie Titel, Autor, Datum, Stichworte.

3 Dokument-Austauschformat

3.1 Allgemeiner Aufbau des Datenstromes

Der Datenstrom, der ein gemäß der Dokumentarchitektur aufgebautes Dokument repräsentiert, besteht aus einer Folge von sogenannten <u>Deskrip-
toren</u> und <u>Texteinheiten.</u>

Ein Deskriptor ist ein zusammengesetztes Datenelement, das aus Unter-
Datenelementen und Basis-Datenelementen besteht und die Attribute eines Dokumentprofils oder einer generischen Objektdefinition oder eines
spezifischen Objektes repräsentiert.

Eine Texteinheit repräsentiert ein Inhaltsstück. Sie ist ein zusammengesetztes Datenelemenmt bestehend aus

- Unter-Datenelementen und Basis-Datenelementen, die die Attribute des
  Inhaltsstückes repräsentieren, und aus
- entweder einem Basis-Datenelement oder einem Satz von Basis-Datenelementen, die die Textelemente des Inhaltsstückes repräsentieren.

Im Datenstrom folgen nach dem Deskriptor des Dokuementprofils die Deskriptoren und Texteinheiten des generischen Teils und schließlich die
Deskriptoren und Texteinheiten des spezifischen Teils. Innerhalb des
generischen Teils folgen zuerst die Deskriptoren der generischen Layout-Objektdefinitionen, dann die Deskriptoren der generischen logischen Objektdefinitionen und schließlich die Texteinheiten der generischen Inhaltsstücke. Die Deskriptoren der generischen Objektdefinitionen können gruppenweise geordnet sein. Innerhalb des spezifischen

Teils folgen zuerst die Deskriptoren der Layout-Objekte, dann die Deskriptoren der logischen Objekte und schließlich die Texteinheiten der Inhaltsstücke (Bild 8 a,b,c).
Die Ordnung der Deskriptoren der Objekte folgt der natürlichen Ordnung der Knoten in der Baumstruktur (Bild 9). Die Ordnung der Texteinheiten innerhalb des generischen Teils und des spezifischen Teils ist beliebig.

3.2 Formale Spezifikation des Formats des Datenstromes

Die in den Normenentwürfen enthaltene Formatspezifikation stellt den Regelsatz dar, gemäß dem die Datenströme auszutauschender Dokumente aufzubauen sind. Sie basiert auf der Präsentations-Transfer-Syntax der CCITT-Empfehlung X.409/14/. In dieser Syntax wird jedes Stück Information als Datenelement eines bestimmten Datentyps mit einem bestimmten Datenwert aufgefaßt.

Mit der in X.409 definierten Standard Notation, einer erweiterten Backus-Naur-Form (BNF), läßt sich das Format des Datenstromes und seiner Komponenten formal spezifizieren als eine SEQUENCE oder ein SET von elementareren Datentypen, welche ihrerseits mittels noch elementareren Datentypen und schließlich mittels Basis-Datentypen wie INTEGER und OCTET STRING definiert sind.

Bild 10 zeigt als Beispiel die formale Definition des logischen Deskriptors. Er ist vom Typ SEQUENCE und besteht aus den Datenelementen Logical-Object-Type und Specific-Logical-Descriptor-Body. Die erste Komponente ist ein Basis-Datenelement vom Typ INTEGER und hat den Typ des zu repräsentierenden logischen Objektes anzugeben. Die zweite Komponente ist ein zusammengesetztes Datenelement vom Typ SET und enthält die weiteren Attribute des zu repräsentierenden Objekts. Auf dieselbe Weise sind Layout-Deskriptoren, der Dokumentprofil Deskriptor, Generische Layout-Deskriptoren, generische logische Deskriptoren, Texteinheiten, Darstellungsattribute, usw. definiert.

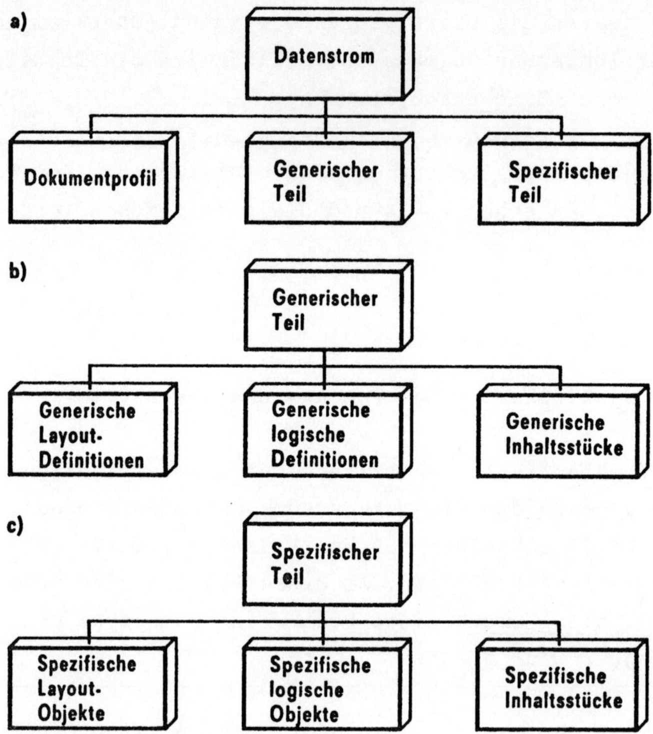

Bild 8   Aufbau des Datenstromes

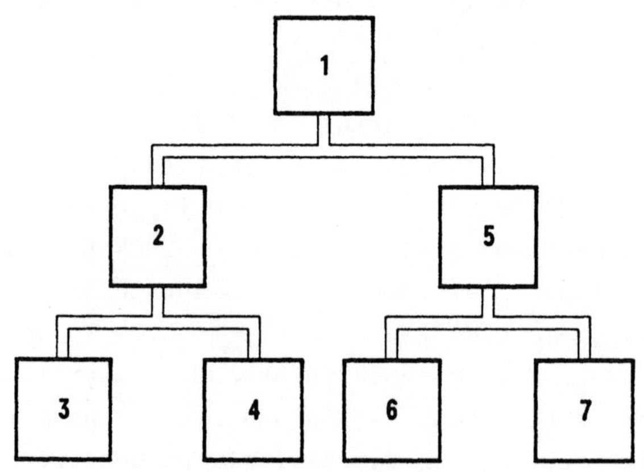

Bild 9   Ordnung der Deskriptoren zur Darstellung einer Baumstruktur

```
Specific-Logical-Descriptor         ::= SEQUENCE {
   object-type                          Logical-Object-Type,
   descriptor-body                      Specific-Logical-Descr-Body OPTIONAL}

Logical-Object-Type                 ::= INTEGER {document (0),
                                              composite-logical-object (1),
                                              basic-logical-object (2)}

Specific-Logical-Descr-Body         ::= SET {
   object-identifier                    Object-or-Definition-Identifier OPTIONAL,
   ref-to-subordinate-objects           [0] IMPLICIT SEQUENCE OF INTEGER OPTIONAL,
   ref-to-content-portions              [1] IMPLICIT SEQUENCE OF INTEGER OPTIONAL,
   object-class                         [2] IMPLICIT Object-or-Definition-Identifier
                                                                           OPTIONAL,
   constructor                          [3] IMPLICIT Constructor OPTIONAL,
   layout-directives                    [4] IMPLICIT Layout-Directives OPTIONAL,
   rendition-attributes                 [5] IMPLICIT Rendition-Attributes OPTIONAL,
   default-value-lists                  [6] IMPLICIT SET OF Default-Value-List
                                                                           OPTIONAL,
   user-readable-comments               [7] IMPLICIT Comment-String OPTIONAL,

                                      .
                                      .
                                      .
                                      .

Layout-Directives                   ::= SET {
   indivisible                          [0] IMPLICIT BOOLEAN OPTIONAL,
   balance                              [1] IMPLICIT BOOLEAN OPTIONAL,
   left-indentation                     CHOICE {
      absolute-indentation              [2] IMPLICIT INTEGER,
      character-indentation             [3] IMPLICIT INTEGER,
      tab-stop-indentation              [4] IMPLICIT INTEGER} OPTIONAL,
   right-indentation                    CHOICE {
      absolute-indentation              [5] IMPLICIT INTEGER,
      character-indentation             [6] IMPLICIT INTEGER,
      tab-stop-indentation              [7] IMPLICIT INTEGER} OPTIONAL,
   border-notation                      [8] IMPLICIT INTEGER {none (0), solid (1),
                                                dashed (2), dotted (3)} OPTIONAL,
   top-separation                       CHOICE {
      absolute-separation               [9] IMPLICIT INTEGER,
      line-separation                   [10] IMPLICIT INTEGER,
      tab-stop-separation               [11] IMPLICIT INTEGER} OPTIONAL,
   bottom-separation                    CHOICE {
      absolute-separation               [12] IMPLICIT INTEGER,
      line-separation                   [13] IMPLICIT INTEGER,
      tab-stop-separation               [14] IMPLICIT INTEGER} OPTIONAL,
   widow-size                           [15] IMPLICIT INTEGER OPTIONAL,
   orphan-size                          [16] IMPLICIT INTEGER OPTIONAL,

                                      .
                                      .
                                      .
```

Bild 10 Formale Spezifikation der logischen Deskriptoren

3.3 Kodierung des Datenstromes

Die Kodierung basiert auf der in der CCITT Empfehlung X.409 definierten Standard Repräsentation der Datenwerte der mittels der Standard
Notation beschriebenen Datenelemente. Diese Standard Repräsentation
ist ein Satz von Regeln für die Kodierung der Datenwerte in Form einer Folge von Oktetts:

Die Datenwerte eines Datenelementes bestehen aus den Komponenten Iden-
tifikator, Länge und Inhalt, welche stets in dieser Reihenfolge auftreten müssen. Der aus einem oder mehreren Oktetts bestehende Identifi-
kator ist der Name des Datenelementes, der den Datentyp und damit die
Interpretation des Inhaltes bestimmt. Die Länge gibt die Länge des Inhalts als Anzahl von Oktetts an. Der Inhalt besteht entweder aus der
eigentlichen Information oder bei einem zusammengesetzten Datenelement
aus weiteren ineinandergeschachtelten Datenwerten.

4 Ausblick

ISO und ECMA beabsichtigen noch im Laufe dieses Jahres erste ODA/ODIF
Normenentwürfe zur Abstimmung vorzustellen. Die gegenwärtigen Entwür-
fe sind an einigen Stellen noch inkonsistent und bezüglich der Attribute, der Beschreibungsmittel für den generischen Teil und der Formatspezifikation noch nicht ausgereift.
Im ersten Schritt werden die zu verabschiedenden Normen den Austausch
von nur aus Text und Faksimiles gemischten Dokumenten unterstützen.
Eine Zeichen-Inhaltsarchitektur wurde erst kürzlich im TC 29 der ECMA
für ODA/ODIF erarbeitet. Unter Auswahl aus ISO 6937/3 und ISO 6429 definiert sie mit einigen Ergänzungen verschiedene sogenannte Zwischen-
raumzeichen, Layoutsteuerzeichen (z.B. Zeilenvorschub), Wiedergabesteu-
erzeichen (z.B. Font) und Logische Steuerzeichen (z.B. hartes Zeilenende) und verwendet die in ISO 6937/2 definierten Textzeichen. Eine
geometrische Inhaltsarchitektur für Grafiken, ggf. basierend auf
ANSI VDM, wird wohl erst im zweiten Schritt hinzugefügt werden.

Ferner werden in den ersten ODA/ODIF Normen noch nicht die kompletten
Beschreibungsmittel vorhanden sein, um im vollen Umfang Objektklassen
und Dokumentklassen definieren zu können. Die generischen Definitionen
werden zunächst nur aus Konstruktions-Regeln, Nummerierungs-Regeln,

Eigenschaft-Regeln mit Konstanten und Inhaltsregeln mit vordefiniertem Inhalt aufgebaut werden können.

Die objekt-oriertierte Dokumentarchitektur mit seinen beiden korrespondierenden Strukturen und seinem generischen Teil ist zukunftsweisend. Sie erlaubt sowohl die Beschreibung der statischen Erscheingungsform des Dokumentes, wie es Drucker benötigen, als auch seiner Veränderbarkeit, wie es Editoren und Formatierer benötigen, in einem Austauschformat. Langfristig sollte versucht werden existierende und momentan parallel in Entwicklung befindliche Normen, die für die Dokumentbearbeitung und den Dokumentaustausch relevant sind, zu harmonisieren und unter dem Dache von ODA zusammenzuführen.

5 Literatur

/1/   "Document Interchange Protocol for the Telematic Services", CCITT Recommendation T.73, Geneva, March 1984

/2/   Nemeth, K.; Horak, W.: "Principles of the document interchange protocol for the CCITT Telematic Services", Proc. of GLOBECOM ´83, San Diego, November 1983

/3/   "Information processing - Text processing and interchange - Text structures - Part 1: General Introduction", ISO/TC97/SC18/WG3 N292, 1984

/4/   "Information processing - Text preparation and interchange - Text structures - Part 2: Office Document Architecture", ISO/TC97/SC18/WG 3 N283, 1984

/5/   "Information processing - Text preparation and interchange - Text structures - Part 3: Document Profile", ISO/TC97/SC18/WG3 N285, 1984

/6/   "Information processing - Text preparation and interchange - Text structures - Part 4: Office Document Interchange Format", ISO/TC97/SC18/WG3 N284, 1984

/7/   "Positioning of text on hardcopy devices", fifth working draft, ISO/TC97/SC18/WG5 N153, November 1983

/8/   "Third draft standard on imaging of text", ISO/TC97/SC18/WG5 N154, November 1983

/9/   "Information Processing Systems - Programming Languages - Text Interchange and Processing - Part 6: Document Markup Meta Language" ISO/TC97/SC5/EG CLPT-X3J6 N177-6, 1983

/10/   "Office Document Architecture", ECMA/TC29, sixth working draft, May 1984

/11/   Horak, W.; Krönert, G.: "An object oriented office document
        architecture model for document interchange between open
        systems", Proceedings of GLOBECOM '83, San Diego,
        November 1983, pp. 1245-1249.

/12/   Krönert, G.: "Standardisiertes Architekturmodell für Bürodoku-
        mente", Tagungsband der ONLINE '84, Berlin, Februar 1984

/13/   Horak, W., Krönert, G.: "An object oriented office document
        architecture model for processing and interchange of documents",
        Second ACM Conference on Office Information Systems,
        June 1984, Toronto

/14/   "Message Handling Systems: Presentation Transfer Syntax and
        Notation", CCITT Recommendation X.409

<u>DOKUMENTENAUSTAUSCH IN TELEMATIK-DIENSTEN</u>

Karlo Németh
Siemens AG
Unternehmensbereich Kommunikations- und Datentechnik
München

Kurzfassung:

Das "Document Interchange Protocol for the Telematic Services" bietet
Mittel zur Strukturierung, Übertragung und originalgetreue Wiedergabe
gemischter Text/Bild-Dokumente. Dieses Protokoll stellt gemeinsam mit
der CCITT-Empfehlung "Terminal Capablities for Mixed Mode of Operation"
eine wichtige Basis zur Entwicklung kompatibler multifunktionaler Terminals dar. Seine Architektur, Strukturierungs- und Protokoll-Elemente
sowie Austauschformate werden erläutert.

1. <u>Einleitung</u>

Viele Büro-Dokumente enthalten neben reinem Text auch Graphiken, Zeich-
nungen, Bilder und auch Handgeschriebenes. Ein Geschäftsbrief besteht
z.B. aus einem Briefbogen mit Briefkopf und vorgedruckten Teilen sowie
aus dem aktuellen Textteil mit Unterschrift.

Erstellen, Austausch, Visualisieren und Weiterbearbeitung von gemischten Text/Bild-Dokumenten erfordern Strukturierungswerkzeuge und Kommu-
nikations-Protokolle. Die wichtigsten internationalen Standardisierungs-
gremien haben in den letzten Jahren die benötigten Konzepte und Protokolle gemeinsam ausgearbeitet. CCITT hat das "Document Interchange Protocol for the Telematic Services" als Empfehlung T.73 bereits fertiggestellt und wird es zum Ende der laufenden Studienperiode im Herbst 1984
verabschieden /1/. ECMA und ISO haben vor, in diesem bzw. im kommenden
Jahr Standards für "Office Document Architecture" (ODA) und für "Office
Document Interchange Formats" (ODIF) herauszugeben /2,3/.

Das "Document Interchange Protocol for the Telematic Services" (DIP)
des CCITT ermöglicht in der jetzigen Form die Übertragung und die originalgetreue Wiedergabe gemischter Text/Faksimile-Dokumente. Für den
Text-Modus ist der Teletex-Zeichencode nach der Empfehlung T.61 und

für den Faksimile-Modus der Modified-READ-Code (MRC) nach der Empfehlung T.6 /4/ vorgesehen. Das allgemeine Konzept des DIP erlaubt jedoch
zudem die Mischung auch anderer Text- und Bildelemente innerhalb von
Dokumenten, wie z.B. Bildschirmtext-Zeichen, Bürographiken, Vektor-
graphiken oder Grautonbilder. Dieses allgemeine Konzept eröffnet dem
DIP breite Anwendungsmöglichkeiten in der gesamten Welt der offenen
Systeme.

Die Protokoll-Elemente des DIP werden mit Hilfe des Session-Protokolls
T.62 (frühere Bezeichnung S.62) und der transportorientierter Protokolle T.70 (frühere Bezeichnung S.70) /5,6,7/ übertragen, Bild 1.

Zusätzlich zum "Document Interchange Protocol" hat CCITT in der Empfeh-
lung T.72 die Terminal-Eigenschaften für die Mixed-Mode-Betriebsweise
definiert /8/. In dieser Empfehlung werden u.a. Seitenformate (z.B.
ISO A4 als Standard-Format), Faksimile-Auflösungen (z.B. 240 und 300
Punkte/25.4 mm empfangsseitig als Standard-Werte) und die Kapazität der
Kommunikations-Speicher (z.B. 128 kByte als Minimalwert) festgelegt.

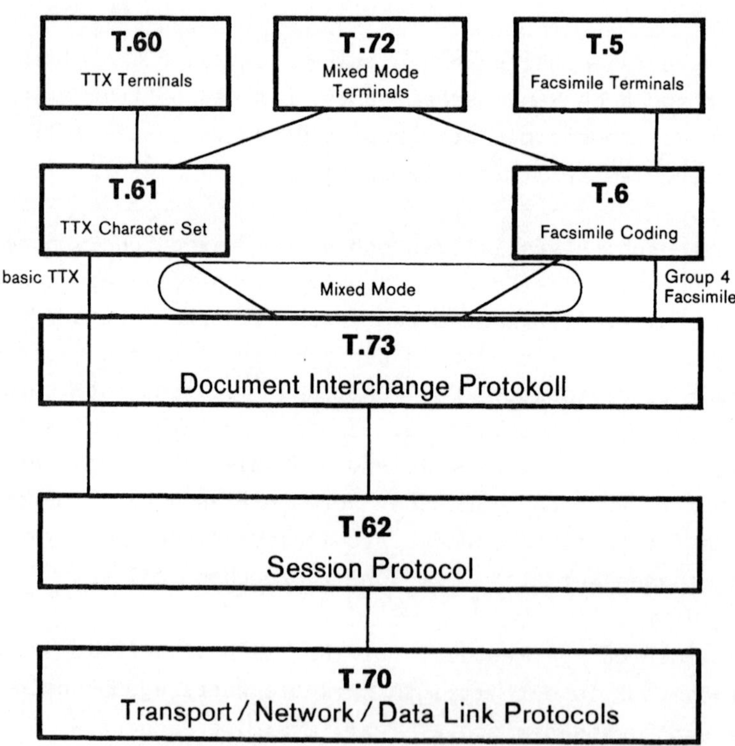

Bild 1. Die Schichten der Telematik-Protokolle

Der Faksimile-Modus der Mixed-Mode-Betriebweise richtet sich nach der
CCITT-Empfehlung T.5 für Fernkopierer der Gruppe 4 /9/.

Mixed-Mode-Terminals sind in der Lage, im Text-Modus mit Endgeräten
im Basis-Teletex-Dienst und im Faksimile-Modus mit Fernkopierern der
Gruppe IV zu kommunizieren.

2. Prinzipien des "Document Interchange Protocol"

Das "Document Interchange Protocol" basiert auf der von ISO und ECMA
erarbeiteten objektorientierten "Office Document Architecture" (ODA)
und bietet Funktion zur Strukturierung und zum Austausch von gemischten Text/Bild-Dokumenten.

2.1 Strukturierungselemente

Jedes Dokument hat eine Layoutstruktur, die festlegt, wie dessen Inhalt zweidimensional auf einem Ausgabemedium wiederzugeben ist. Dokumente werden zudem nach logischen Gesichtspunkten gegliedert, so daß
parallel zur Layoutstruktur auch eine logische Struktur existiert. Beide Strukturen sind hierarchisch aufgebaut und können auch als Bäume
dargestellt werden. Den Knoten sind die logischen bzw. die Layout-Objekte zugeordnet und die Kanten repräsentieren die Relationen zwischen den
Objekten. Die hierarchische Reihenfolge der Layout-Objekte ist: "Dok-
ment", "Seiten Set", "Seiten", "Frames" und "Blöcke". Diese Reihenfolge
ist zwingend, aber es müssen nicht immer alle Ebenen besetzt werden,
wie dies Bild 2 zeigt. Hier fehlen z.B. "Page-Sets" und "Frames". Logische Objekte sind z.B. Kapitel, Abschnitte, Absätze und Fußnoten. Der
Inhalt des Dokuments wird immer nur mit den Objekten auf der jeweils
niedrigsten Hierarchie-Stufe verknüpft. Der Inhalt eines Objektes hat
immer eine einheitliche Codierung. Will man z.B. eine Kurve beschrif-
ten, so wird der Block, dem das Kurvenbild faksimilecodiert zugeordnet
ist mit dem Block, welcher die Beschriftung im Zeichencode trägt, transparent überlagert.

Beide Strukturen können neben den spezifischen Elementen, die einem bestimmten Dokument eigen sind, auch noch generische Teile besitzen. Die
generischen Teile beschreiben die gemeinsamen Eigenschaften einer Doku-
mentenklasse, wie z.B. das Layout eines Firmen-Briefbogens oder eines
Lieferscheines. Einer der Vorteile generischer Elemente liegt darin,
daß sie die Übertragungszeiten beim Dokumenten-Austausch wesentlich

verkürzen können. Vordefinierte Teile, die mehrere Male in einem Dokument vorkommen, werden nur einmal übertragen. Wenn diese vordefinierten
Teile, wie z.B. Formularvordrucke, beim Empfänger sogar schon vorhanden
sind, müssen diese überhaupt nicht mehr übertragen werden, es genügt
lediglich, die entsprechende Formularnummer dem Kommunikationspartner
mitzuteilen.

Die spezifische Layout-Struktur ist in der vorhandenen Version des DIP
obligatorisch, die generischen Layout-Elemente optional und die logische Struktur wurde noch nicht eingeführt.

Zu einem Dokument kann auch eine Reihe begleitender Informationen gehören, die sich auf das ganze Dokument beziehen. Diese Informationen
werden in einem Vorspann, dem sogenannten Dokumenten-Profil, zusammengefaßt.

2.2 Die Protokoll-Elemente

Die Architektur des DIP unterscheidet zwischen der Struktur und dem Inhalt eines Dokuments. Dementsprechend wurden zwei verschiedene Protokoll-Elemente eingeführt: "Descriptoren" für die Struktur und "Text
Units" für den Inhalt, bzw. Teile des Inhalts, Bild 2.

Layout-Descriptoren repräsentieren spezifische oder generische Layout-
Objekte und die ihnen zugehörigen Attribute. Jedes Layout-Objekt wird
einen Layout-Descriptor repräsentiert. Text-Units beinhalten Teile des
Dokumenten-Inhalts mit dazugehörigen Attributen.

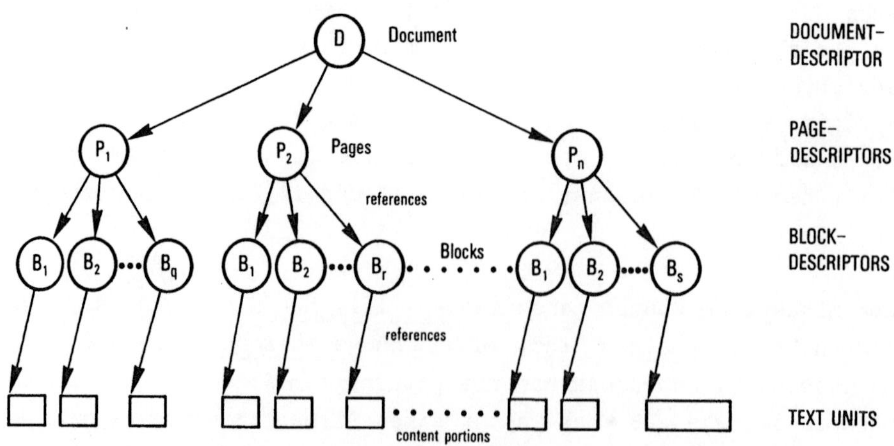

Bild 2. "Descriptoren und "Text Units"

Descriptoren und Text-Units sind zusammengesetzte Datenstrukturen, die
aus weiteren zusammengesetzten Datenstrukturen oder einfachen Datenelementen bestehen können. Diese Verschachtelung kann in mehreren Stufen
fortgesetzt werden.

Attribute kennzeichnen einzelne Objekte und Teile des Dokumentenin-
halts (Identifizierer), beschreiben ihre Eigenschaften (Positionie-
rungs- und Darstellungs-Attribute) und geben die Zusammenhänge zwischen
Objekten wie auch zwischen Objekten und Teilen des Inhaltes an (Struk-
turierungs-Attribute).

Zu den Positionierungs-Attributen gehören z.B. die Abmessungen einer
Seite oder eines Blockes und zu den Darstellungs-Attributen Zeichen-
und Zeilenvorschübe der Drucker oder Faksimile-Auflösungen.

3. Spezifikation und Codierung der Protokollelemente

Die Spezifikation der Protokollelemente basiert auf einer erweiterten
Backus-Naur-Form-Notation (BNF-Notation) nach der CCITT-Empfehlung
X.409 /10/. Diese Empfehlung definiert 18 grundlegende Datentypen, wie
z.B. BOOLEAN, INTEGER oder IA5STRING und Regeln zur Erzeugung anderer
anwendungsspezifischer Datentypen. Aufgrund der vorgeschriebenen Produktionen können zusammengesetzte Datentypen generiert werden, die geeignet sind, die Descriptoren und Text-Units zu spezifizieren. Zusammengesetzte Datentypen sind z.B. Sequenzen, notiert als SEQUENCE oder Sets,
notiert als SET. Tabelle 1 zeigt die formale Spezifikation der grundlegenden Protokollelemente in der BNF-Notation. CHOICE bedeutet, daß
jeweils eine der aufgeführten Alternativen genommen werden soll.

```
ProtocolElement                         :: = CHOICE [
    documentProfileDescriptor           [0] IMPLICIT DocumentProfileDescriptor,
    genericLayoutDescriptor             [1]IMPLICIT LayoutDescriptor,
    specificLayoutDescriptor            [2] IMPLICIT LayoutDescriptor,
    textUnit                            [3] IMPLICIT TextUnit
    presentationCapabilitiesDescriptor  [4] IMPLICIT PresentationCapabilities ]
```

Tabelle 1. BNF-Notation für die Protokoll-Elemente

Tabelle 2 zeigt die BNF-Notation für eine aus Tabelle 1 ausgewählte
Alternative, und zwar für den spezifischen Layout-Descriptor.

Die Codierung der Protokollelemente wird mit Hilfe von drei Komponenten
durchgeführt, die immer in der Reihenfolge "Identifizierer", "Länge"

und "Inhalt" erscheinen müssen. Der "Identifizierer" kennzeichnet den
aktuellen Datentyp und die "Länge" gibt die Länge des "Inhaltes" in
Oktets an. Der "Inhalt" enthält entweder den tatsächlichen Dokumenten-
Inhalt oder bei zusammengesetzten Datenstrukturen weitere ineinander
verschachtelte Datentypen. Diese Art der Codierung ist im Prinzip
gleich mit derjenigen im Session-Protokoll T.62.

```
LayoutDescriptor                ::= SEQUENCE {
    layoutObjectType                LayoutObjectType,
    layoutDescriptorBody            LayoutDescriptorBody,  OPTIONAL }

Layout ObjectType               ::= INTEGER { document (0), pageSet (1), page (2),
                                        frame (3), block (4) }

LayoutDescriptorBody            ::= SET {
    objectIdentifier                ObjectReferenceName  OPTIONAL,
    referencesTo                    CHOICE {
        subordinateObjects          [0] IMPLICIT SEQUENCE OF NumericString,
        contentPortions             [1] IMPLICIT SEQUENCE OF NumericString }
                                                                     OPTIONAL,
    referenceToGenericObject        [2] IMPLICIT ObjectReferenceName  OPTIONAL,
    position                        [3] IMPLICIT MeasurePair  OPTIONAL,
    dimensions                      [4] IMPLICIT MeasurePair  OPTIONAL,
    transparent                     [5] IMPLICIT Transparent  OPTIONAL,
    presentationAttributes          [6] IMPLICIT PresentationAttributes  OPTIONAL,
    defaultValueLists               [7] IMPLICIT SEQUENCE OF DefaultValueList  OPTIONAL,
    userReadableComments            [8] IMPLICIT CommentString  OPTIONAL }

ObjectReferenceName             ::= [APPLICATION 1] IMPLICIT PrintableString
                                    -- digits 0 to 9 with space as a delimiter --

MeasurePair                     ::= SEQUENCE { Measure, Measure }

Measure                         ::= CHOICE {
    fixedMeasure                    [0] IMPLICIT INTEGER,
    variableMeasure                 [1] IMPLICIT INTEGER }

Transparent                     ::= INTEGER { transparent (0) }
                                    -- other values for further study --

CommentString                   ::= IA5String
                                    -- same character set as PrintableString --
                                    -- plus carriage return and line feed --
```

Tabelle 2. BNF-Notation für den Layout-Descriptor

4. Austauschformate

Der Funktionsumfang des "Document Interchange Protocols" ist ausreichend zur Beschreibung nahezu aller Dokumenten-Arten. Die Implementierung der vollständigen mehrstufigen hierarchischen Struktur
mit allen Attributen ist in vielen praktischen Fällen jedoch gar

nicht nötig und würde auch einen unerwünschten Mehraufwand verursa-
chen.

Für die derzeit vorgesehenen kompatiblen Anwendungen im Rahmen der
Telematik-Dienste wurden vom CCITT zwei Austauschformen festgelegt.
Die Austauschformate tragen die Struktur-Elemente und Attribute, die
notwendig sind, damit der Empfänger das ihm übermittelte Dokument
eindeutig rekonstruieren kann.

Das "Text Image Format 0" (TIF.0) ist zugeschnitten auf reine, nicht-
strukturierte Faksimile-Dokumente. Die spezifische Layout Struktur
dieses Austauschformats besteht nur aus Dokumenten und Seiten. Der
Inhalt jeder Seite ist immer eine einheitliche Faksimile-Codierung,
z.B. nach dem zweidimensionalen Modified Read Code (MRC). TIF.0 wurde
absichtlich so "mager" wie möglich gestaltet, um die reinen Fernkopierer, d.h. Klasse 1 der Gruppe-4-Faksimilegeräte, nicht mit unnötigen
Mehraufwand zu belasten. Hier sei erwähnt, daß im Basis-Teletex-Dienst
das DIP nicht benutzt wird. Dies verdeutlicht die von T.62 zu T.61
durchgezogene Linie im Bild 1.

Das "Text Image Format 1" (TIF.1) deckt den Bedarf der Mixed-Mode-An-
wendung. Seine spezifische und generische Layout-Struktur setzt sich
jeweils aus Dokumenten, Seiten und Blöcken zusammen, angeführt durch
ein Dokumenten-Profil. Die generische Layout-Struktur ist optional.
Innerhalb einer Seite können sich bis zu 31 Blöcke mit zeichencodier-
ten oder faksimilecodierten Inhalt befinden. Diese Blöcke dürfen
sich teilweise oder vollständig transparent überlagern. Für beide Austauschformate ist jeweils ein Satz von Attributewerten aufgelistet.

5. Zusammenfassung

Das "Document Interchange Protocol for the Telematic Services" gibt
gemeinsam mit der Empfehlung T.72 für die Mixed-Mode-Betriebsweise
erste international anerkannte Richtlinien zur Konzipierung kompatibler multifunktionaler Terminals. Mit Hilfe dieser Terminals wird es
möglich sein, gemischte Text/Bild-Dokumente zu erstellen, zu übertragen und beim Empfänger originaltreu wiederzugeben. Darüber hinaus
kann der Empfänger das Layout des empfangenen Dokumentes auch weiter-
bearbeiten, da die ihm übersandten Austauschformate ausreichende Informationen über die Layout-Struktur zur Verfügung stellen.

Die Strukturierungsmethode des DIP eignet sich auch für Bildschirmtext-Anwendungen. Das DIP könnte eine gemeinsame Basis für die drei
verschiedenen regionalen Bildschirmtext-Daten-Syntaxen, die von Europa, Nord-Amerika und Japan jeweils einzeln festgelegt wurden, bilden
und damit zu einem weltweiten Bildschirmtext-Dienst führen.

In der Zukunft wird die Layout-Struktur durch die logische Struktur
erweitert. Die architektonischen Grundlagen hierfür sind schon vorhanden. Die logische Struktur wird die Effizienz der Erstellung und
der Weiterbearbeitung gemischter Text/Bild-Dokumente erhöhen.

<u>Literatur:</u>

/1/   "Document Interchange Protocol for the Telematic Services"
      CCITT Draft Recommendation T.73, Genf 1984.

/2/   "Office Document Architecture". Fifth Working Draft,
      ISO/TC 97/SC 18/WG 3 N283, 1984.

/3/   Horak,W. und Krönert,G.: "An Object Oriented Office Document
      Architekture Model for Document Interchange between Open
      Systems", Conference Report GLOBECOM '83, San Diego 1984.

/4/   "Facsimile Coding Schemes and Coding Control Functions for
      Group 4 Facsimile Apparatus", CCITT Draft Recommendation T.6,
      Genf 1984.

/5/   "Control Procedures for Teletex and Group 4 Facsimile Ser-
      vices", CCITT Draft Recommendation T.62, Genf 1984.

/6/   "Control Procedure for the Teletex Service", CCITT Recommen-
      dation S.62, Yellow-Book, Vol.VII, Genf 1980.

/7/   "Network-Independent Basic Transport Service for the Telema-
      tic Services", CCITT Draft Recommendation T.70, Genf 1984.

/8/   "Terminal Capabilities for Mixed Mode of Operation",
      CCITT Draft Recommendation T.72, Genf 1984.

/9/   "General Aspects of Group 4 Facsimile Apparatus",
      CCITT Draft Recommendation T.5, Genf 1984.

/10/ "Message Handling Systems: Presentation Transfer Syntax and
      Notation", CCITT Draft Recommendation X.409, Genf 1984.

ELECTRONIC OFFICE SYSTEMS,
INTERNATIONAL STANDARDS/RECOMMENDATIONS/SPECIFICATIONS
FOR DOCUMENT EXCHANGE
AND
THE COMMITTEE SUPPORT SYSTEM [1]

S. Schindler
Technical University of Berlin, TELES [2]

U. Flasche, R. G. Herrtwich
Technical University of Berlin

1.
INTRODUCTION

The term "Electronic office system" is a new keyword in advanced information technology. Basically, it stands for the huge area of text processing in distributed environments and office applications based on it. Here, the term text is to be understood in its most general sense, i.e. it is a synonym for "information intended for human comprehension". The term "processing" has a similarly broad meaning, including creating editing, formatting, viewing, mailing, circulating, broadcasting, fetching, storing and retrieving of documents. Therefore, electronic office systems are special systems for the processing of text. They are special - and currently also advanced - text processing systems in that they efficiently provide various functionalities required for document transfers, while these functionalities would usually not be found in conventional text processing systems.

During the last two years several series of international standards and recommendations were and are being developed for the area of text processing, such as the series of

- — Open Systems Interconnection standards by the ISO,
- — telematic recommendations by the CCITT,
- — text and office automation standards and working drafts by the

---

[1] Architectural Definition of the "Committee Support System"
available by Mr.K.Thompson
Commission of the European Communities
Directorate General III ITTF
200 Rue de la Loi
B - 1049 Brussels
BELGIUM

[2] Telematic Services GmbH - Informationstechnologien,
1000 Berlin 39, Am Sandwerder 36.

ISO, ECMA and GCA,
- European and American Videotex standards by CEPT/ANSI,
- graphics, banking and trade document standards by the ISO,
- CEC agreements supporting the introduction of these international standards/recommendations in the European industry.

So far, all these activities have turned out to be extremely productive in providing a set of useful international agreements stabilizing the future of text technology and text communication technology as a whole, and hence of the area of electronic office systems in particular.

This paper does not attempt to give a survey about all these international agreements. It mainly — but not exclusively — deals with the aspects of distribution in electronic office systems and almost completely neglects all the other important technical areas in electronic office systems, such as the aspects of document architecture [8] (the latter being discussed in [9]). More precisely, this paper outlines the fundamental characteristics of any distributed future electronic office system in which the transfers of the documents dealt with (between the computer systems involved) would be based on international standards/recommendations; it includes also a brief description of the concepts developed by IBM for this area.

The investigations performed in this paper are not only academic in nature, but they serve for a particular purpose — namely to promote the use of international standards/recommendations in designs of new products for the area of electronic office systems. Therefore, it broadly reports about a specific electronic office support system of this kind, which has been designed for very widespread use and currently is in its final steps of implementation - the CSS system of the Commission of the European Countries.

The structure of this paper is outlined in the remainder of this introduction.

In the next section, the main part of this paper, is provided an overview about those works for document exchange which are likely to become a decisive influence on the design of any future electronic office system. These are

- the X.400 series of recommendations of the CCITT (Comité Consultatif Internationale de Télégraphique et Te'léphonique), [1], and the MOTIS standards of the ISO (International Organization for Standardization), [2], as the main set of international agreements on concepts of document exchange,

- the DIA specification of IBM, [5], as the market leader's approach to extending the philosophy of its SNA as required by electronic office systems, and

- the CSS specification of the CEC (Commission of the European Countries), [3], as a minimal but practical electronic office system based on the above international agreements.

The third section then briefly comments on the functionalities provided by these electronic office support systems and their relationships to the full functionalities actually needed in an electronic office system of a large administration. The final chapter of the paper gives some estimates for the time at which electronic office systems of this kind will become available. Both these last two sections are organized around the by far most complete work on document exchange of the three above, the CSS specification.

2.
FUNDAMENTAL
STANDARDS/RECOMMENDATIONS/SPECIFICATIONS
FOR DOCUMENT EXCHANGE

The area of document exchange systems (or electronic mail systems, as it formerly was and frequently still is called) is not new: Until today, every major manufacturer has designed and implemented at least one such system. As usual, none of these manufacturers' systems tackled the problem of interworking between different such systems. The GILT system, [6], was an early study how to settle this problem; but it did not attempt to establish an international standard in this area because, concurrently, the CCITT and ISO had started already to elaborate on this idea.

During the last couple of months, both organizations managed to achieve agreements on a common set of specifications for this area. These are the MHS recommendations (Message Handling Systems), [1], and the MOTIS standards (Message Oriented Text Interchange Systems), [2], both documents being of almost identical content.

Consequently, none of the manufacturers' systems is in line with these very recent MHS recommendations or MOTIS standards, i.e. with the two most important series of international agreements in this area. This also holds for the market leader's product in this area, for IBM's DIA ("Document Interchange Architecture", [5]).

Theoretically, this work of the international standardization bodies, ISO and CCITT, could have led to a situation where only a nice set of international agreements about the interfaces of document exchange systems (as they are required as the base for electronic office systems) would be available, but not a single commonly used system actually complying with these agreements would exist. Fortunately this situation has been avoided, in particular due to an initiative of the CEC: It has defined a small electronic office system based on these international agreements, the CSS ("Committee Support System"), and placed a contract for its rapid implementation.

Putting it quite general, by this initiative the CEC tries to highlight the leading role played by international standardization in the development of the European market. More specifically, the CSS shall provide both: First, a show case demonstrating where and how international standards can usefully be applied in future electronic office systems, and second, a kernel system which can be used by everybody who wants to start right now with building more powerful systems (as they frequently would be required in office/administration applications) on top of it, without being delayed by having to implement a standardized document exchange system at first. We shall elaborate on the latter issue in the two final sections of this paper.

The functionality of the CSS, as described in [3], consists of

- a part concerned with the e x c h a n g e of documents, which is completely based on international standards (More precisely, this part of the functionality of the CSS is a slight extension of the smallest useful subset of the functionality specified in the MOTIS/MHS documents so as to meet the requirements of document exchange in a usual office), and

- a part concerned firstly with l o c a l m a n a g e m e n t a n d / o r p r o c e s s i n g of documents (such as their editing, their storage/retrieval, their viewing, maintaining address lists for them) and secondly with l o c a l p r e s e n t a t i o n of all CSS functions (such as multilangual presentation and beginner friendly presentation). Due to its nature, this second kind of functionality of the CSS is only weakly related to the MOTIS/MHS documents - its strong relation to the document architecture oriented international agreements, [7-9], will be discussed in a paper to come.

In total, the CSS system should be understood as the smallest practically useful and universally applicable electronic office system based on the new international agreements.

Right from the outset it is extremely important to clearly understand that three different technical areas are being addressed in these three sets of documents. Let the abbreviations MOTIS/MHS, DIA, and CSS refer to these three sets of documents and let the three keywords "document exchange", "local modelling" and "man machine interface" indicate the three technical areas concerned. Then the subsequent small table shows, to what extent these three sets of documents elaborate on these three technical areas:

	document exchange	local modelling	man machine interface
MOTIS/MHS	****	0	0 [1]
DIA	**	*	0
CSS	**	**	**

"Structural Comparision" of MOTIS/MHS, DIA and CSS

In this table an asterisk (or a zero) expresses that the documents named at the left margin of its line do (or do not significantly, respectively) deal with the technical area named on the top of its column. The larger the number of asterisks, the larger the emphasis the documents put into an area. This table should not be misinterpreted as making quantitative or inclusion statements: Its only purpose is to visualize that these three sets of documents deal to higher or lesser extents with different sets of issues (belonging into the area of electronic office systems).

After these introductory remarks about the MOTIS/MHS, DIA and CSS documents, we shall explain their contents in some more detail, one by one. Note that, according to the "Structural Comparision" between the three sets of documents, these explanations would cover only one technical area in the case of the MOTIS/MHS documents, while they would cover three technical areas in the case of the CSS documents.

2.1.

MHS and MOTIS -
The International Standards/Recommendations

Because of the far reaching similarities between, the two sets of MHS recommendations and MOTIS standards, we can restrict ourselves in this paper to explicitly referring to the set of MHS documents. The MHS functionality - as surveyed in recommendation X.400 - contains a variety of features for document transfer to be incorporated in an

---

[1] Except when interworking with TELETEX terminals.

electronic office system. These features include the following aspects:

a) Documents may be sent to multiple recipients of different kinds, like primary recipients, copy recipients (who just get a copy of the document), blind copy recipients (who are not mentioned in the list of recipients distributed with the document), etc.

b) For the case that a recipient is (temporarily) unable to receive a document an alternative recipient may be specified to which the document then is delivered - or the document may be stored in the (message transfer) system until the recipient is available again.

c) The time interval within which the document should be delivered may be specified, i.e. the document will not be delivered before the minimum time point and not after the maximum time point specified.

d) Different kinds of acknowledgements can be provided if requested - this includes delivery notifications and non-delivery notifications (containing a reason code and possibly returned contents) as well as a response of the receiving user himself (perhaps by a document of its own).

e) The repertoires used for the encoded informations may be automatically converted by the (message transfer) system: the repertoires considered comprise TELETEX, TELEFAX, VIDEOTEX encoding, etc. This may be done either explicitly (i.e. on request by the sending user) or implicitly whenever required because of the repertoires supported by the intended recipient.

f) In order to describe the kind of document to be transmitted, some additional attributes may be given, for example:

  - the body type of the document,
  - the subject of the document,
  - cross-referencing information (to other documents),
  - a notice that the document makes some previously sent document obsolete,
  - priority informations (normal, urgent, non-urgent),
  - importance of the document,
  - sensetivity informations (private, personal, company-confidential),
  - authorization (who is responsible for creating this document, who is responsible for sending this document)

g) If an MHS user wants to send a document but is not sure whether its transmission will be successful, he may first send a "probe element" describing the important characteristics of the document and await the answer of the system.

Of course, the above list shall only serve as a survey on the MHS functionality and is not intended to be complete.

As should be made clear by this list, the MHS functionality in its totality is very extensive. Therefore, it has been decomposed into two sublayers, the **"Message Transfer"** sublayer and the **"Interpersonal Messaging"** sublayer.

The "Message Transfer" sublayer is concerned with the pure document interchange functionality, like routing [1], timing, handling multiple

______

[1] Depending on the routing necessities more than two Message

or alternative recipients, delivery confirmations, communication priorities, code conversions [2], etc. The entities of the "Message Transfer" sublayer are called "Message Transfer Agents", MTAs. The totality of all MTAs in a system is called its "Message Transfer System", MTS.

The entities of the "Interpersonal Messaging" sublayer are called "User Agents", UAs, and represent the functionality supporting the user in document handling. This includes that part of the MHS functionality which directly correlates with the documents themselves, like authorization, cross referencing, user responses, or the indication of subjects, body types, sensitivity, importance, obsoletion, etc. In principle, the UAs also provide the functionality for local document processing, such as text editing, viewing, storing, ... - this functionality is not specified in the MHS recommendations but in [8].

The entities of the two sublayers communicate with their peers via two protocols which are specified in Recommendations X.411 and Recommendation X.420, respectively. The protocol elements are encoded according to the data type description technique given by Recommendation X.409.

The MTA and the UA involved in sending a document need not be located within the same system; the same applies to the receiving side. In this case a UA makes use of the service of its adjacent MTA by means of an additional protocol (the "Submission and Delivery" protocol) as specified in Recommendation X.411.

The communications service required for implementing an MTS is specified in recommendation X.410, which assumes that this communications service is based on the Open Systems Interconnection Model, [10]. In order to avoid interworking problems between MTAs being implemented on top of different OSI communications services, X.410 determines a particular underlying communications service always to be used in MHS applications. This is a subset of the OSI Session service, [11], which is based on a protocol almost identical to the TELETEX protocol (defined by the two protocol sublayers given in Recommendation T.62, [12]). In total, this implies a very strong orientation of the future MHS-based electronic office systems towards the TELETEX service, and later on towards the TEXFAX service, [13].

One need not have an MHS implementation to be able to participate in the MHS service. A TELETEX terminal without MHS software can also send/receive documents to/from an MHS system. In this case the transmission of documents must be controlled by a human user sitting in front of this TELETEX terminal. In order to be able to specify and interpret this control information (accompaining a document transferred, such as which attributes the document has, when it has to be delivered to whom, etc.) it must be presented in human readable form at the user interface. When a document enters/leaves the "normal" MHS environment this information will be automatically converted into the equivalent MHS protocol encoding in X.409 notation. For performing this

---

Transfer Agents may be involved in sequence in the transmission of one document. This routing functionality obviously is allocated to the Network Layer, i.e. to layer 3 of the OSI Reference Model, [10]. The MHS document does not state it explicitly, but it should be clear that this functionality need not be incorporated in the implementation of a Message Transfer System, if it is built on an underlying OSI communications service as specified in [10].

[2] The OSI Reference Model, [10], allocates this code conversion functionality to its Presentation Layer, i.e. to its layer 6. For an MHS implementation on top of an OSI communications service footnote 1 would apply again, here with respect to this code conversion functionality.

translation of presentation (between human readable and X.409 form) a particular "gateway" has been defined which is called "TELETEX Access Unit", TTXAU. In addition, the TTXAU provides a document storage facility, by means of which received documents may be stored before they are forwarded to the TELETEX user. Accessing MHS's from TELETEX terminals, as outlined here, is described in Recommendation X.430.

2.2.
DIA - The IBM Specification

By today, probably any important computer manufacturer would have an office architecture of its own and, as part of it, some kind of document exchange facility. The most important one of the manufacturer designed document exchange facilities is the "Document Interchange Architecture" (DIA) of IBM, of course. As it may be assumed that some of the other manufacturers will design their corresponding products to be somehow in line with DIA, it seems to be worthwhile to explain it briefly.

DIA should not be considered as a competitor to the MHS/MOTIS world, but it serves as a helpful concept for approaching the non-standard world by generating some uniformity of the structures of its document interchange systems. We shall come back to this issue in the final chapter of this paper.

Note, that the terminology used in this section originates from IBM documents. Thus, the terms used here (for example "document", "session", ...) need not have the identical meaning as the same terms used in ISO documents such as [10] - nevertheless these meanings are very similiar.

The DIA is based on three groups of services:

— the Document Library services,
— the Document Distribution services and
— the Application Processing services.

The Document Library services can be used to store, retrieve and delete documents in/from a library. The documents are described by a document profile (specifying search criteria such as title, author, subject, date, etc.). The retrieval functionality also includes to allow authorized users to fetch a list of all documents (fulfilling the specified criteria) or particular documents from a remote library (belonging to another DIA user).

The Document Distribution services are responsible for handling multiple recipients, different priorities, sensitivity, delivery confirmations, error messages, etc.

The Application Processing services are concerned with format conversions, descriptor modifications and the particular user programs.

In order to provide these services, three different kinds of nodes may communicate with each other: source nodes, recipient node, and office system nodes (OSNs).

A source node may request, on behalf of a user, the storage of documents in a library, the retrieval or deletion of documents from a library or the distribution of a document. Recipient nodes may receive (on behalf of a user) documents sent to them. In simple cases documents may be exchanged directly between a source node and the intended recipient node.

The OSNs provide distribution services, such as routing, handling of multiple recipients and delivery confirmations. When their services are used, document transfer will be performed via one or more OSNs. In addition, each source node may be attached to an OSN which provides access to its library. Each recipient node may be attached to an OSN which automatically stores all documents intended for this recipient node and delivers or deletes them only on request by this recipient node.

Communications activities (related to document transfers) take place within logical connections, which are provided by the DIA Session service. The DIA commands are grouped into function sets, depending on which of the service groups (defined by the DIA) shall be realized on which kind of connection (source node - recipient node, source node - OSN, OSN - recipient node). The actual transmissions of documents (described by DIA) will in general be realized by means of SNA, but DIA does not depend on SNA to perform the required coummunications services - also other communications services such as the OSI communications service used by MHS seem to be suitable for this purpose.

2.3.

CSS - The CEC Specification

Electronic office systems which support the whole MHS functionality (as described above) will be very powerful, their implementation will be quite complex and, therefore, they will hardly be available within the immediate future. In order to bridge this (timely and technological) gap, the Commission of the European Countries initiated and supported the development of an electronic office systems, which can be viewed as the smallest and yet useful subset of any future MHS based electronic office systems. CSS is fully "upward" compatible to any future MHS-based electronic office system - as far as document exchange aspects are concerned. In other words: CSS is far beyond the scope of MHS as far as aspects of local functionality and of the man machine interface (both obviously to be provided by any complete electronic office system) are concerned. This has been expressed already in some more detail by means of the above "Structural Comparision".

In addition to the the "developmental" reasons (described at the beginning of this section), there is an urgent "technical" reason for introducing CSS by the CEC, namely its own need for an electronic system supporting the exchange of a huge amount of working papers between the members of its various committees - hence the full name of the system, Committee Support System. However, this title should not be misunderstood: CSS is not only suitable for committee work, but also for each corporation or administration the members of which are located in different buildings, cities or even countries and the work of which causes activities such as

- transmitting documents to single persons or all members of some group,
- determining where which documents can be found,
- fetching documents by someone from someone,
- processing documents somehow.

These activities are quite general in nature, i.e. they are not only typical for the work of committees, but they are frequently performed in any kind of large administration. Thus, CSS can be understood as the functional kernel of any electronic office system based on international standards.

2.3.1. Modelling Capabilities of CSS

CSS is a first step towards a "paperless office of the future". This implies that the user should still be able to perform - with electronic support - his well-known tasks. Therefore, CSS is designed so as to model a part of the usual office activities. For this purpose, the electronic office of a CSS user is modelled as a CSS machine. This CSS machine and its functioning will be described next.

The (electronic) documents in a CSS user's office are located in his **store,** which serves (and would internally be structured) as his well-known file cabinet. In order to find out which documents are in a particular user's file cabinet a user would request a **summary** of the store of a certain CSS machine - his own machine or that of another user.

A set of one or more documents can be sent from a CSS user to other CSS users or automatically fetched by a CSS user from other CSS users. This document exchange capabilities will be discussed in the next subsection. Here, we shall model only those parts of an office (i.e. put them into terms of CSS) that are involved in document exchange.

In order to send a document a CSS user would put it into the **out-tray** of his CSS machine. Documents which a CSS user receives from other users are put into the **intray** of his CSS machine. A **summary** of the outtray or intray of his CSS machine will inform a CSS user which documents are to be sent or have been received, respectively, by his CSS machine.

The addresses of all CSS users with whom some CSS user wishes to communicate are maintained in the **address list** of his CSS machine. An address list entry determines, which communications service shall be used and which subscriber number the target CSS user has (according to this communications service to be used).

In many cases a document has not only to be sent to one CSS user but to a group of CSS users (e.g. to all members of a committee). Therefore, CSS allows each user to establish individual **distribution lists** and - when sending a document - he may give the name of a distribution list instead of the name of a target CSS user.

In principle, each CSS user can exchange documents with each other CSS user. In order to restrict these communications, each CSS user can maintain in his CSS machine an **access list** determining which CSS users are permitted to send documents to him and/or fetch documents from him.

The **post-out** and **post-in registers** of a CSS machine serve to maintain all the information about all transmissions attempts of documents from or to, respectively - irrespective of whether these attempts were successful or not.

A computer system may host several CSS machines concurrently. The history of all document exchange activities of all these CSS machines as a whole (i.e. reports on all their document exchanges, including the unsuccessful ones) as well as all important information about CSS machine creation/operation/deletion, can be found in the **system log.** The system log can be accessed by a particular CSS user only, the so-called **MASTER** of all CSS machines located on the same computer. The MASTER also is responsible for creating/deleting CSS machines on the computer system on which he is CSS MASTER. For the rest, the CSS machine of a MASTER is the same as the CSS machine of any other CSS user. If a computer system has only one single CSS user, he automatically also is the MASTER on this computer system.

2.3.2. Document Exchange Capabilities of CSS

Probably the most significant features of the CSS functionality are those concerned with document exchange: The document exchange functionality of CSS is much more powerful than that of other telematic services, such as TELEX, TELETEX, TELEFAX, VIDEOTEX, FAXTEX. All these latter document exchange services obviously are only "push" services, i.e. a user may push a document out from his telematic machine in order to transfer it to some target machine of course, a service of this kind is also available on a CSS machine, but in addition to this, a CSS machine provides a "grasp" functionality, i.e. a CSS user may grasp a document in some other CSS machine, if he is authorised according to its accesslist, and fetch it from there to his own CSS machine. This functionality is not available in any of the other telematic services. Let us explain this document exchange service of CSS in some more detail.

CSS documents are structured into TELETEX pages. A document being transferred between two CSS machines is preceded by a "page zero", i.e. by an administration page which contains informations about sender, recipient, submission time, subject, format, repertoire and the size of the document. The information on the administration page are human readable and are encoded according to Recommendation X.430. This administration page has to be interpreted by the CSS machine of the recipient. In particular, the access rights of the sender must be checked in order to determine whether the receipt of the document is permitted.

If a CSS user wishes to fetch a document from another CSS user, the former would send a particular control document to the latter. This control document consists of only an administration page specifying which document(s) is (are) to be fetched [2].

A CSS machine receiving such a control document would interpret it (again, including checking the access rights of the CSS user sending it). If the receiving CSS machine considers the fetch request to be valid, it would put the requested document into its outtray. This is done fully automatically without requiring human intervention of the user to whom this CSS machine belongs. The owner of a CSS machine will only indirectly be informed about which documents were fetched from his CSS machine - namely when he examines his outtray or post-out register.

Let us add two comments about the fetch functionality of CSS systems claryfying its immense importance:

— Firstly, the usefulness of the fetch functionality cannot be overestimated: For complex organisations being based on a large number of locally dispersed electronic offices, it allows to remove one of the most usual sources of troubles — the temporary unavailability of persons required for handing out information held by these offices. Once the access rights are established properly, access to the information held by an office (i.e. by the CSS machine modelling it) is permanently possible, as long as the CSS machine is switched on and independently of whether a person for handing the information out is available or not. Thus, the fetch functionality of CSS machines allows an efficiency of cooperation between offices (modelled by CSS machines), which is absolutely unachievable without it.

---

[2] If the requestor does not know the name of the document to be fetched from another CSS user, he may fetch a summary of the other's store first.

— Secondly, the MOTIS/MHS standards/recommendations presently do not yet provide it — but it may easyly be build on top of systems realizing the send/receive functionality of these standards/recommendations (exactly in the same way as just described for CSS systems). And, vice versa, the send/receive functionality of CSS is nothing but the functionality described in X.430, i.e. a special case of the functionality provided by a MOTIS/MHS implementation. Thus, a MOTIS/MHS implementation and a CSS machine can always exchange documents with each other by means of X.430 — this implies avoiding the fetch functionality in these exchanges. If the latter also shall be made available by a MOTIS/MHS implementation, this implementation must be extended in the way described above for the CSS machine — and this is always posible. Due to this ease of interworking with MOTIS/MHS as well as TELETEX implementations, due to the relative simplicity of a CSS implementation, and due to the importance of the fetch functionality it provides, it may be assumed that CSS machines will become extremely popular in a very short time.

Let us consider underlying communications services, now. Basically, the underlying communications service required for realizing the document exchange functionality of CSS machines is assumed to be the TELETEX service, or an X.25 Network Service on top of which the TELETEX protocol would be privately executed. Nevertheless, it is also possible to transmit CSS documents by means of an X.21 Network Service or the Network Service of telephone networks and executing, on top of it, some arbitrary end-to-end protocol (such as UUCP for the UNIX community or a standard protocol, such as TELETEX). These are only a few examples of the many communications services usable for CSS document transfers. A more exhaustive discussion of the set of all communications technological scenarios to be considered for (the realisation of the document transfer functioanality of) CSS will be given in [14]; there we shall also discuss one of the most important cases, namely the realization of CSS by means of the VIDEOTEX service. However, we may state here, already: CSS is designed to be completely independent of the underlying communications mechanisms actually used in document transfers.

In particular, the communications service used by a CSS machine need not necessarily be provided within the same computer system as the one hosting the CSS machine: It may be provided by a separate communications module. In this case, the CSS machine has to communicate with the service provider in this communications module via some local interface protocol. At a closer look one sees that this local interface protocol need not be reinvented completely every time this situation occurs - the early discussion about the "universal digital service access" interface here has paved the way already, [15]. The local interface protocol currently used in CSS is described in [16]; the future perspective for a universal local interface protocol of this kind, in particular its relation to the EIES specification in [4], will be found in [17].

It should be mentioned, finally, that a CSS machine may even communicate with a pure TELETEX machine, then obeying X.430 [1]. In this case the user of the TELETEX machine himself has to perform the CSS functionality not provided by his TELETEX machine. As the administration page (describing the document to be transmitted) is human-readable, he is able to create and interpret this page zero of his own. Of course, it is not possible to automatically fetch documents from a TELETEX machine - the fetch operation may only be performed completely by means of human intervention, in this case.

2.3.3. User Interface Capabilities of CSS

Designing systems for extremly wide-spread use in the average secretariats in Europe requires providing a much more flexible man machine interface then it would usually be found in a system designed for the American market and/or for use by the (relatively small) group of people trained in computer applications. Three issues must be considered particulary carefully in this case, namely which character repertoires and control functions are required, how a variaty of languages can be supported, and how the system being designed could best be introduced to a computer novice. Subsequently we briefly explain the solutions provided by CSS to these three problems.

2.3.3.1. Character Repertoires and Control Functions

Documents may be created, changed, renamed, copied, displayed or printed by means of CSS. The internal representation of a document is a sequence of characters from the TELETEX or Greek character repertoires - as described in more detail in [21]. It depends on the terminal/printer used, whether all these character repertoires are completely available (on a CSS machine) for displaying/printing its documents, i.e. whether the complete documents may be displayed/printed or whether some of the characters would not be reproducable correctly in a soft/hardcopy of its documents. In this case these characters would be replaced, on the screen/printer, by (default or appropriately user-defined) "escape symbols". Quite similar considerations apply to the generation of the TELETEX or Greek codes by means of the keyboard available in a CSS machine.

The situation is even worse with respect to control functions. While there are international and national standards for character repertoires, their codings and shifting between them, international agreements about the control functions as required for a "basic screen mode terminal" have not yet been achieved. CSS here tries to provide a view of this problem that might be commonly acceptable and eventually lead to agreements concerning basic screen mode terminals.

As this whole area is by far too complex to be discussed adequately in this overview paper, the reader is referred to [21], where the current CSS decisions concerning character repertoires and terminal control functions as well as this standardization background, are explain in detail. One of the most important implications (of the flexibility of the CSS, concerning character repertoires) is that both editors available on any CSS machine will be able to cope with ISO 2022, [19]; they therefore may be called "ISO 2022 editors", [20].

2.3.3.2. Language Independence

The CSS man machine interface is highly multilingual. It allows each user to choose one from several implemented command/message sets by means of which he would like to communicate with his CSS machine. This comprises inputting of commands as well as output all messages of the system, including error messages and help files. Command/message sets derived from the subsequent languages will be available, as a standard feature, on any CSS machine: English, German, French, Italian, Danish, Dutch, Greek - the easy provision of additional languages should be anticipated by the design of actual CSS machines.

2.3.3.3. User Friendliness

Another important feature of the CSS man machine interface is its user-friendliness for beginners: CSS command languages are very close to the respective natural languages. As an example one might send the document 'dname' to the CSS user 'uname' by typing

<u>send document</u> dname <u>to</u> uname [1]

or in German

<u>sende Dokument</u> dname <u>zu</u> uname

Another example of this userfriendliness is the (multilingual) help facility always available on CSS machines. If a CSS user does not know the precise syntax or semantic of a command, say the 'help' command, he can either use the on-line explanation of the command by typing e.g.

<u>help</u> send

or he can build up the command in direct cooperation with the system. In order to do this he types the requested command as far as he knows it and terminates this input by a question mark and a <CR>. The system responds with all possible choices still left to the user at this point in time. If the user e.g. does not know how to continue the send command after having specified the document name, he types

<u>send document</u> dname ?

The system then would respond with

<u>to</u> =>

If necessary the user can terminate his next input again with a question mark and <CR>, etc. - until the command is completely input.

For the more experienced users shorter (i.e. less "talkaktive") command languages obviously are more adequate and therefore are also provided by any CSS machine. The CSS user manual, [18], does not only describe and explain the man machine interface. In addition, it contains a tutorial section which should help beginners to achieve, by explaining the most typical CSS sessions in an elementary manner, a first understanding of how to use the CSS machine.

---

[1] In the subsequent examples, the elements of the command language are highlighted by underlining them. This highlighting shall serve, here, for ease understanding of this text. When actually typing commands, this underlining is not performed.

3.
FUNCTIONALITIES PROVIDED AND REQUIRED

After the discussions given in this paper so far it probably is obvious that, within the full spectrum of electronic office functionalities, the functionalities of the CSS are located pretty distant from each other, while the MOTIS/MHS functionalities are located much closer to each other (and this seems to hold also for the DIA functionalities). Therefore an attempt to provide an idea of this full spectrum of electronic office functionalities could start best from the CSS functionalities - and so we shall procede in this section.

Systems such as CSS are support mechanisms facilitating the realisation of computer based application systems - but they are not yet these application systems, and they are even not yet perfect support mechanisms. The purpose of this section of this paper is to clarify this by comparing the functionality provided by the CSS (as it has been outlined in section 2.3) to several aspects of the functionality actually required in an electronic office system. We procede in two steps, firtsly showing that the "support functionality" of CSS should be considerably improved in the future, and secondly explaining very briefly some typical and frequently needed "office functionalities" which CSS does not provide at all.

3.1.
Improved Support Functionality Required

Three issues here seem to be very urgent, namely improving the CSS document exchange functionality, the CSS document exchange control functionality, and the CSS document handling functionality. Obviously, this list of issues and their subsequent explainations would deserve to be extended considerably; nevertheless we restrict ourselves to pointing out a couple of key ideas, only, leaving the rest to be discussed in papers to come.

3.1.1. Improved Document Exchange Functionality

In section 2.1 those functionalities from this area already being covered by international standardisation have been briefly explained. Note that the CSS functionality only covers a tiny section of what is being described there: Just the document exchange by means of TELETEX facilities, but none of the items a) to g) and none of the subsequently described functionalities.

3.1.2. Improved Document Exchange Control Functionality

There is a variety of situations where a CSS user would like to know on what CSS machine he could get at some specific document, the name of which he knows and which is being circulated among some set of CSS users. These requirements can only be met, if there is one (or several) CSS machine(s) permanently keeping track of all the document exchanges between this set of CSS machines. A further step of improving this monitoring process would be to allow to specify, for a document to be circulated, the periods of time which it may reside at anyone of the users being specified in its circulation list and to have the controlling CSS user being informed if a delay occurs (i.e. if a period set is being violated).

Another set of control issues arises from maintaining address lists and access lists: Keeping track of the distribution of addresses (access rights) is absolutely cruzial for providing the functionality of changing an address (access right) which occurs in the address (access) list of several CSS users.

In simple cases a single CSS user being the controller would suffice. But in more complex CSS applications, obviously several of them would be required. As usual in large administrations as well as in modern computer technology, one would define an appropriate and application dependent hierarchy of such controlling CSS users — and this implies the requirement of the functionality for handling such hierarchies of controllers.

3.1.3. Improved Document Handling Facility

With respect to document handling CSS presently is restricted to using character coded information. While the use of other codings is anticipated (by allowing for code switching according to ISO 2022), both the editors provided would not support handling of documents containing facsimile sections or graphics. But these capabilities of the CSS editors would be essential for making CSS attractive for offices dealing with advertising or with patent documents. Without these capabilities, such documents could be exchanged between CSS users, but it would be questionable whether they could display/print them completely and it would be sure that they could not manipulate them by means of their editors. There are international standards/recommendations for the coding and presentation of facsimile and graphics information and which were to be taken into account when extending the CSS editors in this way; these are the T.73 and TCD6.1, [13] and [22], discussed in [21].

Another important step into this direction would be to extend the capabilities of the CSS editors such that they could handle ODA documents, as described by the new international standards for office text systems, where these ODA-documents could be encoded (or "marked up") according to X.409 or to SGML, [1] or [7], respectively. An extension of this kind of the CSS editors would be necessary in order to meet the requirements of the publishing/printing houses.

3.2.

Office Functionality Required

The functionalities discussed in section 3.1 were merely document oriented — they had not yet to do with particular office applications. But there is a huge area of so frequently occuring and/or so typical office activities that national and/or international standards have been developed for them. The purpose of this section is not to outline specific extensions (as discussed in 3.1) of CSS required for taking these activities into account, but only to indicate some of these office activities. Scheduling and accounting/payment may serve for this purpose.

In order to support scheduling activities frequently taking place in administrations, CSS should provide the office functionality to automatically determine for the various committees of an administration, what meeting dates for them would not overlap each other, which documents would be needed in these meetings (by scanning their agendas) and automatically provide copies of them on the participating CSS users' machines, etc.

In order to support the accounting/payment activities frequently taking place in a distributed organisation, CSS should provide the office application functionality for setting up of accounting structures at the various sites of this organisation, for the updating of these accounts by payments made to/from them and for keeping track of these payments, etc. . For this area, a large series of international standards has been agreed on, such as the banking/trading/shipping standards. Documents conforming to these internationals standards should be automatically processable by CSS.

4.
CURRENT STATE AND FUTURE DEVELOPMENT OF THESE ELECTRONIC OFFICE SYSTEMS

The current state is very easy to describe: Firstly, there are rumours about prototype implementations for all three kinds of electronic office systems and secondly, it is sure that presently none of them is in wide spread use, yet.

The development in the near future, say middle of 1984 to the end of 1986, is also quite obvious — while it seems to be premature to make strong statements concerning the later years to come. Thus we will restrict ourselves, in this section, to this two years period.

4.1.
The MOTIS/MHS Perspectives

The MOTIS/MHS standards/recommendations are publicly available, have a reasonable technical maturity in many parts and are recognized to be commercially extremely interesting. Thus implementations of different software houses will become available, on the open market, within these two years. But these early implementations will have to overcome three serious kinds of problems (in addition to the problems, any early implementation of a large system inevitably has). Firstly, these systems will have to deal, due to their specification, with a variety of legal issues and with accounting — and until now no practice is established for settling issues of this kind in advanced systems. Secondly, just as is the case in other international standards, there is no unique authority supporting the introduction of products conforming to them into the market (for example, by guaranteeing their standard conformance) and therefore, initially, interworking between these implementations would hardly be possible. Thirdly, parts of the MOTIS/MHS standards/recommendations are still for futher study, i.e. are not yet agreed on, at all. Hence the period of time required before systems of this kind will be actually accepted in large numbers by the market extends clearly above two years.

4.2.
The DIA Perspectives

Introducing DIA systems into the market is left to a unique authority, to IBM. But the larger the number of products of a company is, the slower it must move when introducing a new product affecting several of the previous ones. In addition, it seems not to be clear at all, whether the DIA is really intended to be IBM's main product in this area: DIA comes closely interrelated with DCA, [5], which partly is in competition with an other important IBM product, with SGML, [7]. Finally, the functionality to be provided by DIA needs a much clearer specification before it can be reliably evaluated by potential customers. Consequently it should not be expected that DIA systems will rapidly come into use in large numbers.

4.3.
The CSS Perspectives

The perspectives of CSS look much better. Firstly, the architectural definition of CSS, [3], carefully avoids tackling any legal or accounting problem. Secondly, CSS machines are running already on the ICL/PERQ II (England), PCS/CADMUS 9000 (Germany), Olivetti/M24 (Italy), as well as on the IBM-PC, the Sperry-PC, the COMPAQ, and within a very short time CSS will be available on a large series of other PC's (such as the ICL-PC, the NCR-PC, the Siemens/9781, the Philips/3100, the Panasonic-PC, ...); in addition, it is available on (or very easily portable to, at least) all UNIX machines and shortly also on MS/DOS and CPM machines. The communications services usable in these cases are discussed in [14]. Public operation of a series of pilot CSS machines shall begin with the first ESPRIT week, Brussels, Sept. 10-14, 1984. Thirdly, the design specification for **this** CSS implementation [23], its full implementation documentation including its C/PASCAL sources [24,25], its installation manual [26], its port package [27], as well as training material for using CSS [18], will be publicly available at extremely low cost. Fourthly, the specification of a CSS test sequence, [28], will be provided allowing to check, whether an other CSS implementation or a port of a CSS machine still complies (as far as this can be determined by this check) to the CSS specification; the CEC will set up an appropriately structured authority for maintaining and updating this test sequence.

Taking into account these facts (and the flexibility of CSS, as described in section 2.3) one should expect to see a very large number of CSS machines installed, in the period of time being discussed here. More precisely, the expectation is to see CSS rapidly become as popular as products such as LOTUS or MULTIPLAN. Products such as the latter two are very helpful tools for **local** use of a single PC, the CSS should become **the** tool for integrating several PCs and other computers into a **distributed** electronic office system.

Acknowledgement

The authors would like to thank Mr. K. Thompson (CEC), Mr. E. J. Moorcroft (ICL), Mr. A. Hallan (ICL) and Dr. Wondracek (ConPlan) for their engagements in defining and setting up the CSS project and/or for many helpful comments on earlier versions of this paper.

REFERENCES

[1] CCITT Draft Recommendation X.400: Message Handling Systems: System Model - Service Elements
CCITT Draft Recommendation X.401: Message Handling Systems: Basic Service Elements and Optional User Facilities
CCITT Draft Recommendation X.408: Message Handling Systems: Encoded Information Type Conversion Rules
CCITT Draft Recommendation X.409: Message Handling Systems: Presentation Transfer Syntax and Notation
CCITT Draft Recommendation X.410: Message Handling Systems: Remote Operations and Reliable Transfer Server
CCITT Draft Recommendation X.411: Message Handling Systems: Message Transfer Layer
CCITT Draft Recommendation X.420: Message Handling Systems: Interpersonal Messaging User Agent Layer
CCITT Draft Recommendation X.430: Message Handling Systems: Access Protocol for Teletex Terminals

[2] ISO/DP 8505: Information Processing - Text Communication - Functional Description of Message Oriented Text Interchange System, March 1984
ISO/DP 8506: Information Processing - Text Communication - Service Specification for Message Oriented Text Interchange System

[3] CEC/ESPRIT: Committee Support System, Architectural Definition, Volume 1 and 2, Febr. 1984, see footnote on front page.

[4] CEC/ESPRIT: European Information Exchange System, Technical Specification, May 1984

[5] IBM: Document Content Architecture, Document Interchange Architecture, 1983

[6] The GILT Message Standard, Green Version, Nov. 1982

[7] ISO/TC97/SC5/WG12/N101: Information Processing Systems - Programming Languages - Text Interchange and Processing - Part Six: Document Markup Metalanguage, Apr. 1984

[8] ISO/TC97/SC18/WG3/N241: Information Processing - Text Preparation and Interchange - Text Structures - Part 1: General Introduction
ISO/TC97/SC18/WG3/N283: Information Processing - Text Preparation and Interchange - Text Structures - Part 2: Office Document Architecture
ISO/TC97/SC18/WG3/N285: Information Processing - Text Preparation and Interchange - Text Structures - Part 3: Document Profile
ISO/TC97/SC18/WG3/N284: Information Processing - Text Preparation and Interchange - Text Structures - Part 4: Office Document Interchange Formats
ISO/TC97/SC18/WG5/N132: Draft Standard on Text Imaging Capabilities
ISO DP8564: Positioning of Text on Hard-Copy Devices, Jan. 1984

[9] Schindler, Flasche, Heimlich, Herrtwich, Kuenkel, Zschoche: Textbearbeitung und Satzherstellung auf der Grundlage des Standard-Dokumentarchitektur-Berichts, TU Berlin, FB 20, TR 84-12, 1984

[10] ISO/IS 7498: Open Systems Interconnection - Basic Reference Model.

[11] ISO/DP 8328: Information Processing Systems - Open System Interconnection - Basic Connection Oriented Session Service Definition, Dec. 1983

[12] CCITT: T.61, T.62, March 1984

[13] CCITT: T.73, Document Interchange Protocol for the Telematic Service, March 1984

[14] S. Schindler, R. Herrtwich : The Realisation of CSS by means of Standard and Nonstandard Communications Services, Technical Report, available through TELES.

[15] S. Schindler, T. Luckenbach, M. Steinacker: The X.21 as Universal Digital Service Access Interface, Computer Communications, Dec. 82

[16] S. Schindler, I. Engelhardt: The Universal Local Service Access Protocol for CSS, Technical Report, available through TELES.

[17] S. Schindler, I. Engelhardt: The Universal Local Service Access Protocol for CSS and the perspective of EIES, Technical Report, in preparation.

[18] S. Schindler, U. Flasche, R. Herrtwich, H. Lubich, S. Schmidt: CSS - Overview, Tutorial and User Manual, available through TELES.

[19] ISO/IS 2022: Information Processing ISO 7-Bit and 8-Bit coded character sets - Code Extension Techniques.

[20] U. Flasche et al: Design and Implementation of ISO 2022 - Editors for CSS, in preparation.

[21] U. Flasche, S. Schindler: Character Repertoires, Control Functions and Encodings for the Screen Mode Terminal - The State of International Standardization, available through TELES.

[22] The TCD 6.1, CEPT, Sept. 1983

[23] S. Schindler, U. Flasche, R. Herrtwich, T. Piper, C. Goyda: CSS Implementation Design Specification, Technical Report, not yet publicly available.

[24] J. Hahn et al: CSS Implementation Documentation (C-Version), in preparation.

[25] J. Hahn et al: CSS Implementation Documentation (PASCAL-Version), in preparation.

[26] CSS Installation Manual, in preparation.

[27] CSS Port Package, in preparation.

[28] T. Luckenbach et al: The CSS Test Sequence, in preparation.

Privacy, Security, and Protection in Distributed Computing Systems

A. Pedar *

Gesellschaft für Mathematik und Datenverarbeitung
Schloss Birlinghoven
Postfach 1240
5205 St. Augustin 1

ABSTRACT

The innovations in semiconductor technology in the past decade have brought down the computing hardware cost to such a low level that the system planners of today are more inclined to have distributed systems installed wherever possible and interconnect them through communication networks. The distributed systems basically are candidates for giving increased performance, extensibility, increased availability, and resource sharing. The necessities like multiuser configuration, resource sharing, and some form of communication between the workstations have created a new set of problems with respect to privacy, security, and protection of the system as well as the user and data. This is equally true with automated office systems, which are formed by interconnecting the workstations of various departments, as the access to different sets of classified information may be restricted to different levels of management personnel. Computer privacy is concerned with the type of information collected, the person authorised to collect, the type of access and dissemination, the subject rights, the penalties, and licencing matters. Thus privacy affects all aspects of computer security. The first level of implementation of these privacy issues, the external protection environment, consists of administrative control and physical security. The next level, the internal protection mechanisms, consists of authentication, access control, surveillance, and communications security. Implementation of the internal protection are done at three levels. The first, at the hardware level, is accomplished by means of memory protection, multiple execution states, and/or special front end processors. The second level is implemented through software by means of surveillance mechanism comprising logging, access control, information flow control, and/or threat monitoring or by isolation. The last level is the data security both in database and data transmission. Cryptographic techniques are used for data security. This paper surveys the advances made in different areas of the internal level implementation of the security policies in a computing system with special reference to a distributed computing system with internode communication. Current research is to choose the appropriate internal protection mechanism for a fault tolerant distributed computer system.

---

* On leave from National Aeronautical Laboratory, Bangalore-560017, India.

1. Introduction

The abundant amount of cheap computing power, available today at a very low cost as a result of innovations in semiconductor technology, has resulted in the increased use of computer automation in all walks of life of the society. These automated systems provide the ability to gather and store unimaginable amount of information at a very low cost small space. When these systems are added with appropriate communications network, it is possible to transfer information to different places easily at a very fast speed. It is now easy to access and process any piece of information which was a difficult task till now [JONES 78]. This has created concern about the privacy issues relating to the use and flow of information, the result of which is the formulation of some security policies governing the authority for collection, storage, and dissemination of information. Apart from privacy issues, policies for governing the information flow are required to avoid unintended interactions between program modules [SALTZER 75] and to aid error confinement [DENNING PJ 76].

Fig.1.1 describes how the privacy issues affect the external protection environment and internal protection mechanisms. Policy decisions are taken based on the privacy requirements. These policy decisions are the base for the operational security of the systems. Through administrative controls, the requirements of operational security is brought down to those of physical security. Once the system is physically accessible then the policies are implemented through internal protection mechanisms. One is eligible to use the computer by means of identification and authentication. Inside the computer, the hardware security is maintained by minimal protection mechanisms, such as memory protection, implemented through hardware. Software security is achieved through access control and/or information flow control methods. Finally data is protected both in data base and in data communications through the physical lines by means of cryptographic methods.

---

* On leave from National Aeronautical Laboratory, Bangalore-560017, India.

The protection needs such as;

1)Only authorised entities can read, modify, or manipulate resources

2)Unauthorised entities cannot prevent authorised entities from sending, modifying,or manipulating resources

3)Only authorised entities can communicate

are the same in both nondistributed and distributed systems [LAMPSON 81].However, the implementation is difficult in distributed systems due to heterogeneity, physical distribution, and multiple controlling authorities. This paper concentrates on the developments in the internal protection mechanisms with added emphasis on cryptographic methods to protect the data in a distributed environment.

2. Security Implementation Through Hardware Protection Mechanisms

The first level of implementation of internal protection mechanism is at hardware level. In this case it is mandatory that the computer designer knows the security policies to be implemented in the system in advance. Otherwise it would be difficult to modify the hardware design to incorporate new security policies later. However, this may be possible in software implementation of protection mechanisms even though it is claimed that special systems designed for specific security policies in mind are more efficient and cost-effective than to implement on already existing systems[RUSHBY 83]. Hardware protection could be implemented at the basic component level of the computing system i.e; CPU, memory, and I/O or at their interface. The basic hardware attributes that could be implemented at hardware level are read only, read/write, execute only, not-accessible, and journal taking[HSIAO 79]. Hardware protection mechanisms, in general, implement the protection checks at run-time and mostly there would not be much degradation in performance.

2.1. Memory Protection

In this section we consider the protection mechanism at the main and virtual memory levels.In general memory protection is done by checking whether the memory location being referenced is within the prescribed address space. The elementary base and bound register method of having isolated virtual processors has lot of limitations[SALTZER 75;HSIAO 79]. They are

1)The number of registers have to be increased for multiprogramming

2)It needs additional attributes registers

3)It needs contiguous area of memory locations

With the use of locks and keys, it is possible to overcome some of the limitations of the above method. However it is possible to achieve a very fine-grain memory protection by the use of self defining data type with extra bits to represent the mode, type, and other attributes of each memory word. This method has been suggested for the SWARD architecture [MYERS 82]. Protection of data area shared by different programs with different rights could be incorporated at virtual memory level also. It is possible to incorporate additional protection attributes in the translation table used for translating the logical address to physical address. Also it is easy to expand the table in the other dimension to incorporate protection at base level[HSIAO 79]. Fig.2.1 illustrates the possible implementation.

Memory protection still is insufficient if it is possible that any running program could alter the protection attributes. This is avoided by introducing an additional bit in the processor state information to separate the privileged state instructions from the user program. The simplest of this, the two state approach-supervisor and user states, is achieved by the single bit introduced. The natural generalisation of this supervisor/user modes is the multiple levels of protection, representing multiple execution states[SCHROEDER 72], where the supervisor is on the lowest and the user on the highest level. Here protection is achieved by monitoring whether the instruction belongs to a particular level and also monitoring the level of the memory references issued by this instruction. A process has the greatest access privilege when its execution is in the lowest level and minimum access privilege when its execution is in the highest level. Accessing lower level from a higher level is impossible. This ring structure has been implemented through hardware in Honeywell Multics series computers.

The degradation in performance caused by security enforcement at physical I/O and secondary memory could be avoided by having a special purpose processing units in each I/O channel or by introducing one secure microprocessor unit per track of secondary storage[HSIAO 79].

3. Internal Protection Implementation Through Software

Protection can be viewed as a method of controlling the access of the user the program modules to the data, program, and other computer resources such as computing power,use of memory area, memory, and peripherals. The protection mechanism employed should be equally effective against the attempt of malicious user as well as the accidental hardware and software faults.Access controls regulate the access of objects, but not what subjects might do with the information contained in them. Many difficulties with the information leakage arise not from the defective access control, but from the lack of any policy about information flow. Protection should also control the valid channels of information and the right of dissemination of information irrespective of what object holds the information. It is always better to define basic model of protection first and then implement them.The two basic models are [LAMPSON 81]

1) Discretionary access — dealing with the subject-object ownership concept

2) Hierarchical access — objects have a certain level of secrecy and the subjects have to have a clearance to access that level [BELL 73,DENNING 75].

The information flow requirement and control could be implemented at compilation level. The operating system, which manages and controls the computer resources is the right place where the access control could be incorporated. In this section access control methods and information flow control methods are surveyed.

3.1. Access Controls

It would be appropriate at this point to define security policy and protection mechanism. Security policy **refers** to policy governing who may access or modify information and in some cases how the information is used. On the other hand protection mechanism is the one used to implement the security policy[JONES 78]. This separation enables detailed analysis of policy and mechanism and the efficient and flexible implementation of the mechanism.

Fig 3.1 shows schematically the way in which the rights of subjects(S_j) in a system to access objects(O_i) can be represented in a matrix form [LAMPSON 71,GRAHAM 72,HARRISON 78]. In fact the access—matrix model is an abstract representation of the protection policies and mechanisms found in real systems. As such, it provides a conceptual tool to understand and describe protection systems, and a formal model for studying the inherent properties of protection systems[DENNING 82]. In practice, however, protection systems are not implemented by storing the complete access—matrix since there are efficient ways of representing it in computer. The three entities considered in the access—matrix model are

1)S_j, the j th active entity which could also be considered as objects - a group of users who have the same access rights is considered as a protection domain.

2)O_i, the i th object which is to be protected. The objects vary according to the context. They may include data, programs, queues, peripherals, communication lines, etc;

3)A_{ij}, the (i,j) th entry in the matrix. This represents the right of the subject S_j on the object O_i. The rights may include read, write, execute(procedure), join(queue),and own.

From the access—matrix model, it is obvious that the domain S_j can perform access $A_{i,j}$ on object O_i only if the (i,j) th entry of the matrix contains $A_{i,j}$ and this is known as the enforcement rule. An access control mechanism can be defined as a set of operations performing enforcement checks,creation and movement of rights, and domain switching [JONES 78].The three methods for implementing access control are access hierarchies, access lists, and capabilities.

3.1.1. Access Hierarchies

As explained in the hardware protection mechanism, the supervisor state in the two state case, gives the supervisor program an access to every object in the system. In protection rings, which is the generalisation of the two state case, the programs in the lowest ring have full access to the whole system. This, in effect, is against the principle of least privileges, i.e. that a process is given only those privileges it really needs. Such violations of the principle of least privilege are possible in the scope rules of languages such as ALGOL, PL/1, and PASCAL. However,some recent languages like EUCLID [LAMPSON 76] and Ada have facilities for restricting the access to objects[DENNING 82].

3.1.2. Access Control List Method

One form of implementation of the access matrix is to associate all the subjects, having rights to an object, to the object. The object contains two linked storage areas, one for the object proper and the other for the access controller of that object[SALTZER 75]. The access controller contains the identification of different domains (subject Sj) and the associated rights for that object(Oi) which the access controller represents. Fig.3.2 shows the representation of the access controller. The rights of the subjects is checked for every access. There are implementations which try to minimize the number of access checks. Basically the access control list method is ideal for owned objects. The rights field of the access controller contains the identification of the owner who can add, modify, or delete the rights of other subjects. It is possible to reduce the size of the list by having protection groups i.e; grouping the subjects having the same access to an object. On the other side, it is also possible to group the objects together and associate an access set for that group[BUCK 80,DENNING 82]. The most important advantage of the access control list method is the easy and immediate revocation.However, there are many disadvantages such as the time required for access check and space allocation for the access controller. This method of access control is normally used for long term objects like files.

3.1.3. Use of Capability in Access Control

The other method of efficiently implementing the access matrix is to associate all the objects, that are accessible by a domain (subject Sj), to that domain. Capability is represented by a pair - name of the object to be accessed and a set of rights. The presentation of a capability by a domain is a proof that it has the right (indicated in the rights field) to access that object and there is no more validation. Capability concept was first introduced by Dennis and VanHorn [DENNIS 66] and they denoted it by C-list. The main properties of capabilities are unforgeablity, validity on presentation, transferability, and self-identification [NEEDHAM 79]. The main advantages are

1)Composition and protection of sets of objects are easier

2)Access to shared objects can be authorised with different rights easily

3)Provides simple and uniform programming convention for object sharing

4)Provides efficient and flexible implementation of access control policies

5)Provides an easy means for type extension

Further the C-list concept of providing each domain only the required capabilities implements the concept of least privilege which aids in error confinement [DENNING 76]. Implementation and protection of extended-type objects are done by amplification in HYDRA [WULF 74], indirection in system 250 [COSSERAT 74], and with a separate extended-type manager in the system designed by Neumann et al; [NEUMANN 80]. It is therefore not surprising to see that the basic protection mechanism of many systems such as CTSS [LAMPSON 76],system 250 [ENGLAND 74], UCLA Secure Unix [POPEK 79], iMAX of Intel iAPX 432, SWARD [MYERS 82] etc; are based on capability.

Capability could be considered as a protected pointer which gives a program the ability to address an object [FABRY 74]. Hence capability could be integrated with the addressing mechanism. Use of capabilities in addressing objects is very well treated by Abramson, and Keedy [ABRAMSON 82,KEEDY 83].

The ease with which the capabilities can be copied and passed to other objects has created the problem of review and revocation. Redell proposed a method of revocation through indirect capability. Variation of this method has been used in Cambridge CAP computer [WILKES 79]. Recently Gligor [GLIGOR 79] has suggested a novel method of revocation by a capability propagation graph. Ofcourse, the revocation is aided by the revocation subsystem of the operating system.

3.1.4. Security Kernel

Implementing an error free protection mechanism is an essential. Complete verification of the entire operating system with protection mechanism included is very difficult. Recent efforts are mainly in isolating the security relevant portion of the operating system in such a way that this nucleus can be verified more easily and the main operating system can be built over it.

3.2. Information Flow Control

In general, it is not possible with access controls alone to enforce security in systems that handle different classes of information simultaneously [DENNING 82]. Information flow control techniques are normally used in such situation. Information flow policy specifies the structure in which the information can flow. The original model of information flow in multiple classes of information is due to Bell and LaPadula [BELL 73]. This has been extended by Denning [DENNING 76] into a lattice model. The enforcement of this information flow policy could be done at compilation time or at run time.

The flow analysis of the program is done at compile time and the necessary restrictions of the information flow is checked.

Enforcing the information flow policy at run time could be done easily and precisely by checking the explicit and implicit flow by a single relation. However, this is not secure for objects of variable classes [DENNING 82]. The methods suggested by Denning [DENNING 75], Fenton [FENTON 73],and Gat and Saal [GAT 75] suffer from the added complexity. Lampson [LAMPSON 73] suggested a simple approach in which the class of an object would be changed only to reflect explicit flows into the object, but implicit flows would be verified at the time of explicit ones, as for fixed classes. Simple flow controls could be integrated into the access control mechanisms.

3.3. Surveillance

Along with the protection mechanisms for the resources of the computing system, it is essential to have each user identified and authenticated before he starts using the resources. This is done by the "logging in" mechanism. After the user has logged in, it is still possible for the system to have control over the access of the resources by the user. Threat monitoring system, a mediating systems program, controls the users' access to resources, thereby providing protection to the resources.

4. Data Security

Data protection in computer system is a rather complex problem. Data has to be protected while it is in memory, during communication, during computation, and while it is stored in mass storage media. In this section the protection of data in databases and in communication are treated.

4.1. Database Security

Database security can be provided by physical security, operating system security, and data encryption. Physical security measures, while they are necessary to wholesale theft or destruction of a database, are insufficient by themselves [DAVIDA 81]. At the next level user could be constrained by the DataBase Management Software (DBMS). The present level of software reliability does not guarantee that software errors or Trojan horse programs will not allow the disclosure or modification of data in some illegitimate fashion. The use of hardware write locks and secure-periods processing can limit the ability to change data to trusted personnel. However, such a solution can not solve the problem of unauthorised reading. The read problem is far ore serious because read rights must be done ore frequently and at less controlled time periods. The fact that DBMS knows what data it is manipulating causes all the problems that can not be handled in traditional ways. The DBMS can leak the raw data by omission or subversion. This problem could, however, be solved by cryptography [DAVIDA 81]. As the encrypted data is not in a readable form it is of no use to any user unless he has the proper key. Also when the DBMS does not know the value of data, Trojan Horse can not pass the values. Encryption also solves the problem of authentication. Davida has proposed an encryption system for databases which takes into account the facts such as high security, fast encryption, record oriented encryption, etc;

4.2. Data Protection in Communication Subsystem

Computing system is generally considered as having its components interconnected through a communication medium. In particular, the distributed computing system is formed by interconnecting the individual nodes through communication network (including local area network). This gives rise to additional need to protect the communication subsystem. Error correcting codes were very popular earlier. However, this method is susceptible to "active wiretapping". Interprocess communication threats are effected through unauthorised access to the distributed system. When other components of the system are assumed trustworthy, this threat is only from the communication system. The threat model suggested by Nessett [NESSETT 83], the modified version of Kents model [KENT 77],includes release of message contents, traffic analysis, message stream modification, denial of message delivery, delay of message delivery, and masquerade. Cryptographic check digit method (Fig.4.1) provides both data and originator authentication. The check digits are generated by a cryptographic algorithm with a key known only to the sender and receiver. The originator identification is provided if the receiver is certain that only the authorised originator possesses the secret key [CAMPBELL 78]. Data secrecy is achieved through the use of block encryption or data- stream encryption. Replay, insertion, and reordering of messages are overcome by placing the encryption service inside the security kernel.

5. Applications to Automated Office Systems

By the end of this decade, much of the information handling in business is expected to be automated. In this automated office environment, which has been termed as "1990 scenario" by Smith and Benjamin [SMITH 83], all knowledge workers will have easy access to intelligent workstations of some type. Workstations will be interconnected by a combinations of local networks and intersite links. Through these networks, each workstation will have access to many specialized information handling services such as remote files, printers, special processors, or intersite communications. Once each workstation is able to access to shared information/services, the security and protection aspects automatically become important. Information such as confidential personal data, important financial information, new product details and its costing information etc; are allowed to be accessed only by a few selected management personnel. Under these circumstances all the security and protection aspects, discussed so far, are equally applicable to the automated office systems.

6. Current research activities

This paper is part of the work being done in the project PROFEMO at GMD. PRO-FEMO copes with the design and implementation of a fault tolerant distributed system. Particularly regarding the potential application in the field of office automation, privacy and security of confidential information should be guaranteed. It is proposed to use the public-key-encryption protected capabilities [DONNELLY 80]. This avoids the need for many secret keys between the kernel and the users. Fig.5.1 illustrates the passing of capability C between user A (having a public key A and a secret key $\underline{A}$) and user B (public key B and secret key $\underline{B}$) through the kernel K (public key K and secret key $\underline{K}$). The diagram is self explanatory. The public keys are distributed along with the capability data blocks.

7. Acknowledgement

I am indebted to my colleagues with whom I had the pleasure to work as a guest researcher at GMD. Special thanks are given to Edgar Nett, Joerg Kaiser and Reinhold Kroeger for many stimulating discussions.

8. References

1   Abramson, D., *Hardware for Capability Based Addressing* Proc. 9 th Australian Computer Conference, Hobart, (1982), 101-115.

2   Bell,D.E. and LaPadula,L.J., *Secure Computer Systems : Mathematical Foundations and Models* M74-244, The Mitre Corp., Bedford, Mass (1973)

3   Buckingham, B.R.S., *CL/SWARD Command Language* SRI-CSL-79-013c, IBM Systems Research Institute, New York (1980).

4   Campbell, C.M., *Design and Specification of Cryptographic Capabilities* Proc. Conf. on Computer Security and the Data Encryption Standard, National Bureau of Standards, Gaithersburg, MD., (1977).

5   Cosserat, D.C., *A Data Model Based on the Capability Protection Mechanism* Proc. International Workshop on Protection in Operating Systems, Rocquencourt, France, (1974), 35-54.

6   Davida, G.I., Wells, D.L., and Kam, J.B., *A Database Encryption System With Subkeys* ACM Transactions on Database Systems, 2 (1981), 312-328.

7   Denning, D.E., *Secure Information Flow in Computer Systems* Ph.D. Thesis, Purdue University, W.Lafayette, Indiana, (1975).

8   Denning, D.E., *A Lattice Model for Secure Information Flow* Comm. ACM, 19 (1976) 236-243.

9   Denning, D.E., *Cryptography and Data Security* Addison-Wesley Publishing Company, Reading, Mass., (1982).

10 Denning, P.J., *Fault Tolerant Operating Systems* ACM Computing Surveys 8 (December !976).

11 Dennis, J.B., and Von Horn, E.C., *Programming Semantics for Multiprogrammed Computations* Comm. ACM, 9 (March 1966), 143-155.

12 Donnelley, J.E., and Fletcher, J.G., *Resource Access Control in a Network Operating System* Proc. ACM Pacific '80 Conference, San Francisco., California, (Nov. 1980)

13 England, D.M., *Capability Concept Mechanism and Structure in System 250* Proc. International Workshop on Protection in Operating Systems, Rocquencourt, France, (August 1974).

14 Fabry, R.S., *Capability Based Addressing* Comm. ACM, **17** (July 1974), 403-412.

15 Fenton, J.S., *Information Protection Systems* Ph.D. Thesis, Univ. of Cambridge, Cambridge, England (1973).

16 Gat, I., and Saal, H.J., *Memoryless Execution: A Programmer's Viewpoint* IBM Tech. Report 025, IBM Israeli Science Center, Haifa, Israel (March 1975).

17 Gligor, V.D., *Review and Revocation of Access Privileges Distributed Through Capabilities* IEEE Trans. on Software Engineering SE-5 (November 1979).

18 Graham, G.S., and Denning, P.J., *Protection-Principles and practice* Proc. Spring Jt. Computer conf. Vol. 40, AFIPS Press, Montvale, N.J. (1972)

19 Harrison, M.A., and Ruzzo, W.L., *Monotonic Protection Systems* in Foundations of Secure Computation, ed. R.A. DeMillo et al., Academic Press, New York (1978).

20 Hsiao, D.K., Kerr, D.S., and Madnick, S.E., *Computer Security* Academic Press, New york (1979).

21 Jones, A.K., *Protection Mechanisms and the Enforcement of Security Policies* in Operating Systems - An Advanced Course, Lecture Notes in Computer Science Vol. 60, Springer-Verlag (1978).

22 Keedy, J.L., *A Memory Architecture for Object-Oriented Systems* Proc. Objectorientierte Software- und Hardware- architekturen, H.Stoyan, und H.Wedekind (ed.), Geran Chapter of the ACM (May 1983), 238-250.

23 Kent, S., *Encryption-Based Protection for Interactive User/Computer Communication* Proc. 5 th Data Commun. Symp., Snowbird, UT, (Sept. 1977), 5-13.

24 Lampson, B.W., *Protection* Proc. 5 th Princeton Symp. of Info. Sci. and Syst., Princeton Univ. (March 1971).

25 Lampson, B.W., *A Note on Error Confinement* Comm. ACM **16** (Oct. 1973)

26 Lampson, B.W., Horning, J.J., London, R.L., Mitchel, J.G., and Popek, G.J., *Report on the Programming Language EUCLID* (Aug 1976).

27 Lampson,B.W., and Sturgis, H.E., *Reflections on an Operating System Design* Comm. ACM, **19** (May 1976), 251-265.

28 Lampson, B.W., Paul, M., and Siegert, H.J., (Editors), *Distributed Systems- Architecture and Implementation - An Advanced Course, Lecture Notes in Computer Science, Vol. 105,* Springer-Verlag (1981).

29 Myers, G.J., *Advances in Computer Architecture* John Wiley and Sons (1982).

30 Needham, R.M., *Protection* in Computing Systems Reliability, ed. T.Anderson, and B.Randell Cambridge University Press, Cambridge (1979).

31 Nessett,D.M., *A Systematic Methodology for Analyzing Security Threats to Interprocess Communication in a Distributed System* IEEE Trans. Communication Vol. COM-31, No.9, (Sept. 1983).

32 Neumann, P.G., Boyer, R.S., Feiertag, R.S., Levitt, K.N., and Robinson, L., *A Provably Secure Operating System:The System, Its Applications, and Proofs* Computer Science Lab. Report CSL-116, SRI International, Menlo Park, Calif. (May 1980)

33 Rushby, J., and Randell, B., *A Distributed Secure System* Computer (July 1983), 55-67.

34 Saltzer, J.H., and Schroeder, M.D., *The Protection of Information in Computer Systems* Proc. IEEE **63** (Sept. 1975), 1278-1308.

35 Schroeder, M.D., and Saltzer, J.H., *A Hardware Architecture for Implementing Protection Rings* Comm. ACM **15** (March 1972), 157-170.

36 Smith, S.A., and Benjamin, R.I., *Projecting Demand for Electronic Communications in Automated Offices* ACM Trans Office Information Systems **1** (July 1983), 211-229.

37 Wilkes, M.V., and Needham, R.M., *The Cambridge CAP Computer and its Operating System* North Holland (1979)

38 Wulf, W.A., Cohen, E., Corwin, W., Jones, A.K., Levin, R., Pierson, C., and Pollack, F., *HYDRA: The Kernel of a Multiprocessing System* Comm. ACM **17** (June 1974), 337-345.

Figure Captions

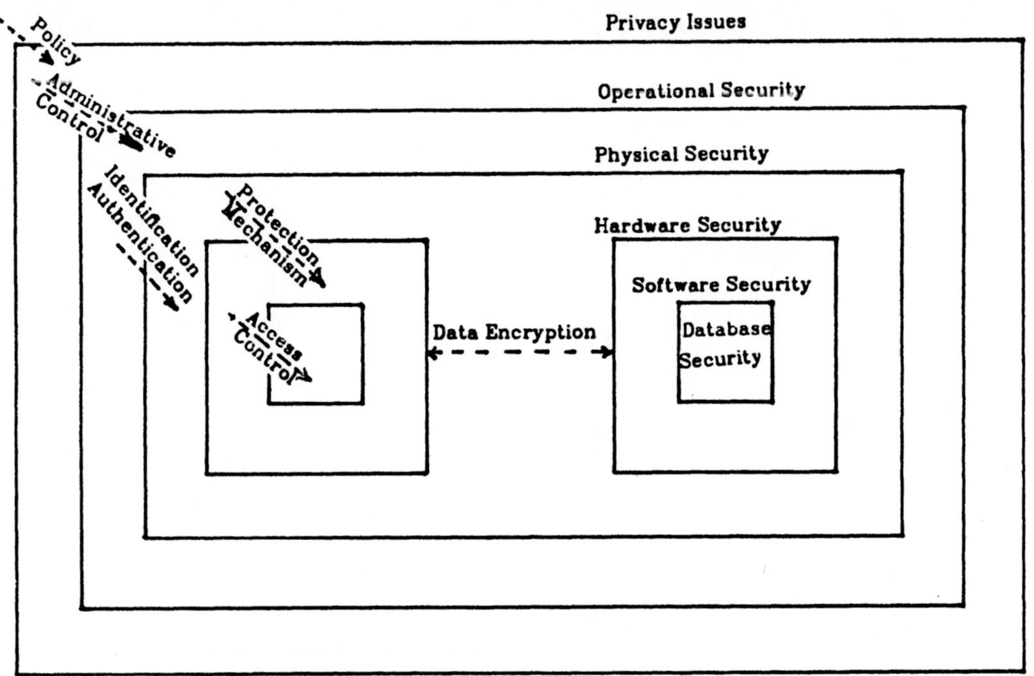

Fig.1.1. System Environment

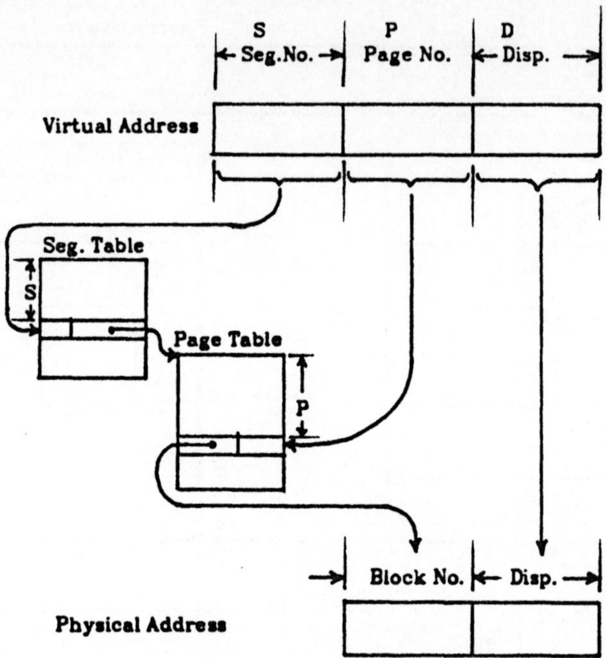

Fig.2.1. Typical Address Translation Mechanism.

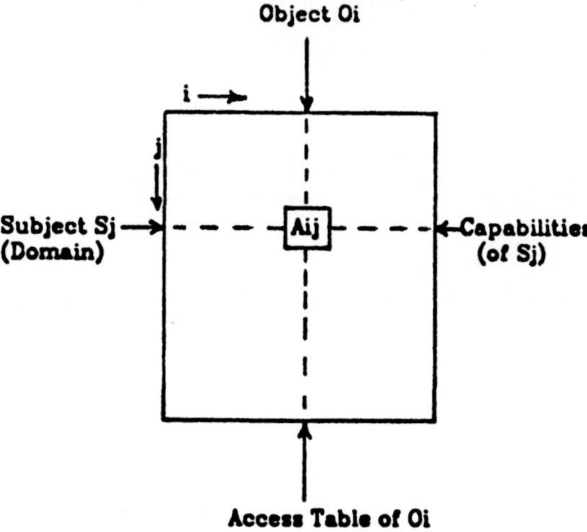

Fig.3.1 Access Control Matrix

Base	Bound
S1	Read,Write, ACL-MOD
S2	Read
S3	Read,Write,Execute,
.	.
.	.
.	.
Sj	Read

Fig.3.2. Access Controller for Access Control List Method.

Fig.4.1. Data and Originator Authentication.

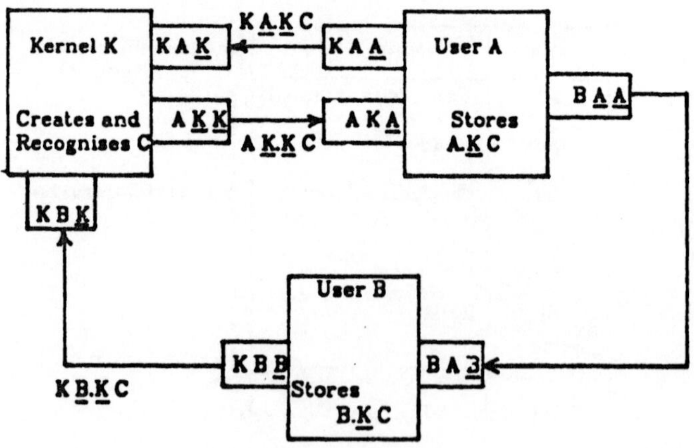

Fig. 5.1. Public-Key-Encrypted Capability.

BILDANALYSE VON TEXTDOKUMENTEN UND HANDSCHRIFTLICHE DIREKTEINGABE
- ZWEI VERFAHREN AUCH FÜR BTX-ANWENDUNGEN

Wolfgang Doster, Jürgen Schürmann
AEG-TELEFUNKEN Forschungsinstitut
D-7900 ULM

0.Kurzfassung

Der Beitrag stellt zwei eng miteinander verbundene Projekte zur
Weiterentwicklung intelligenter Arbeitsplatzsysteme dar, die gegenwärtig den Stand von Forschungsvorhaben haben, aus denen aber konti-
nuierlich Ergebnisse in die praktische Produktentwicklung einfließen.
Es handelt sich um die Vorhaben Bildanalyse von Textdokumenten und
handschriftliche Direkteingabe. Das erste Vorhaben beschäftigt sich
mit der Wandlung von Papierdokumenten in eine Form, in der Textteile
und Graphikteile als solche ansprechbar und editierbar sind. Beim
zweiten Vorhaben ist es das Ziel, handschriftliche Zeichen direkt
während der Entstehung zu erkennen und damit die Tastatur und eine
eventuell vorhandene Maus durch die Tablett/Stift-Kombination zu ersetzen. Mögliche Formen der Integration in multifunktionale Büroarbeitsplätze werden diskutiert.

Schlüsselworte: Dokumentanalyse - Schriftzeichenerkennung - hand-
                 schriftliche Direkteingabe - Papier/Rechner-Schnitt-
                 stelle

1.Einleitung

Nach jahrelanger Euphorie, gekennzeichnet durch das Stichwort vom
"paperless office of the future" und der auch von Experten vertretenen
Meinung, daß man im vollelektronischen Büro ohne Papier auskommen
würde, hat sich jetzt die Auffassung durchgesetzt, daß das Büro der
Zukunft höchstens ein papierärmeres Büro sein wird.

Es ist zu beobachten, daß der Einzug modernster Bürokommunikations-
komponenten in die Büros wesentlich langsamer vonstatten geht, als ur-
sprünglich angenommen. Weiter kann Statistiken entnommen werden, daß
der Papierverbrauch weltweit immer noch kräftig steigt. Ganz wesentlich ist jedoch, daß das Papier ein ideales Medium zum Erzeugen, Speichern und Verändern von Dokumenten mit Text und Graphik ist und sich
nur schwer und auch nur teilweise durch elektronische Techniken ersetzen lassen wird. Papier wird auf lange Sicht hinaus in sehr vielen

Büros das Standardmedium für Dokumente bleiben.

Das Nebeneinander von Papier und elektronischen Medien kann zu einer sinnvollen Symbiose führen, wenn es gelingt, einen problemlosen Übergang zwischen den beiden Darstellungsformen in beiden Richtungen zu installieren. Daraus ergibt sich die Herausforderung, Möglichkeiten und Verfahren zu schaffen, die es erlauben, beliebig von einem Medium zum andern zu wechseln: von der elektronischen Form in die Papierform und von der Papierform in die elektronische Form. Bild 1.1 zeigt diesen Kreis.

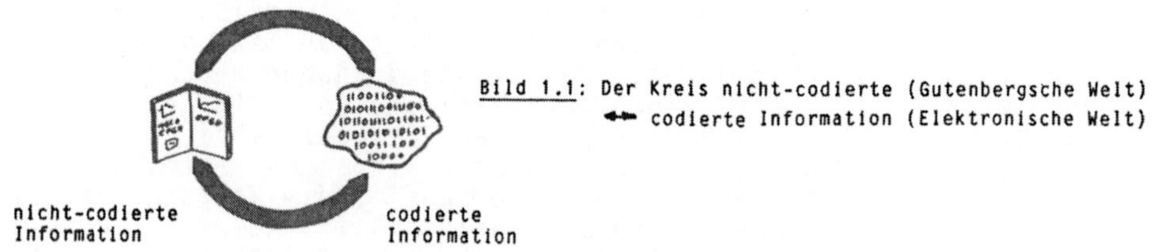

Bild 1.1: Der Kreis nicht-codierte (Gutenbergsche Welt) ⟷ codierte Information (Elektronische Welt)

Wenn wir die heute existierenden hochauflösenden Terminals und Drucker betrachten, dann stellen wir fest, daß der Weg von der elektronischen Form in die Gutenbergsche Form schon sehr breit und für viele Anwendungen auch schon ausreichend ausgebaut ist. Der umgekehrte Weg -- vom Papier in die elektronische Form -- ist nur für ganz spezielle Anwendungen gut ausgebaut, für die überwiegende Zahl der Anwendungen ist er dürftig bis hin zu nicht existent.

Was muß das Ziel einer Wandlung Papier-Elektronik sein? Nach /SCHI83/ ist Text in Textdokumenten folgendermaßen definiert: "Text besteht aus Symbolen, Worten und Sätzen in natürlichen oder künstlichen Sprachen und kann Bilder und numerische oder andere Tabellen enthalten". Dokumente dieser Art, einerlei ob auf Papier oder in elektronischer Form vorliegend, müssen von der einen Form in die andere Form gewandelt werden können und umgekehrt. Bei der Wandlung vom Papier in die elektronische Form bedeutet dies, daß alphanumerische Texte auf dem Papier als solche erkannt und in eine character-codierte Form gebracht werden müssen -- z.B. ASCII-codiert -- so daß sie im Rechner in der gleichen Art und Weise manipulierbar sind wie direkt im Rechner erzeugte ASCII-Textdateien. Die in den Dokumenten enthaltenen Bilder und Graphiken müssen ebenso als solche erkannt und dann je nach Anwendung faksimile-codiert oder vektor-codiert im Rechner abgelegt werden; dies entspricht wiederum der Form, in der Graphiken oder Bilder direkt am Rechner erzeugt werden und in der sie geeigneten Editoren zugänglich sind.

Die Wandlung vom Papier in den Rechner ist in zwei Betriebsarten denkbar, in interaktiver und in einer batch-job Form. Wenn heute überhaupt
irgendwo Textverarbeitung mit OCR-Techniken betrieben wird, dann meist
in einer batch-job Form. Mit speziellen Schreibmaschinen vorbereitete
Manuskripte werden vom Stapel eingelesen. Erst anschließend erfolgen
interaktive Eingriffe zur Korrektur von Lesefehlern und Manipulation
der Texte.

Nach unserer Überzeugung wird die weitaus interessantere und wahrscheinlich auch häufigere Anwendung jedoch ein hoch interaktiver Prozeß sein; denn in der Regel will ein Bearbeiter nicht die vollständigen Dokumente wandeln, sondern nur einen ganz bestimmten Teil, den er
zur weiteren Bearbeitung benötigt. Bei dieser Art der Bearbeitung ist
Interaktion notwendig, um Teile auszuwählen und Aktionen zu veranlas-
sen. Im Rahmen der ohnehin erforderlichen Interaktion kann der Bearbeiter gleichzeitig dem automatischen Erkennungssystem da Unterstützung geben, wo die "künstliche Intelligenz" nicht ausreicht, um Mehrdeutigkeiten aufzulösen.

Dies leitet über zu dem zweiten Vorhaben, der handschriftlichen Direkteingabe. Auf einem Graphiktablett oder unter Benutzung irgendeiner
anderen Koordinatenmeßvorrichtung sollen Zeichen, Symbole und Kommandos geschrieben, direkt erkannt und in ASCII-Folgen umgesetzt werden.
Alle Zeige- und Auswahlvorgänge können über das Tablett erfolgen --
die Tastatur kann dann im Prinzip entfallen. Mit einer solchen Vor-
richtung -- einschließlich einer Software, die in der Schreibweise
hinreichenden Gestaltungsspielraum läßt -- kann die dem Menschen ver-
traute Art, sich schriftlich zu äußern, auch unmittelbar zur Rechner-
eingabe verwendet werden.

Der Beitrag beschreibt die beiden Vorhaben, ihre mögliche Integration
und Anwendung im Rahmen multifunktionaler Büroarbeitsplätze und gibt
einen Ausblick auf weitere Aktivitäten in diesem Bereich.

2.Bildanalyse von Textdokumenten

Ausgangspunkt der Bildanalyse von Textdokumenten ist das Rasterbild
des Textdokumentes oder von Ausschnitten davon. Heute geht man in der
Regel von binären Rasterbildern aus, die entweder mit einem speziellen
Scanner abgetastet und quantisiert wurden oder über einen handelsüb-

lichen Telekopierer eingegeben, von diesem in die modified Huffman-codierte Form gebracht und anschließend zur weiteren Verarbeitung wieder decodiert wurden und damit auch wieder in Form des binären Rasterbildes vorliegen. Als minimale Auflösung sollte -- um Schriftzeichen gut erkennen zu können -- die Gruppe 3-Auflösung mit 200 pixel/inch nicht unterschritten werden. Das Rasterbild des Dokumentes kann natürlich ebensogut auch über ein lokales oder öffentliches Netz übermittelt worden sein.

Liegt das Dokument in Rasterbildform vor, dann können Operationen der Bildanalyse darauf angewandt werden mit dem Ziel,Textbereiche mit alphanumerischem Text als solche zu erkennen und ASCII-codiert abzulegen und Graphik- oder Bildbereiche ebenfalls zu erkennen und in der geeigneten Codierung abzulegen.

Im Gegensatz zu manchen früheren Ansätzen /SCHE80/, die den Versuch unternahmen, ganze Gebiete mit Hilfe globaler Maße als Text- oder Graphikbereiche zu identifizieren, verfolgen wir einen Weg, der das gesamte Rasterbild der Vorlage in elementare Bildbestandteile zerlegt, die entweder Schriftzeichen (oder Teile davon) oder graphische Elemente sein können. Textbereiche entstehen dann aus der Verkettung von Schriftzeichen.

Die Bildanalyse operiert mit Zusammenhangsgebieten als elementaren Bildbestandteilen. Solche Bildbausteine, die von ihrer Geometrie her als Schriftzeichen oder Bruchstücke davon in Frage kommen, werden unter dieser Hypothese mit dem Ziel des Erkennens weiterbearbeitet. Auf dem Weg bis zur endgültigen Klassifizierung ist in einer Vielzahl von dazwischenliegenden Schritten eine Entscheidung in Richtung Nichttext möglich. In allen Verarbeitungsstufen werden soviele glaubwürdig erscheinende Alternativen erzeugt wie unbedingt notwendig sind. Nachfolgende Operatoren können diese Alternativen auflösen oder auch weitergeben bis zur letzten Instanz, dem menschlichen Bearbeiter. Es ist jederzeit möglich, auf einem bereits aktivierten Operator wiederaufzusetzen.

Die Steuerung der Operationen, die in bisherigen Ansätzen und Realisierungen von Schrifterkennungssystemen meistens pipeline-artig erfolgte /SCHÜ78/ -- also ein strenges Aufeinanderfolgen von Operatoren mit sehr beschränkten oder keinen Möglichkeiten zum Zurücksetzen -- ist für die vorliegende Realisierung ungeeignet. Einerlei, ob durch menschliche oder künstliche Intelligenz gesteuert, muß bei der Bild-

analyse von Textdokumenten ein Weg beschritten werden, der es erlaubt,
probeweise einen Pfad zu verfolgen, diesen auch wieder zu verwerfen
und dafur einen neuen Pfad abzugehen oder auch mehrere Pfade parallel
zu bearbeiten.

Während der Bearbeitung eines Dokumentes wird eine Document Description Database angelegt. Diese Document Description Database DDD erhält
während der Bearbeitung ganz unterschiedliche Einträge. Ein übergeord-
neter Interpretierer -- der über genügend Wissen (explizit in einer
Wissensdatenbank oder implizit in Programmen enthalten) über Dokumente, Klassifikatoren etc. verfügt, ist zuständig für die jeweils weiter
vorzunehmende Verarbeitung eines Objektes oder auch für die Zusammenfassung von Objekten. Ein Objekt in diesem Sinn kann ein Zeichenteil,
ein Zeichen oder auch eine Zusammenfassung von Zeichen sein (in Ra-
sterform oder ASCII-codiert). Ergebnis der Bildanalyse ist schließlich
die Übertragung des Papierdokuments in eine durch eine geeignete externe Dokumentenbeschreibung vorgegebene Form. Bild 2.1 zeigt den Zusammenhang zwischen DDD und den verschiedenen Operationen.

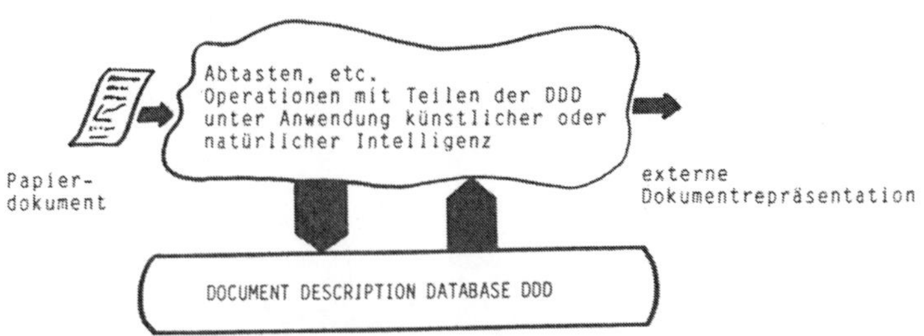

Bild 2.1: Das Zusammenspiel zwischen der Document Description Database
DDD und den verschiedenen Operatoren.

Die bei der Bildanalyse durchzuführenden Operatoren lassen sich in
ikonische und in symbolische Operatoren gliedern. Zu den ikonischen
Operatoren gehören alle diejenigen, bei denen man sich im Bereich der
Rasterbilder befindet; symbolische Operatoren sind alle die, die mit
der Bedeutung von Zeichen und Gebieten operieren.

Im weiteren werden die einzelnen Schritte der Verarbeitung behandelt.

Die Schritte sind in der Reihenfolge aufgeführt, in der sie bei "problemlosen" Dokumenten durchlaufen werden. Sobald Mehrdeutigkeiten
nicht auflösbar sind, ist es möglich, an beliebiger Stelle wieder neu
aufzusetzen.

Der erste Schritt sind Vorverarbeitungsroutinen wie Dilatation mit anschließender Erosion mit dem Ziel, eventuell in Zeichen vorhandene Löcher aufzufüllen und eine Bildreinigung vorzunehmen. Im Anschluß daran erfolgt die Suche nach Zusammenhangsgebieten, die entweder schwarz vor weißem Hintergrund oder weiß vor schwarzem Hintergrund sein können. Diese Gebiete werden mit einem Randliniencode beschrieben, der eine vollständige Rekonstruktion der ursprünglichen Rasterbilder erlaubt. Ein geeigneter Randliniencode ist der RLC - Code /BART84/. Insbesonders sind in den RLC-codierten Dokumenten eine vollständige Hierarchie der einzelnen Gebiete, Größe, Fläche, Umfang, Formfaktor, Lage, etc. der zusammenhängenden Gebiete enthalten.

Die Gebietshierarchie wird unter Verwendung des gespeicherten Wissens über bislang behandelte Dokumente dazu benutzt, um Gebiete, die potentiell Teile von Schriftzeichen sein könnten, auszuwählen. Diese Gebiete können durch ihre umschreibenden Rechtecke gekennzeichnet werden. Bild 2.2 zeigt ein Originaldokument, Bild 2.3 die umschreibenden Rechtecke der für die weitere Verarbeitung interessanten Gebiete -- das sind hier Gebiete mit potentiellen Schriftzeichenbestandteilen und Gebiete mit Graphik.

Bild 2.2: Beispieldokument

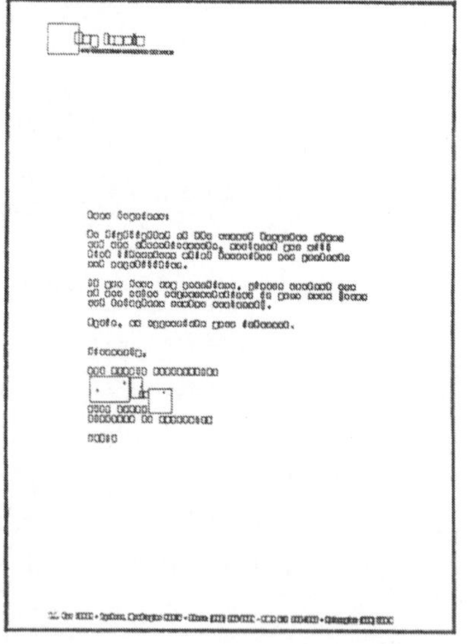

Bild 2.3: Umschreibende Rechtecke der interessierenden Gebiete

Eine erste symbolische Operation ist die Analyse der umschreibenden Rechtecke bezüglich ihrer Höhe und Breite und ihres Höhe/Breite-Verhältnisses. Überbreite Rechtecke -- entstanden durch Verklebung von zwei benachbarten Zeichen -- können zusätzlich zwangsgeschnitten und die neu entstandenen Teile als Alternativen weiterverarbeitet werden. Zu große Rechtecke können als Nichttext identifiziert und als solche codiert und weiterbearbeitet werden. Bild 2.4 zeigt nochmals die umschreibenden Rechtecke der interessierenden Gebiete des mittleren Teils des Dokumentes von Bild 2.2, Bild 2.5 denselben Ausschnitt mit den umschreibenden Rechtecken, die potentiell Schriftzeichen oder Teile von Schriftzeichen darstellen.

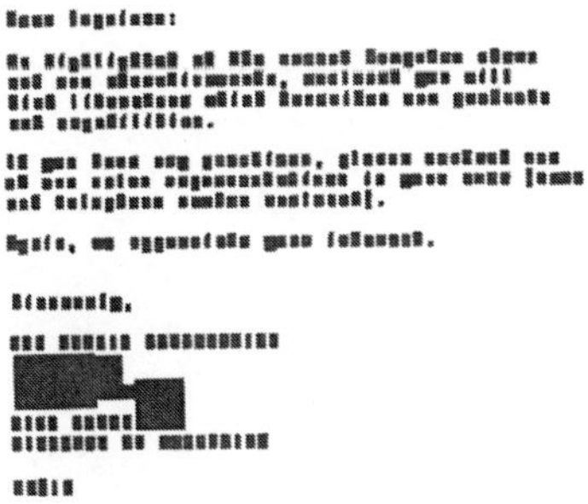

Bild 2.4: Rechtecke der interessierenden Gebiete

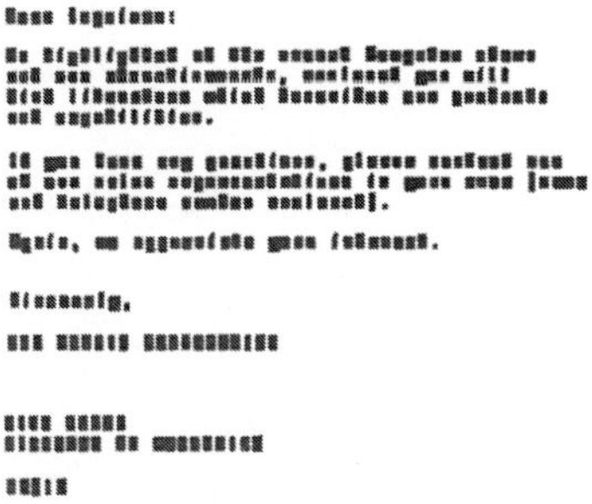

Bild 2.5: Rechtecke, die potentielle Schriftzeichen oder Teile enthalten

Die nächste ikonische Operation ist die Größennormierung. Vereinbarungsgemäß ist die Bedeutung von Schriftzeichen weitgehend unabhängig von ihrer Größe. Größe und Gestalt werden durch rahmenfüllende Größennormierung mit Konservierung der Abmessungen des umschreibenden Rechtecks voneinander separiert. Da zu diesem Zeitpunkt der Verarbeitung noch nicht bekannt ist, um was für ein Schriftzeichenbild es sich handelt bzw. ob das umschreibende Rechteck eventuell nur ein Schriftzeichen-Bruchstück enthält, werden sämtliche Zeichen und Zeichenteile in der gleichen Weise behandelt. Bild 2.6 zeigt einige Zeichen vor und nach der Normierung.

Diese größennormierten Rasterbilder und ihr ursprüngliches Höhe/Breite-Verhältnis sind die Eingabedaten für den Klassifikator. Die verwendeten Klassifikatoren sind alle vom Typ des quadratmitteladaptierten Polynomklassifikators /SCHÜ77/. Realisiert werden sie hier für eine Vielzahl von zu unterscheidenden Klassen (ca. 100) und für eine große Anzahl von verschiedenen Schriftarten (mehrere hundert).

Originalzeichen

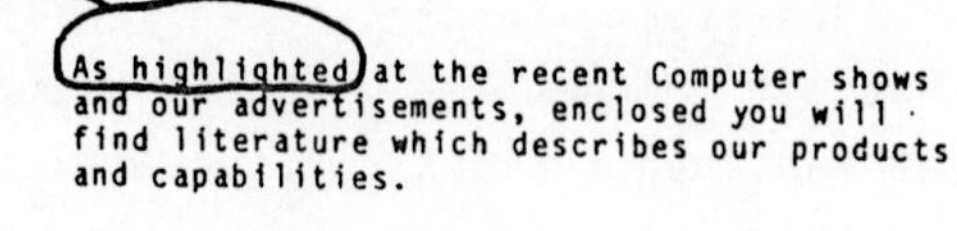

normierte Rasterbilder

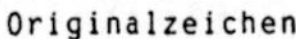

Bild 2.6: Zeichen vor und nach der Normierung

Bild 2.7 zeigt eine Auswahl von Mittelwertbildern der gelernten Schriftarten; ähnliche Schriftarten werden dabei zu Fontfamilien zusammengefaßt.

Bild 2.7: Eine Auswahl der Mittel-
wertvektoren der
gelernten Fontfamilien

Der Klassifikator ist hierarchisch /FRAN83/, /SCHÜ84/ organisiert; abhängig von der Güte der Entscheidungen wird eine unterschiedliche Anzahl von Vorschlägen zur weiteren Bearbeitung ausgegeben.

Nach der Klassifizierung der potentiellen Zeichenteile ist eine geometrische Analyse erforderlich mit dem Ziel, zu einem Zeichen gehörende Zeichenteile zu erkennen und mit Hilfe typographischer Tabellen zu Zeichenbedeutungen zusammenzufassen (z.B. Rumpf "1 " des "i" und Punkt "˙" des "i" zur Bedeutung "i". Bei dieser Zusammenfassung wird die Anzahl der Alternativen reduziert.

Nach der Zusammenfassung zu Zeichen muß die Zusammenfassung zu Worten erfolgen. Dies geschieht mit Single-Link-Clustering /BAIL82/. Die erhaltenen Gebiete -- potentielle Wörter -- enthalten im all-

gemeinen noch Alternativen für die verschiedenen Schriftzeichenpositionen. Zur Auflösung solcher Alternativen -- wie etwa zwischen p und
P -- muß die Lage der Zeichenbilder im Schreiblinienraster berücksichtigt werden. Dazu werden die zu den (als Erkennungsergebnissen) ausge-
gebenen Bedeutungen gehörenden Schreiblinienpositionen in die umschreibenden Rechtecke zurückprojiziert. Die Auflösung von Alternativen erfolgt dann aus der Forderung nach kontinuierlicher Fortsetzung
des Schreiblinienrasters über die Schriftzeichenpositionen. Zusätzliche Alternativenreduzierungen ergeben sich durch Anwendung von all-
gemeinem sprachlichem Kontext, sei es in der Form von Wörterbüchern
oder durch Berücksichtigung von Zeichenfolgehäufigkeiten.

Weitere Zusammenfassungen sind die von Wörtern zu Zeilen und von Zeilen zu Abschnitten. Bild 2.8 zeigt an dem bisher verwendeten Dokument-
ausschnitt einige dieser Zusammenfassungen.

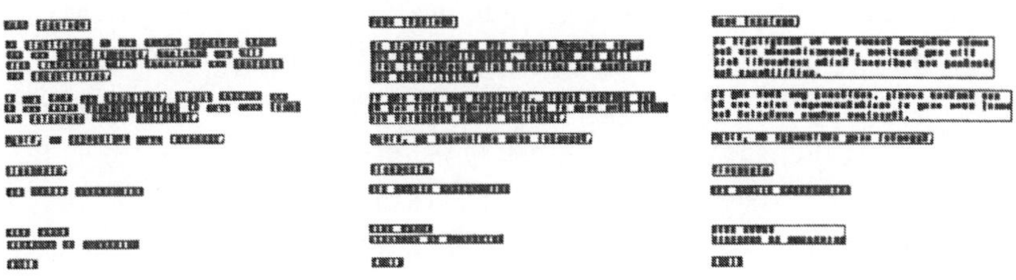

Bild 2.8: Zusammenfassung durch single-link-Clusterprozeduren zu
Wörtern, Zeilen und Abschnitten

In jeder Stufe der Verarbeitung sind Entscheidungen der Art möglich,
daß Gebiete, die ganz sicher keine Zeichen enthalten, als faksimile-
codierte Gebiete belassen oder daß zusätzliche Alternativen erzeugt
und behandelt werden müssen. Unauflösbare Widersprüche werden durch
den Eingriff des menschlichen Operators behandelt.

Die Regie über die vollständige Analyseprozedur führt ein Interpretierer, der intensiven Gebrauch von der DDD macht und mithilfe des gespeicherten Wissens die eigentliche Dokumentanalyse realisiert.

In der flüchtigen Document Description Database sind während eines
Analysevorgangs eine unterschiedliche Anzahl von verschiedenen Einträ-
gen vorhanden: Ausschnitte in originaler Abtastauflösung, RLC-codierte
Gebiete, größennormierte Bilder, Erkennungsergebnisse, ASCII-codierte
Bereiche, etc.. Darüberhinaus sind Tabellen in der DDD enthalten, die

die logische Struktur betreffen und außerdem Angaben über zusammenhängende Zeichenteile, Zeichen, Wörter und Zeilen sowie Angaben über Nichttextteile und deren Codierung.

Ergebnis der Bildanalyse von Textdokumenten ist nach Abschluß aller Operatoren und Auflösung der verbliebenen Mehrdeutigkeiten eine Darstellung des Dokumentes in einer vorgegebenen externen Repräsentation z.B. in irgendeiner Darstellungsform (Norm) für gemischte Dokumente.

3.Handschriftliche Direkteingabe

Ziel der handschriftlichen Direkteingabe ist die Erkennung der von einem Menschen geschriebenen Zeichen während des Schreibvorganges. Dazu ist eine Koordinatenerfassungseinrichtung erforderlich, die die aktuellen Stiftkoordinaten aufnimmt und weitergibt. Es gibt verschiedene Kombinationen und Verfahren. Unter den in Frage kommenden stellen Stift und Tablett oder Stift und Mikrofon immer eine Sender/Empfänger-Kombination dar. Gemessen wird die Zeit, die eine -- je nach Verfahren akustische, magnetische oder magnetostriktive -- Welle braucht, um vom Sender zum Empfänger zu kommen. Aus der Zeit kann man, da an zwei verschiedenen Stellen gemessen wird, die Koordinaten des Stiftes bestimmen.

Im betrachteten Fall wird ein magnetostriktives Tablett verwendet; neben den Koordinaten selbst gibt das Tablett auch noch Information darüber aus, ob der Stift in der Nähe des Tabletts oder ob er aufgesetzt ist.

Das Schreiben auf dem Tablett mit einem Stift mit Farbmine erzeugt auf dem Papier einen oder mehrere Linienzüge. Das Tablett arbeitet mit konstanter zeitlicher und konstanter örtlicher Auflösung (46 Koordinatenpaare/sec, 10 Punkte/mm). Durch die unterschiedliche Schreibgeschwindigkeit verteilen sich die Meßpunkte ungleich über das geschriebene Zeichen. Bild 3.1 zeigt ein Beispiel.

Aus den gemessenen Koordinatenpaaren lassen sich, nach Eliminierung zu eng beieinanderliegender Koordinaten -- Reduktion um redundante Meßpunkte --, geradlinige Verbindungen zwischen zeitlich benachbarten Koordinaten einzeichnen. Die Winkel dieser Geradenstückchen zur x-Achse

Bild 3.1: Ein Originalzeichen und die vom Tablett erfaßten Meßwerte

und die Länge der Stückchen dienen als primäre Merkmale, die zur Klassifizierung benutzt werden sollen. Bild 3.2 zeigt die eingetragenen Geradenstückchen   und eine Winkel-über Weglängedarstellung dieser Geradenstückchen. Beide Abbildungen gehören zu dem Zeichen in Bild 3.1.

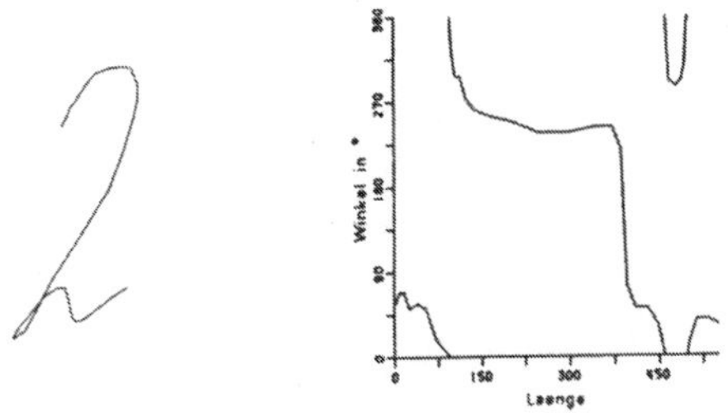

Bild 3.2: Verbindung der relevanten Meßpunkte durch Geradenstücke
und Winkel- über Weglängediagramm

Es ist denkbar, auch die Dynamik des Schreibvorganges in die Erkennung einzubeziehen. Da jedoch als Referenz für das, was geschrieben wurde, immer das auf dem Papier zurückbleibende Bild herangezogen werden wird und dieses keine zeitlichen Informationen mehr enthält, haben wir uns entschlossen, die Erkennung ausschließlich auf geometrische Informationen zu stützen.

Um unabhängig von der Schreibgeschwindigkeit und der Größe eines Zeichens zu werden, wird eine Normierung der Winkel/Weglänge-Diagramme durchgeführt. Ergebnis der Normierung ist eine voreingestellte Anzahl von Winkelwerten, siehe Bild 3.3. Anschaulich gedeutet, entsprechen diese Winkelwerte den Anzeigen eines Kompasses, die man beim Verfolgen des Schriftzuges in äquidistanten Meßpunkten ablesen könnte.

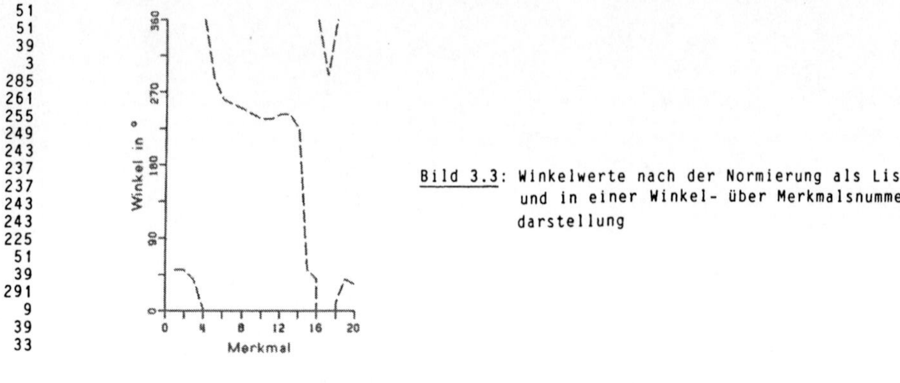

Bild 3.3: Winkelwerte nach der Normierung als Liste und in einer Winkel- über Merkmalsnummer-darstellung

Referenzsymbole werden in dieser Form -- mit 20 Winkelwerten -- abgespeichert. Eine Klassifizierung erfolgt durch Abstandsmessung zwischen den Winkelwerten der Referenzsymbole und den normierten Winkelwerten des eingegebenen Zeichens mit anschließender Entscheidung für dasjenige Zeichen mit minimalem Abstand. Bild 3.4 zeigt ein Beispiel.

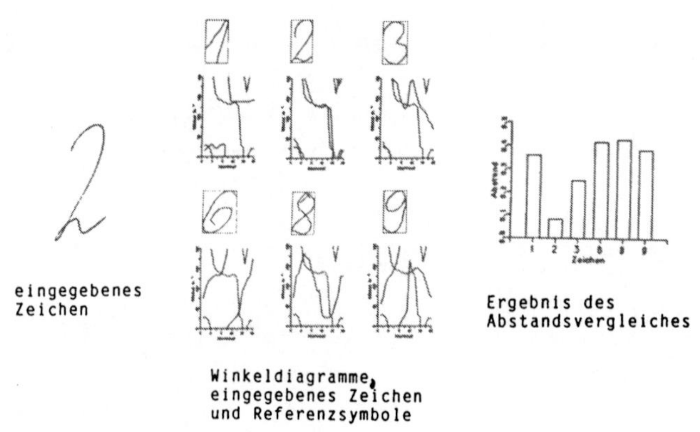

Bild 3.4: Vergleich eines eingegebenen Zeichens mit Referenzsymbolen

Neben dem bislang betrachteten Beispiel mit einem Zeichen, das aus nur einem Linienabschnitt besteht, gibt es auch Zeichen mit zwei oder mehr Linienabschnitten. Ein Linienabschnitt ist eine Linie, die vom Aufsetzen des Stiftes bis zum Abheben des Stiftes entsteht. Eine "4" z.B. besteht in aller Regel aus 2 Linienabschnitten, aus "∟" und "/".

Zeichen mit mehreren Linienabschnitten werden so behandelt, daß jeder Linienabschnitt auf 20 Winkelwerte normiert wird. Zusätzlich ist jedoch Information über die Lage der einzelnen Linienabschnitte zueinander erforderlich. Hierzu werden die umschreibenden Rechtecke der Linienabschnitte und das gesamte umschreibende Rechteck des Zeichens betrachtet.

Referenzsymbole mit mehr als einem Linienabschnitt werden deshalb mit 20 Winkelwerten/Linienabschnitt und dieser zusätzlichen Lageinformation abgespeichert.

Beim Vergleich zwischen eingegebenen Zeichen und Referenzsymbolen werden dann die beiden Anteile "Abstand bezüglich der Winkelwerte" und "Abstand bezüglich der Lage der umschreibenden Rechtecke" geeignet gewichtet und bewertet.

Der Ansatz ermöglicht es, prinzipiell beliebig viele Referenzsymbole abzulegen und beim Erkennen die Abstände gegen diese zu messen. Es ist jedoch so, daß mit zunehmender Anzahl an Referenzsymbolen die Erkennungsgüte abnimmt weil zusätzliche Konflikte möglich werden. Dem kann man dadurch begegnen, daß Teilmengen von Symbolen gebildet werden, die wiederum über ganz bestimmte Steuersymbole ausgewählt oder aktiviert werden. Die Auswahl der Teilmengen kann syntaxgesteuert vorgegeben werden, bei der Aktivierung wird entsprechend immer nur ein ganz bestimmter Teil des vollständigen Baumes der zulässigen Operationen aktiviert, der Rest bleibt verborgen.

Die Symbole können benutzerspezifisch definiert werden; es kann jedem Symbol eine ganz bestimmte ASCII-Folge zugeordnet werden (entweder eine einfache Kennung oder auch ein kompletter Befehl).

Neben dem Schreiben isolierter einzelner Zeichen ist es auch möglich, Folgen von isolierten Zeichen zu schreiben. Eine geeignete Segmentierung /DOST83/ ermöglicht komfortables benutzerfreundliches Schreiben.

Programme zum Editieren der Referenzsymbolmenge und zur Visualisierung der einzelnen Verarbeitungsschritte ergänzen die handschriftliche Direkteingabe.

4.Integration in multifunktionale Büroarbeitsplätze

Geräte- und Programmanbieter sowie ein sicherlich großer Teil der Anwender geben dem Medium Btx zu Recht nur eine Chance, wenn Btx-Endgeräte mehr Intelligenz bekommen und sich damit Btx zu einem wirklichen Telekommunikationsmedium für kleinere kommerzielle Anwender verwenden läßt /BMM'84/. Das bedeutet, neben dem Standard Post Teilnehmerplatz, bestehend aus Modem, TV-Gerät mit Btx-Decoder und TV-Fernbedienung (eventuell noch Tastatur), Bild 4.1, werden zunehmend intelligente

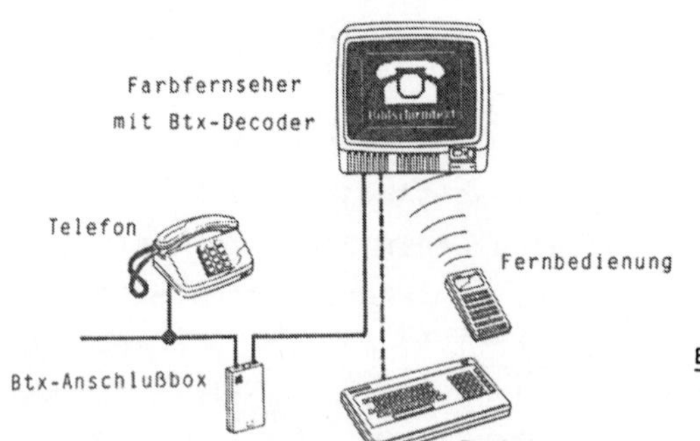

Bild 4.1: Standard Btx-Teilnehmerplatz

Teilnehmerplätze treten, wie in Bild 4.2 gezeigt, wobei hier auf Details, wie ein Schirm oder zwei Schirme, nicht eingegangen wird. In diesem Büroarbeitsplatz laufen neben Kommunikation über Btx, Teletex, Telex, Fax und sonstigen Verbindungen alle im Büro üblichen Arbeiten ab.

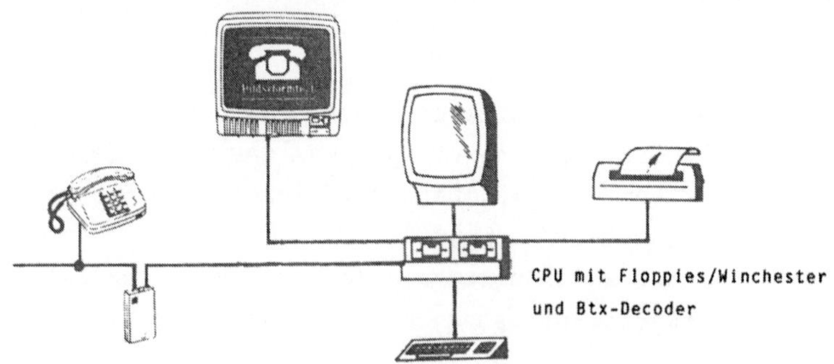

Bild 4.2: Büroarbeitsplatz mit PC und Btx-software

Es ist deshalb nicht notwendig, Btx-Anwendungen mit Bildanalyse von Textdokumenten (BTD) oder handschriftliche Direkteingabe (HDE) einzeln

zu betrachten, mit Ausnahme des Btx-home-Teilnehmerplatzes, bei dem
eben die HDE die Tastatur vollständig ersetzen kann, Bild 4.3.

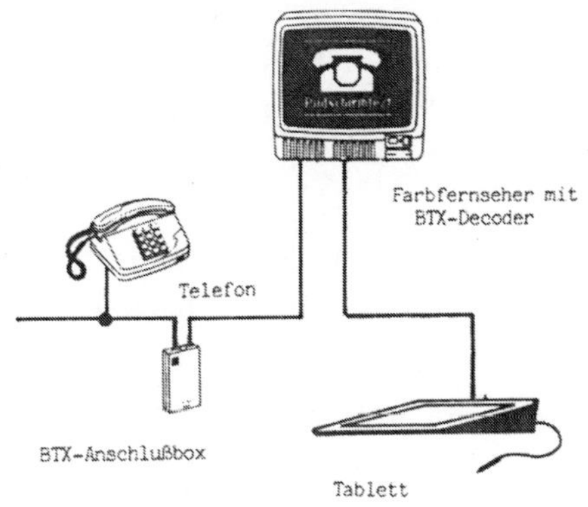

Bild 4.3: Btx-Teilnehmerplatz mit handschriftlicher Direkteingabe

Betrachtet man einen Personal Computer (PC), so ist eine Integration
der HDE in der Form möglich, daß -- multitasking des Betriebssystems
(BS) vorausgesetzt -- in einer Task immer HDE abläuft und das Ergebnis
der Erkennung in den Tastaturpuffer der anderen Task schreibt. Alle
Cursorbewegungen können ebenfalls über das Tablett eingegeben werden. /DOST84/ beschreibt eine solche Anwendung mit HDE und Wordstar.

Als weitergehenden Schritt kann man sich HDE auch als Soft- bzw. Hard-
warekomponente des Betriebssystems vorstellen. HDE ist dann ein Werk-
zeug des Betriebssystems, das allen Anwendern zur Verfügung steht.
Bild 4.4. zeigt die Einbettung.

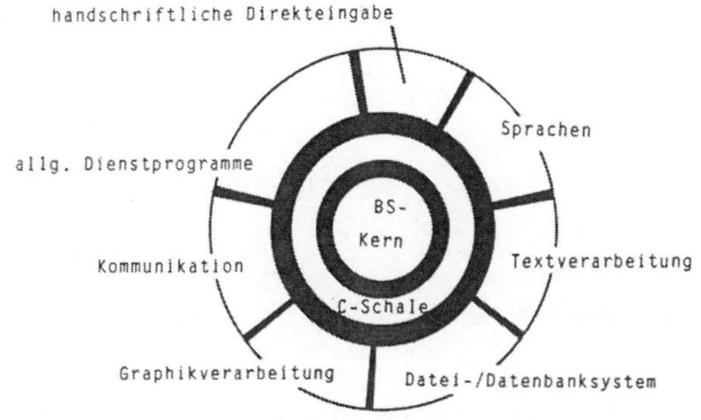

Bild 4.4: Integration der handschriftlichen Direkteingabe in das
Betriebssystem

Dadurch daß benutzerspezifische Symbole definierbar sind und über die Technik der Teilmengenerschließung von Referenzsymbolen eine relativ große Anzahl von unterschiedlichen Symbolen gut verarbeitbar ist, erlaubt die HDE viele Anwendungen.

Eine Integration der Bildanalyse von Textdokumenten ist in unterschiedlichen Stufen denkbar.

Die am untersten Ende angesiedelte Lösung ist in Bild 4.5 dargestellt. Es gibt nur eine Verbindung zwischen BTD und PC. Über diese Verbindung wird ein bearbeitetes Dokument -- beschrieben in der externen Dokumentrepräsentationsdarstellung -- überspielt. Es gibt nur minimale Eingriffsmöglichkeiten während der BTD.

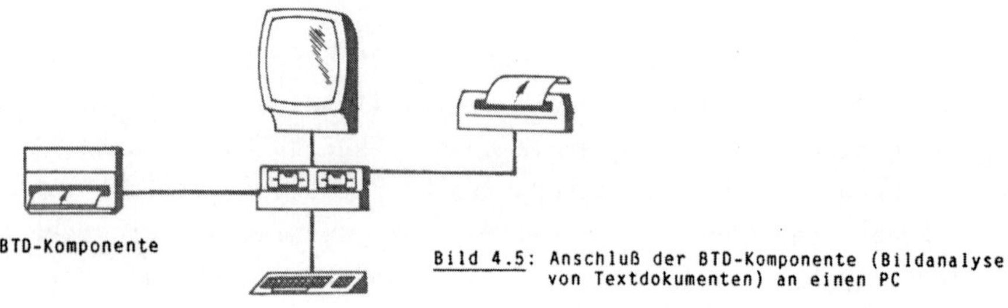

<u>Bild 4.5</u>: Anschluß der BTD-Komponente (Bildanalyse von Textdokumenten) an einen PC

Die nächste Stufe könnte vorsehen, daß der Schirm, die Tastatur und die HDE dem BTD-Rechner während der BTD-Aktivität zugeordnet sind und damit eine volle interaktive Bildanalyse mit jedem Komfort möglich ist.

Die höchste Stufe der Integration stellt wieder die Form dar, bei der die BTD-Komponenten als Soft- oder Hardware im BS integriert sind, d.h. die allgemeinen Dienstprogramme in der Darstellung von Bild 4.4 werden um die notwendigen Komponenten zur Bildanalyse von Textdokumenten ergänzt. Damit kann auch ein vollständige Integration mit den Text- und Graphikeditoren in jeder Stufe geschehen.

Ein Büroarbeitsplatz mit HDE und BTD ist in Bild 4.6 dargestellt.

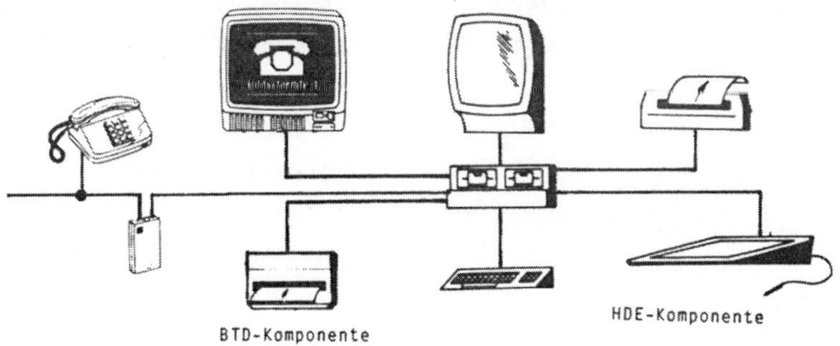

Bild 4.6: Büroarbeitsplatz mit handschriftlicher Direkteingabe (HDE)
und Komponenten zur Bildanalyse von Textdokumenten (BTD)

5.Stand der Realisierung, Zusammenfassung und Ausblick

Aktivitäten zum Thema Bildanalyse von Textdokumenten (BTD) und zum
Thema handschriftliche Direkteingabe (HDE) laufen in zwei Richtungen
bzw. mit zwei Schwerpunkten.

Ein Schwerpunkt ist die Weiterentwicklung von Algorithmen, dies
schließt immer mit ein eine Wertung und einen Vergleich mit bereits
realisierten Verfahren. Den zweiten Schwerpunkt stellt die Realisierung von exemplarischen Funktionsmustern dar.

Die Algorithmenentwicklung bei der BTD beschäftigt sich zur Zeit mit
den Themengebieten Klassifikatoren (Erhöhung der Erkennungsleistung),
den symbolischen Operationen wie Verwendung typographischer Information und der Integration der Document Description Database DDD in
das Konzept. Das Ziel ist die Erkennung von immer komplizierter aufge-
bauten Dokumenten aus Text und Graphik.

Die exemplarische Realisierung der BTD wird auf einer VAX 11/780 vorgenommen unter Verwendung geeigneter Peripherie. Als Eingabegerät
kommt ein Telekopierer Gruppe 3 zum Einsatz, der über eine V24-
Schnittstelle mit der VAX verbunden ist. Die einzelnen vorhandenen
Programmteile werden zur Zeit zu einem vollständigen Ablauf integriert.

Algorithmen zur HDE werden entwickelt im Bereich der Klassifizierung
(Anwendung von dynamic programming Methoden) und zum Unabhängigwerden
von bislang noch vorhandenen Restriktionen bezüglich der Schreibrei-
henfolge einzelner Zeichen, ausführliche Vergleichsexperimente für die
unterschiedlichen Klassifikationsverfahren sind geplant. Die Arbeiten
haben als weitere Ziele bzw. Fernziel zunächst den Übergang zur Erken-

nung flüchtigerer geschriebener Schrift (d.h. teilweise verbundene Zeichen) bis hin schließlich zur Erkennung gebundener Schrift.

Die HDE ist auf der VAX realisiert einschließlich einer Vielzahl von Programmen zum Editieren der Referenzsymbolvorräte und zur Visualisierung von allen Zwischenergebnissen, die während der Bearbeitung anfallen.

Außerdem erfolgt zur Zeit eine Realisierung der HDE auf einem 16 bit PC unter einem Multitasking-Betriebssystem mit dem Ziel, Wordstar oder irgendein anderes Textverarbeitungsprogramm vollständig mit HDE zu steuern.

Geplant sind noch andere Anwendungen wie z.B. die Steuerung eines einfachen Post - Btx-Teilnehmerplatzes mit HDE anstelle der Tastatureingabe.

Darüberhinaus ist auf der VAX eine Integration der beiden Verfahren BTD und HDE beabsichtigt, damit die bei der Bildanalyse von Textdokumenten notwendige Interaktion wie Auswahl interessierender Gebiete oder manuelle Eingriffe zur Auflösung automatisch nicht weiter behandelbarer Alternativen mit der handschriftlichen Direkteingabe und damit ohne Tastatur erfolgen kann.

Die beiden Projekte Bildanalyse von Textdokumenten und handschriftliche Direkteingabe entwickeln Verfahren die es -- bei geeigneter Integration -- erlauben, problemlos von Dokumenten auf dem Medium Papier zu Dokumenten in elektronischer Darstellung zu kommen. Die notwendige Interaktion einschließlich Cursorsteuerung, Kommando- und Texteingabe während der Wandlung kann über die natürliche handschriftliche Mensch/ Maschine-Schnittstelle durchgeführt werden.

Die handschriftliche Direkteingabe kann schließlich einen vollständigen Maus- plus Tastaturersatz ermöglichen.

Literatur

/BAIL82/ T.A.Bailey, R.Dubes
Cluster Validity Profiles. Pattern Recognition, Vol. 15,
March 1982, pp 61-83

/BART84/ N.Bartneck
Image Analysis Based on Image Description Graphs With Contour
Coded Objects. Accepted paper for 7th International
Conference on Pattern Recognition, July 30 - Aug. 2, 1984,
Montreal, Canada

/BMM'84/ Proceedings Btx Mikrosoft Meeting, 26.-27.4.1984, Düsseldorf

/DOST83/ W.Doster, R.Oed
Zur Bildanalyse bei der handschriftlichen Direkteingabe.
VDE-Fachberichte 35, Mustererkennung 1983, 5.DAGM-Symposium,
11. - 13. Okt. 1983, S. 161-166

/DOST84/ W.Doster, R.Oed
Textbearbeitung auf Personal Computers mit handschriftlicher
Direkteingabe. Notizen zu Interaktiven Systemen, Fachgruppe
Interaktive Systeme der Gesellschaft für Informatik (GI),
Heft 12, März 1984, S. 3-13

/FRAN83/ J.Franke
Zur Entwicklung hierarchischer Klassifikatoren aus der
entscheidungstheoretischen Konzeption.
VDE-Fachberichte 35, Mustererkennung 1983, 5.DAGM-Symposium,
11. - 13. Okt. 1983, S. 261-265

/SCHE80/ W.Scherl, F.Wahl, H.Fuchsberger
Automatic Separation of Text, Graphic and Picture Segments in
Printed Material.
Proceedings Pattern Recognition in Practice, May 21 - 23,
1980, Amsterdam, pp 213-221

/SCHI83/ S. Schindler
Normungstrends im Bereich der computerunterstützten Textauf-
bereitung. Vortrag 18. November 1983, Document Preparation
Systems, Heidelberg

/SCHÜ77/ J.Schürmann
Polynomklassifikatoren.
Oldenbourg, München, Wien, 1977

/SCHÜ78/ J.Schürmann
A Multifont Word Recognition System for Postal Address
Reading. IEEE Transaction on Computers, vol. C-27, no. 8,
Aug. 1978, pp 721-732

/SCHÜ84/ J.Schürmann, W.Doster
A Decision Theoretic Approach to Hierarchical Classifier
Design. Forthcoming paper in Pattern Recognition

Ermittlung und Bewertung der Wirtschaftlichkeit
alternativer Nutzungsformen des Bildschirmtextdienstes
- dargestellt an mehreren Anwendungsbeispielen -

von

Prof. Dr. Dietrich Seibt[1]
Dipl.-Kfm. Ferdinand Rüschenbaum[2]

[1] o. Prof. für Betriebswirtschaftslehre, insbes. Betriebsinfor-
matik an der Universität Essen - GHS -, Mitglied der Insti-
stitutsleitung des BIFOA an der Universität zu Köln.
[2] Wissenschaftlicher Mitarbeiter des BIFOA.

Gliederung:

1. Unternehmungsweite Btx-gestützte Informationssysteme
   (= BTXIS)

2. Wirtschaftlichkeit Btx-gestützter Informationssysteme

3. Kostenerfassungsschema für Btx-Anwendungen

   3.1 Einmalige Kosten

   3.2 Laufende Kosten

4. Kostenmodelle für mehrere konkrete Anwendungsfälle

   4.1 Kosten der Btx-Nutzung aus der Sicht selbständiger Versicherungsvermittler

   4.2 Kosten eines "Bundesweiten Informationsanbieters", zum einen über öffentliche Btx-Vermittlungsstellen, zum anderen im Btx-Rechnerverbund über eigenen externen Rechner

5. Nutzenaspekte von Btx-Anwendungen

   5.1 Monetär bewertbare Nutzenaspekte

   5.2 Monetär nicht bewertbare Nutzenaspekte

6. Literaturverzeichnis

1. Unternehmungsweite Btx-gestützte Informationssysteme (= BTXIS)

Die Bedeutung von Bildschirmtext für unternehmungsweite Kommunikation insbesondere zwischen zentralen und dezentralen Betriebsteilen kann vor allem durch folgende Merkmale verdeutlicht werden:

- Erstmals wird allen Anwendern ein offenes, flächendeckendes Datenübertragungsnetz zur Verfügung gestellt.

- Die Öffnung des Netzes ermöglicht die Integration unterschiedlicher Rechner- und Endgerätetypen.

- Eine Vielzahl neuer Datenverarbeitungs- und Kommunikationsanwendungen wird insbesondere durch den Btx-Rechnerverbund ermöglicht.

- Für kleine Anwender (dezentrale Läger, Verkaufsniederlassungen, Außendienstmitarbeiter) bietet sich ein kostengünstiger Netzzugang über kostengünstige Hauptanschlüsse und im Vergleich zu bisherigen Datenfernverarbeitungslösungen ebenfalls kostengünstige Endgeräte, wie bspw. Farbfernsehgeräte.

Btx-gestützte betriebliche Informationssysteme sind Mensch-Rechner-Systeme, die auf die spezifischen Bedürfnisse und Randbedingungen einer Unternehmung zugeschnitten (= maßgeschneidert) werden. Dabei können BTXIS prinzipiell die Informationsverarbeitungsfunktionen beinhalten, die auch von rechnergestützten betrieblichen Informationssystemen der klassischen Datenverarbeitung realisiert werden. Zusätzlich unterstützen BTXIS meist in besonders ausgeprägtem Umfang betriebliche Kommunikationsprozesse.

2. Wirtschaftlichkeit Btx-gestützter Informationssysteme

Mit Hilfe von Wirtschaftlichkeitsanalysen wird untersucht, ob und in welchem Umfang betriebswirtschaftliche Anwendungen in einer Unternehmung zukünftig mit Bildschirmtext unterstützt werden sollen. Dabei müssen die jeweiligen unternehmungsspezifischen Gegebenheiten berücksichtigt werden.

Wirtschaftlichkeit existiert als Begriff in zwei verschiedenen, logisch eng zusammenhängenden Bedeutungen:

- Wirtschaftlichkeit als Kennziffer, d.h. als Verhältnis "Ertrag zu Aufwand" oder als Verhältnis "Leistungen zu Kosten"
- Wirtschaftlichkeit als Handlungsanweisung in der Form des Optimierungsprinzips, d.h. mit gegebenen Mitteln die größtmögliche Leistung erzielen, oder als Sparprinzip, d.h. eine angestrebte Leistung mit geringstmöglichen Mitteln erreichen.

In jedem Fall werden monetäre Größen verwendet. Zentrales Problem der Wirtschaftlichkeitsbetrachtung ist die Bewertung von Mengengrößen auf der Input-Seite und auf der Output-Seite mit Geldeinheiten.

Schwierigkeiten ergeben sich insbesondere bei ex ante-Analysen als Kern der Entscheidung zwischen mehreren realisierbaren System-Alternativen. Durch Vergleich zwischen den voraussichtlichen Erträgen/Aufwendungen bzw. Leistungen/Kosten pro System-Alternative zu einem Zeitpunkt, zu dem diese Größen allenfalls äußerst grob geschätzt werden können, soll die beste, d.h. die wirtschaftlichste System-Alternative herausgefunden werden. In der Praxis existiert nur ein sehr geringes "Schätz-Knowhow". Probleme ergeben sich auch hinsichtlich der Bewertung der geschätzten Ausbringungsmengen (Outputs) mit Preisen oder Verrechnungssätzen.

Darüber hinaus erfordert die umfassende Beurteilung von System-Alternativen die systematische Berücksichtigung einer Vielzahl von Faktoren, die sich nicht alle in Geldeinheiten bewerten lassen, d.h. die nicht restlos in Kosten/Leistungen abgebildet werden können. Gerade diesen Faktoren kommt bei der Entwicklung von

Informationssystemen große Bedeutung zu. Die für die Entscheidung über die System-Alternativen zuständige Stelle muß dann darauf dringen, daß neben einer auf monetäre Größen beschränkten Wirtschaftlichkeitsrechnung eine umfassendere Nutzwert-Analyse durchgeführt wird. Mit Hilfe der Nutzwert-Analyse können dann alle als Ziele verfolgten Ergebnisse der Systementwicklung berücksichtigt werden.

3. Kostenerfassungsschema für Btx-Anwendungen

Im Rahmen eines Forschungsprojektes am BIFOA ist ein Kostenerfassungsschema für Btx-Anwendungen entwickelt worden, das alle für Btx-Teilnehmer und Btx-Informationsanbieter relevanten einmaligen und laufenden Kostenelemente umfaßt. Das im Anhang dargestellte Kostenerfassungsschema stellt einen Maximalkatalog dar. Nicht in allen Fällen treten alle Kostenelemente auf und sind alle Kostenelemente quantifizierbar.

3.1. Einmalige Kosten

Die einmaligen Kosten umfassen die folgenden Kostenblöcke:

- Kosten der Systemerstellung,
- Hardwarekosten (einschl. Installation),
- Softwarekosten (einschl. Implementierung),
- Einrichtungskosten für Datenübertragung sowie
- Material- und Systemzubehörkosten.

Besonderes Gewicht haben die Kosten der Systemerstellung, zu denen u.a. die

- Kosten der Vorüberlegungen zur Systemeinführung,
- Informationsbeschaffungskosten,
- Beratungskosten in Hinblick auf die Gestaltung von Btx-Seiten
- Kosten der Erstellung von Btx-Seiten und
- Kosten der Dateianpassung

zu zählen sind.

Die Erstentwicklung der betriebs- oder benutzergruppenspezifischen Btx-Seiten führt in vielen Btx-gestützten Informationssystemen zu erheblichen Einmalkosten. Unter der Voraussetzung, daß ca. 500 Seiten, davon 375 Text- und 125 Grafikseiten, entwickelt werden, ergeben sich folgende Beträge: Wenn pro Tag 20 - 30 Textseiten oder 2 - 5 Grafikseiten von einer Btx-Fachkraft erstellt werden, entsteht ein mengenmäßiger Aufwand von 38 - 82 Manntagen. Bei einem Kostensatz von DM 400,- - 1.000,- pro Manntag ist mit einer Bandbreite zwischen DM 15.000,- - und DM 82.000,- zu rechnen.

Im Rahmen der Hard- und Softwarekosten kann nach den Kosten in der Unternehmung und für den Benutzer unterschieden werden. Je nach der unternehmungsspezifischen Situation kann ein Betrieb bspw. für den Kreis der Außendienstmitarbeiter die Kosten für Bildschirmtextgeräte übernehmen. Bei den Endgeräten kann es sich um eine einfache Ein-/Ausgabestation (Anschaffungspreis DM 10.000,-- einschl. Drucker und Diskettenlaufwerk), einen Btx-fähigen Mikrorechner (Anschaffungspreis MUPID DM 10.000,-- einschließlich Peripherie), komfortable Editierplätze (Anschaffungspreis DM 30.000,-) oder um Kombinationen verschiedener Geräte handeln. Bestimmend für die Anschaffungskosten sind die Preise der Btx-Decoder, die für den neuen CEPT-Standard in großen Stückzahlen gefertigt werden können. In einigen Jahren wird der Preis dann etwa DM 700,- betragen. Um die ADV-Anlage einer Unternehmung als externen Rechner nutzen zu können, entstehen Kosten für Hardwareerweiterung (Kanal-, Hauptspeicher- und Plattenerweiterungen) und Softwarekosten. Diese betragen bspw. DM 200.000,- - 250.000,- für die Btx-Rechnerverbundsoftware und DM 120.000,- - 240.000,- für die Entwicklung betriebsindividueller Btx-Anwendungssoftware. Die Kosten für die Realisierung eines Vorrechnerkonzepts können ebenfalls mit DM 200.000,- - 250.000,- für Hard- und Software angenommen werden.

Die Einrichtungskosten für Datenübertragung errechnen sich aus den Gebühren der Deutschen Bundespost, wie bspw. DM 55,- für die Änderung eines bestehenden Teilnehmerverhältnisses in ein Btx-

Teilnehmerverhältnis. Die Material- und Systemzubehörkosten sind vorab nicht quantifizierbar.

3.2 <u>Laufende Kosten</u>

Zu den laufenden Kosten sind vor allem die von der Deutschen Bundespost abgerechneten Datenübertragungsgebühren zu zählen. Bezugsgrößen sind zum einen Zeiträume, bspw. die monatliche Grundgebühr je bundesweiter Leitseite von DM 350,- oder die monatliche Grundgebühr je Btx-Anschluß von DM 8,-, und zum anderen Datenmengen, bspw. die Gebühr für das Absenden einer Mitteilung von DM 0,40 je Seite. Das Gebührenmodell der Deutschen Bundespost kann an dieser Stelle nicht näher erläutert werden.

Darüber hinaus ist mit laufenden Kosten für die Wartung der Hardware und die Pflege der Software zu rechnen. Für die Kostenarten wird im allgemeinen mit Prozentzahlen gerechnet, die sich auf die entsprechenden Einmalkosten beziehen. In Anlehnung an die allgemeinen Erfahrungssätze für Wartungskosten bei rechnergestützten betrieblichen Informationssystemen können 15% der Entwicklungskosten für Softwarepflege jährlich angenommen werden.

Daneben entstehen weitere Personalkosten für die Pflege der Btx-Seiten, die Entwicklung weiterer Anwendungen und für Datenschutz und Datensicherung, die ex-ante nicht zu quantifizieren sind.

4. <u>Kostenmodelle für mehrere konkrete Anwendungsfälle</u>

Im folgenden werden anhand von drei Anwendungsfällen verschiedene Btx-Nutzungsformen und die entsprechenden Auswirkungen auf die Kostensituation untersucht werden.

**4.1. <u>Kosten der Btx-Nutzung aus der Sicht der selbständigen Ver-
sicherungsvermittler</u>**

Bei der folgenden Beispielrechnung wird davon ausgegangen, daß
die Außendienstmitarbeiter die Anschaffungskosten für die Btx-Geräte und die Datenübertragungsgebühren im öffentlichen Fernsprechnetz selbst übernehmen. Als Anwendungen stehen

- das Informationsangebot in der Bildschirmtext-Vermittlungsstelle, einschließlich öffentlich zugänglicher Rechnerverbundanwen-
  dungen (bspw. von Banken, Versandhandel usw.),

- das Informationsangebot der Geschlossenen Benutzergruppen der
  Versicherungsunternehmung,

- der externe Rechnerverbund mit der Versicherungsunternehmung
  und

- die Nutzung des Mitteilungsdienstes zur Übermittlung der Daten
  gekündigter Verträge von der Hauptverwaltung an den Vermittler
  zur Verfügung.

Zur Berechnung der monatlichen Gesamtkosten für einen selbständigen Versicherungsvermittler wurde von folgenden Annahmen ausgegangen:

- ● Kosten eines BTX-Endgerätes
  (Farbfernsehgerät mit Decoder,
  alphanumerischer Tastatur und
  Drucker)   DM 4.300,--
  verteilt über 60 Monate
  Abschreibungsdauer monatlich   DM   72,--

- ● Monatliche Wartungs-,
  Versicherungskosten etc.   DM   12,--

- ● Monatliche Modem-Kosten   DM   8,--

- ● Monatliche Kosten für Zweitanschluß   <u>DM   13,--</u>

  Monatliche Gesamtkosten   DM 105,--

Die ermittelten monatlichen Kosten müssen sowohl auf die Anzahl
der Telefongespräche, d.h. die Anzahl der 8-/12-Minuten-Takte,
als auch auf die in den Telefonaten in Anspruch genommenen Btx-
Anwendungen verteilt werden. Die in den Abbildungen 1 und 2 dargestellten Kostenverläufe verdeutlichen die degressiven Stückkosten pro Anruf und pro Btx-Anwendung.

Auf der Basis der angenommenen Nutzungshäufigkeit an 20 Arbeits-
tagen im Monat (40 Anrufe) betragen die Kosten pro Anruf im Fall
A ca. DM 2,90. Bei einer großen Zahl von Anrufen sinken die
Kosten, bspw. auf ca. DM 2,- bei 60 monatlichen Telefonaten. Die
Kurvenschar in Abb. 2 zeigt, daß die Kosten pro Btx-Anwendung
durch die Anzahl der monatlichen Gebühreneinheiten und durch die
in einem 8-/12-Minuten-Takt nutzbaren Btx-Anwendungen bestimmt
werden. Sie betragen bspw. ca. DM 0,70 bei 40 monatlichen Anrufen
mit je 4 Anwendungen oder ca. DM 0,33 bei 60 monatlichen Telefonaten mit je 6 Anwendungen. Die Menge der pro Anruf nutzbaren Anwendungen wird durch die Anzahl aufzurufender Btx-Seiten und erforderlicher Dialogschritte im externen Rechner begrenzt. Das
Ziel einer sinnvollen Seitengestaltung und -verknüpfung ist es
daher, diese Zahlen zu minimieren.

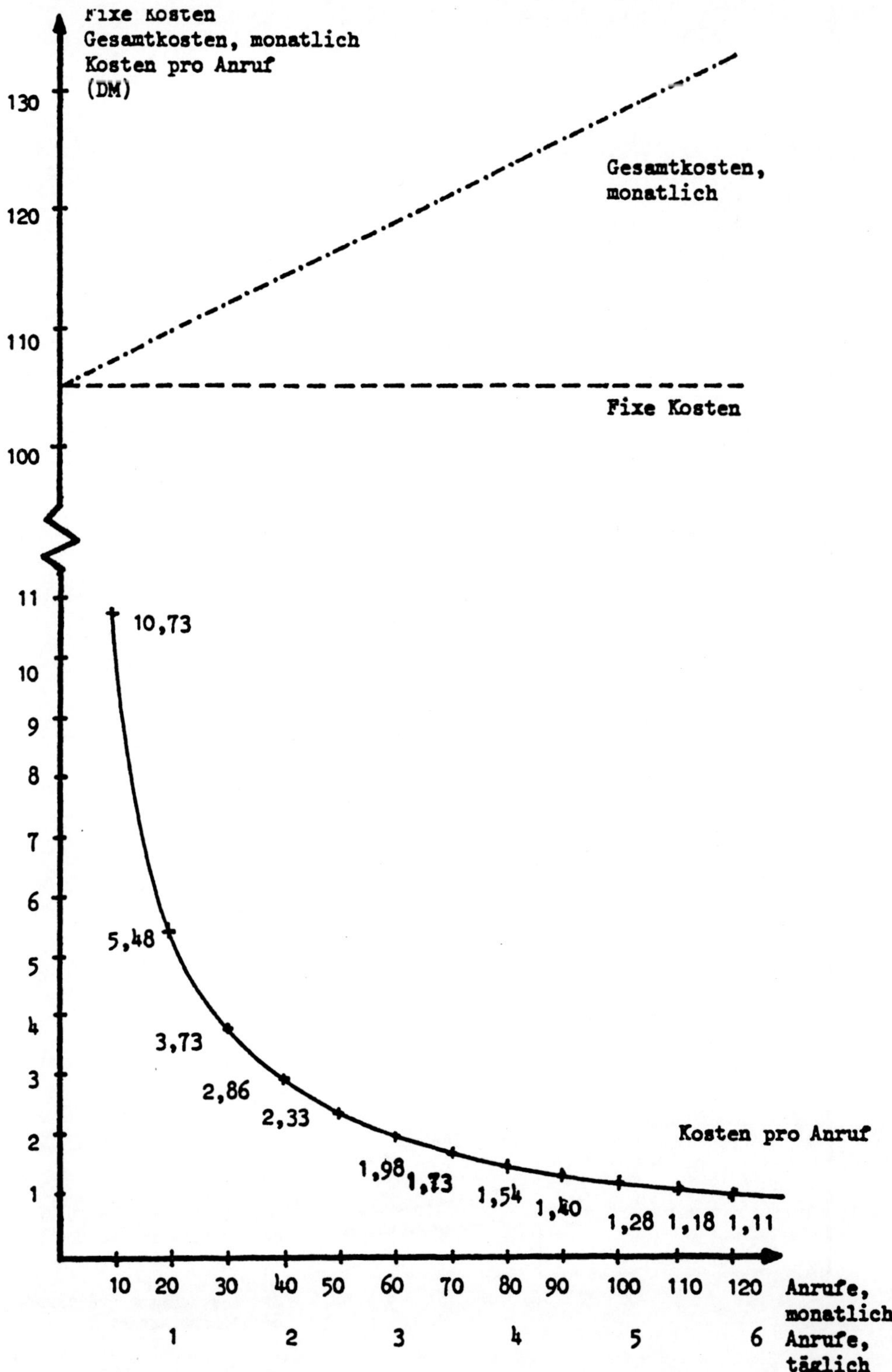

Abb. 1: Kostenverläufe pro Anruf

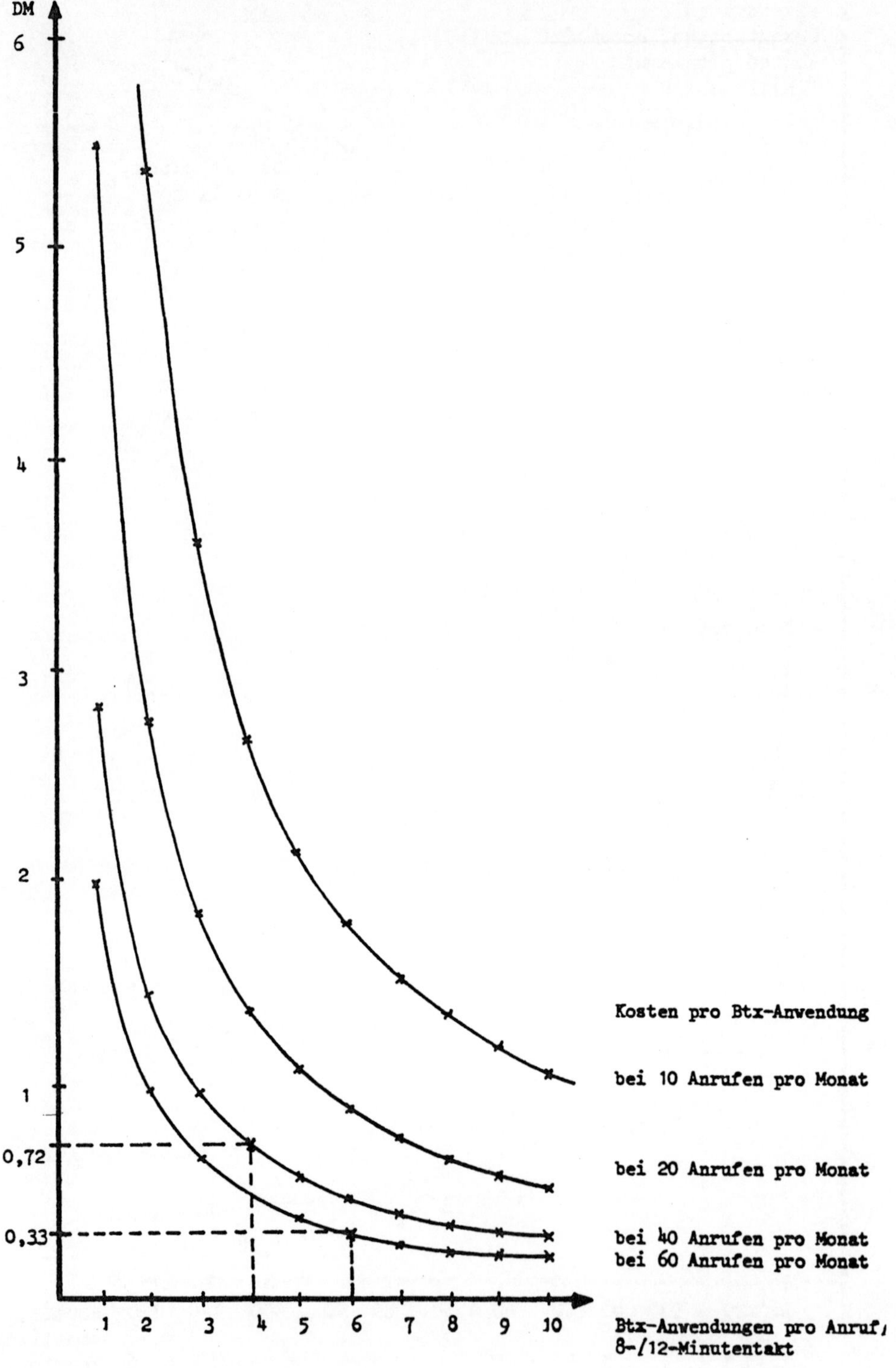

Abb. 2: Kosten pro Btx-Anwendung bei alternativen monatlichen Anrufhäufigkeiten

4.2 <u>Kosten eines "Bundesweiten Informationsanbieters", zum einen über öffentliche BTX-Vermittlungsstellen, zum anderen im BTX-Rechnerverbund über eigenen externen Rechner</u>

Der im folgenden skizzierte Anwendungsfall verdeutlicht die Entscheidungsproblematik eines Informationsanbieters, der sein bundesweites Informationsangebot

- o entweder über die Btx-Vermittlungsstellen der DBP verteilen

- o oder einen eigenen externen Rechner einsetzen kann.

Beide Alternativen werden im folgenden unter Kostenaspekten gegenübergestellt.

Ein bedeutender Hersteller von Fotoapparaten, Kameras und Fotozubehör plant, zukünftig seinen 160 bundesweit verteilten Vertriebsstellen mehr Verkaufsunterstützung zu bieten. Zu diesem Zweck sollen Verkäufer im Verlaufe eines Verkaufsgesprächs über Btx auf eine Datenbank zugreifen können, die die wichtigsten Daten von etwa 1.000 gängigen höherwertigen Fotoartikeln (je 2 Btx-Seiten) enthält. Der Verkäufer soll so dem potentiellen Käufer einen umfassenden Marktüberblick geben können und ständig über aktuelle Preise (auch von Konkurrenzprodukten) Auskunft geben können.

Schätzungen von Praktikern gehen davon aus, daß in jeder Vertriebsstelle durchschnittlich täglich 20 Verkaufsgespräche für höherwertige Fotoartikel geführt werden und jeweils im Rahmen eines Verkaufsgesprächs 10 Btx-Seiten (in max. 8 Minuten) abgerufen werden. Das bedeutet, daß pro Monat durchschnittlich 500 Auskünfte pro Geschäftsstelle (= 20 * 25 Arbeitstage, weil auch samstags gearbeitet wird) anfallen.

Bei bundesweiter Verteilung des Btx-Informationsangebots über öffentliche Btx-Vermittlungsstellen hat der Informationsanbieter (die "Zentrale") folgende jährliche Kosten zu tragen:

a) Speichergebühr 2.000 * 7,5 Pf * 365 Tage   54.750,-- DM

b) Monatl. Gebühr für bundesweite Leitseite
   350,-- * 12 Monate   4.200,-- DM

c) Geschlossene Benutzergruppe
   50,-- * 12 Monate   600,-- DM

d) Eintrag in GBG (Listen für geschl. B-Gruppe)
   1,5 Pf * 160 Geschäftsstellen * 365 Tage   876,-- DDM

e) Kosten für Pflege des Info-Angebots
   Annahme: 10 % der 2.000 Seiten werden monatl.
   aktualisiert und zeitversetzt eingearbeitet.
   Ein mat. Datenträger (Band) wird monatl. in
   der Btx-Vermittlungsstelle eingelesen
   (20,-- + (200 * 0,05 DM)) * 12 = 30,-- * 12   360,-- DM

f) Personalaufwand (1/2 MJ) für Pflege von
   2.000 Btx-Seiten (incl. Gemeinkosten)   45.000,-- DM

g) Komfortable Editierstation (Kaufpreis
   20.000 DM incl. 10 % Kostenanteil für
   Wartung) bei Nutzungsdauer von 60 Monaten
   = ein Fünftel   6.000,-- DM
                        Jährliche Gesamtkosten   111.786,-- DM
                                                  ==============

Bei Division der jährlichen Gesamtkosten durch die Anzahl der
jährlichen Auskünfte (160 Geschäftsstellen * 500 Auskünfte
monatl. * 12 Monate = 960.000 Auskünfte jährlich) ergeben sich
Kosten pro Auskunft in Höhe von 0,12 DM auf seiten der Zentrale.
Wenn die Zentrale ihre Kosten auf die Informationsnachfrager
überwälzen wollte, müßte sie jede Btx-Seite (für eine Auskunft
werden durchschnittlich 10 Seiten benötigt) mit Gebühren in Höhe
von 1,2 Pf belegen.

Wenn das Informationsangebot nicht auf öffentlichen Btx-Vermitt-
lungsstellen der DBP, sondern auf einem unternehmungseigenen ex-
ternen Btx-Rechner gespeichert wird, ergeben sich anstelle der
Speicherkosten auf den Btx-Vermittlungsstellen erhebliche DATEX-
P-Kosten, da die Vertriebsstellen über das Fernsprechnetz und das
Datex-P-Netz auf den externen Rechner zugreifen.

Die Übertragung einer durchschnittlich gefüllten Btx-Seite (etwa
700 Zeichen) kostet 0,04 DM. 10 Seiten im Rahmen einer Auskunft
kosten somit 0,40 DM.

Bei 96.000 Auskünften im Jahr ergibt dies jährliche DATEX-P-
Kosten in Höhe von

$$384.000,-- \text{ DM}$$

Hinzu kommen

a) Datex-P-Adresse
   250,00 DM x 12 Monate   =   3.000,00

b) Datex-P-Hauptanschluß, 9.600 bps, 1. log. Kanal
   370,00 DM x 12 Monate   =   4.440,00

c) 9 weitere logische Kanäle
   5,00 DM x 9 Kanäle x 12 Monate   =   540,00

d) Gebührenübernahme am externen Rechner
   10,00 DM x 12 Monate   =   120,00

e) Gebühr für eine Leitseite, bundesweit
   350,00 DM x 12 Monate   =   4.200,00

f) Personalaufwand
   90.000,00 DM x 1/2 Mann-Jahr   =   45.000,00

g) Editierstation   =   6.000,00

h) Kosten der Btx-Software
   200.000,00 DM / 3 Jahre   =   66.666,00
   200.000,00 DM x 10%   =   20.000,00
Jährliche Gesamtkosten   =   533.966,00

Teilt man diese Kosten durch die Anzahl der jährlichen Auskünfte, so ergibt dies die Kosten der Zentrale pro Auskunft in Höhe von 0,55 DM.

Die Kosten der Alternative II (= externer Btx-Rechnerverbund) sind mehr als viermal so hoch wie die Kosten der Alternative I (= Nutzung posteigener Btx-Vermittlungsstellen). Wichtig ist der sehr unterschiedliche Anteil der fixen Kosten bei den beiden Alternativen:

```
Fixkosten bei Alternative I   = 111.786,-- DM  =  100 %
Fixkosten bei Alternative II  = 149.966,-- DM  =   28 %
```

Hieraus folgt, daß die Stückkosten der Alternative I bei steigender Anzahl Auskünfte erheblich schneller abnehmen als die Stückkosten der Alternative II. Da die Fixkosten der Alternative II absolut höher sind als die Fixkosten der Alternative I, sind auch die Stückkosten der Alternative II immer höher als die Stückkosten der Alternative I.

Im Rahmen einer Betrachtung der "kritischen" Parameter können folgende Ergänzungen vorgenommen werden:

(1) Für die Btx-Rechnerverbund-Software (Alternative II) wurde eine "Lebensdauer" von 3 Jahren geschätzt. Dies erscheint realistisch unter Zugrundelegung der Annahme, daß gerade in diesem Software-Sektor in den nächsten Jahren mit schnellen und grundlegenden Veränderungen (im Sinne von Reifeprozessen) zu rechnen ist. Wenn mit einer Lebensdauer von 5 Jahren gerechnet wird, beträgt der Anteil der Fixkosten pro Jahr (incl. 10 % Wartung) bei Alternative II lediglich DM 123.300,-- und nähert sich damit dem Fixkostenbetrag der Alternative I. Ähnliche Wirkungen ergeben sich, wenn die Btx-RV-Software (CEPT) "billiger" wird. Falls anstelle der geschätzten DM 200.000 für die Btx-Rechnerverbund-Software bei Großrechnerlösungen (z.B. IBM-Betriebssystem MVS oder Siemens

BS 2000) lediglich der halbe Preise eintrifft, wird die Alternative II vor allem für geringe Anzahlen von Auskünften günstiger als Alternative I.

(2) Bei dem zur Errechnung der DATEX-P-Kosten unterstellten Datenvolumen wird von folgenden Voraussetzungen ausgegangen:

- Das Auslösen der Artikel-Auskünfte im externen Rechner erfolgt in der Weise, daß die "fragende" Vertriebsstelle die Btx-Seiten-Nr. nennt, auf der die Daten des gesuchten Artikels im Rechner der Zentrale stehen (z.B. nachdem sie diese Nr. vorher im manuell zu bedienenden alphabetischen Katalog gesucht und gefunden hat). Falls ein Btx-gestütztes logisches Suchsystem vorgeschaltet werden soll, entstehen zusätzliche Kosten durch die Einschaltung des evtl. ebenfalls im externen Rechner implementierten Suchsystems.

- Die Übertragung von durchschnittlich 700 Zeichen pro Btx-Seite ist gleichbedeutend mit der ausschließlichen Übertragung von Netto-Daten (numerisch bzw. alphanumerisch). Die Anzahl der zu übertragenden Segmente läßt sich somit nicht mehr reduzieren, z.B. durch Nutzung des posteigenen Btx-Format-Service.

5. Nutzenaspekte von Btx-Anwendungen

Die Nutzenaspekte von Bildschirmtextanwendungen können entweder unternehmungsbezogen oder auf die einzelnen Benutzer (Fachabteilung, Stelle, Mitarbeiter etc.) erfaßt und bewertet werden. Generelle Nutzenerfassungsschemata analog zu den oben beschriebenen Kostenerfassungsschemata sind nicht entwickelbar. Sinnvoll sind individuelle, an den Zielvorstellungen des Anwenders und an den Randbedingungen des Anwendungsfalls ausgerichtete Nutzen-Prüflisten. Die nachfolgenden Ausführungen basieren daher auf den in Einzelfällen vorgefundenen Ergebnissen und bilden einen ersten Hinweis auf zu erfassende Nutzenaspekte.

Auch für Bildschirmtext-Anwendungen kann wie im Bereich der klassischen Datenverarbeitung zwischen monetär bewertbaren und monetär nicht bewertbaren Nutzenaspekten unterschieden werden.

5.1. <u>Monetär bewertbare Nutzenaspekte</u>

Zu den monetär bewertbaren Nutzenaspekten gehören in erster Linie Einsparungen bei bisher auftretenden Kostenarten und die Erzielung zusätzlicher Erträge.

Fall A (Versicherungsunternehmung): Als Kosteneinsparungen können bspw. Ersparnisse durch den Einsatz anderer Informationsträger und -übertragungswege genannt werden. So werden bspw. Ersparnisse von 2-5 Millionen DM pro Jahr erwartet, weil voraussichtlich ein großer Teil der Material-, Erstellungs- und Verteilungskosten für Briefe, Computerlisten, Karteikarten und COM-Mikrofiches entfallen werden.

Fall B (Versicherungsunternehmung): Die Durchführung unternehmungsinterner Schulungen über Bildschirmtext ermöglicht die Einsparung von Personal- und Reisekosten.

Fall C (Automobilhersteller): Ablauforganisatorische Verbesserungen führen zu Rationalisierungserfolgen und Verkaufserträgen. So können im Fall C die Produktion und das Lager schneller auf die Anforderungen des Vertriebs oder der Kunden reagieren. Es wird daher geschätzt, daß sich der Zeitraum zwischen der Bestellung eines Teils, dessen Fertigung und Auslieferung nahezu halbiert. Dies bedeutet eine Ersparnis von mehreren 100 Millionen DM.

Fall D (Versicherungsvermittler): In einem weiteren Beispiel wurden Überstunden eingespart, da Bildschirmtext zeitaufwendige Sortier-, Aktualisierungs- und Verteilaufgaben ersetzt hat.

5.2. <u>Monetär nicht bewertbare Nutzenaspekte</u>

Eine Vielzahl von Nutzenaspekten kann nicht oder nur durch Verwendung von Hilfsgrößen monetär bewertet werden. Da die Deutsche Bundespost das Fernsprechnetz, die Bildschirmtext-Vermittlungsstellen und das Datex-P-Netz permanent vorhält, muß im Gegensatz zu einigen klassischen DÜ-Alternativen die Kommunikationsstruktur zwischen unternehmungsinternen und -externen BTXIS-Benutzern nicht jeweils separat aufgebaut werden. Dies bedeutet aber auch, daß Informationen eine große Breitenwirkung besitzen und im Extremfall flächendeckend verfügbar sind.

Fall E (Einzelhändler oder Handelskette): Durch die Einstellung eines Informationsangebots in die Bildschirmtext-Vermittlungsstellen können völlig neue Benutzer-/Kundengruppen erreicht werden. So kann bspw. ein öffentliches Angebot in einer regionalen Btx-Zentrale den Kundenkreis eines Einzelhändlers sehr stark erweitern.

Fall F (Versicherungsunternehmung, Automobilhersteller, Handelskette): Im Rahmen Geschlossener Benutzergruppen können auch räumlich entfernte Vertriebs- oder Außendienstniederlassungen mit internen Informationen versorgt werden.

Diese Eigenschaften von Bildschirmtext haben zwei Konsequenzen: Zum einen wird für Kunden und Mitarbeiter einer Organisation die Transparenz über das angebotene Leistungsspektrum erhöht. Zum anderen steigt auch die Reaktionsgeschwindigkeit der Unternehmung am Markt auf Kundenwünsche und Lieferantenangebote. Die Wettbewerbsvorteile für kleine und mittelständische Unternehmungen sind offensichtlich.

Fall G (Versicherungsunternehmung, Automobilhersteller, Handelskette): Durch das Eingabesystem der Bildschirmtext-Vermittlungsstelle kann der Informationsanbieter seine Btx-Seiten verändern. Das bedeutet, der Änderungsaufwand ist gering und die geänderten Seiten stehen zeitverzugslos allen Kommunikationspartnern zur

Verfügung. Somit sind auch in weitverzweigten Verteilungssystemen aktuelle, richtige und aussagefähige Informationen schnell verfügbar.

Fall H (Versicherungsvermittler, Automobilhersteller, Einzelhändler, Handelskette): Gleichzeitig werden unternehmungsinterne Kommunikationsflüsse unterstützt und beschleunigt. Bei Nutzung des Btx-Mitteilungsdienstes sind Informationsflüsse zwischen zwei Stellen nicht mehr von der aktuellen Anwesenheit der Empfänger abhängig. Aus den vorhergehenden Aspekten läßt sich ableiten, daß die interne Vorgangsabwicklung beschleunigt und die Flexibilität und das Reaktionsvermögen an der Peripherie verbessert wird. Auf die möglichen Einsparungen ist bereits hingewiesen worden.

Fall I (Versicherungsunternehmung, Automobilhersteller, Handelskette): Im Btx-Rechnerverbund werden neuartige DV-Anwendungen vor allem für unternehmungsinterne und -externe Benutzergruppen möglich, die bisher bei ihren Funktionen noch nicht unterstützt werden konnten. Voraussichtlich werden schon in Kürze Btx-Terminals mit Mikro-/Minicomputern integriert. Das bedeutet, die Vorteile der verteilten Verarbeitungsintelligenz werden mit denen an offene Netze angeschlossener Kommunikationseinrichtungen kombiniert.

Fall K (Einzelhändler, Handelskette): Gerade der Konkurrenzvorteil, der sich aus der Steigerung der Wirksamkeit und Leistungsfähigkeit unternehmungsinterner Funktionen ergibt, wird als Argument für den Einsatz des Bildschirmtextdienstes angesehen. Dagegen treten die Kostenaspekte weitgehend zurück.

Wie aus den vorhergehenden Darstellungen zu ersehen ist, können die einzelnen Nutzenaspekte unterschiedlichen Fallbeispielen zugeordnet werden. In der anschließenden Abbildung 3 sind daher mögliche Nutzenaspekte noch einmal im Überblick zusammengefaßt.

(1) <u>Kommunikationsinfrastruktur</u> zu den externen Geschäftspartnern (z.B. Kunden, Lieferanten usw.) muß nicht separat aufgebaut werden.

(2) Einsparungen bei Endgeräten (im Vergleich zu klassischen Terminals)

(3) Völlig <u>neue externe Benutzer-/Kunden-Gruppen</u> können erreicht werden

(4) <u>Breitenwirkung</u> der Informationen (im Grenzfall "flächendeckend")

(5) Häufige Konsequenz aus (3) und (4): Erhöhung der <u>Transparenz</u> über das von der Organisation angebotene Leistungsspektrum

(6) <u>Hohe Geschwindigkeit des Einpflegens von Änderungen</u>, z.B. Änderung von Informationen über angebotene Produkte, schnelle Verbreitung der Änderungen

(7) <u>Verbesserte Aktualität</u> der verfügbaren Informationen über die Organisation, z.B. über ihre Produkte/Dienstleistungen

(8) Geringer Änderungsaufwand bei sofortiger Verfügbarkeit der Änderungen für alle Kommunikationspartner

(9) In bestimmtem Umfang Ersatz von aufwendigen/langsamen papiergebundenen Kommunikationsformen

(10) Innerorganisatorische <u>Kommunikationsflüsse</u> werden <u>beschleunigt</u>; Mitteilungsströme zwischen zwei Stellen sind nicht mehr von der aktuellen Anwesenheit der Empfänger abhängig (Mailing-Funktion)

(11) <u>Beschleunigung</u> der internen Vorgangsabwicklung

(12) Verbesserung der Flexibilität und des Reaktionsvermögens der Organisation an der "Peripherie", z.B. Verbesserung der Dispositionsprozesse (im Bestellwesen usw.)

(13) Möglichkeit zur Verknüpfung der Vorteile des Distributed Data Processing (mit Hilfe von intelligenten dezentralen Stationen) mit den Vorteilen zentraler Anwendungssysteme (über offene Netze)

(14) Häufige Konsequenz aus (10) und (11): Wirksamkeit/Leistungsfähigkeit der auf diese Weise unterstützten innerorganisatorischen Funktionen wird erhöht.

Abb. 3: Überblick über die verschiedenartigen bei der Nutzung eines BTXIS auftretenden Nutzenaspekte

6. <u>Literaturverzeichnis:</u>

ANSTÖTZ, K.; DÄHNHARDT, J.: Entwicklung eines prototypischen
BTX-Informationssystems für den Technologietransfer - Gestal-
tungserfahrungen und Wirtschaftlichkeitsüberlegungen - (Diplomarbeit) Essen 1984.

BEKELAER, Karin: BTX-Anwendungen im Verbund zwischen Automobilhersteller und -händler aus Vertriebssicht. BIFOA-Fachseminar
"Bildschirmtext - Innerbetriebliche Anwendungen" am 2./3. Februar 1984 in Köln.

EICHINGER, F.: Computergestützter Außendienst unter Einsatz von
Bildschirmtext. Das Konzept der Iduna-Versicherungsgruppe.
Vortrag BIFOA-Fachseminar Köln, Juni 1983 und Vortrag BIFOA-
Fachseminar, Köln, Dezember 1983.

GOHL, I.: Bildschirmtext - ein Medium auch für das Kfz-Gewerbe.
In: AUTOHAUS, Heft 18, 3. Oktober 1983, S. 2074-2077.

HILGERS, B.; KAMPLING, M.: Betriebswirtschaftliche Analysen des
Bildschirmtext-Einsatzes im Katasterwesen, verglichen mit an-
deren DV-Lösungen - untersucht am Beispiel des Katasteramtes
Mettmann (Diplomarbeit) Essen 1983.

LANGEN, B.: Ergebnisse von BTX-Wirtschaftlichkeitsberechnungen
in ausgewählten Praxisfällen. Vortrag BIFOA-Fachseminar. Köln,
März 1983.

LANGEN, B.; GARTNER, H.A.; DUWE, P.; LOHMANN N.: BTX aktuell -
Teilprojekt 3. BTX-Einsatz bei der REWE-Handelsgruppe. In: net
-Zeitschrift für angewandte Telekommunikation. Heft 4/1984. S.
159-165.

LIEFFERING, W.: Textkommunikation über Bildschirmtext - Erfah-
rungsbericht eines Anwenders -. Vortrag BIFOA-Fachseminar.
Köln, März 1983.

SEIBT, D.: Zukünftige innerbetriebliche BTX-Informationssysteme.
Vortrag BIFOA-Fachseminar. Köln, März 1983.

SEIBT, D.: Wirtschaftlichkeit von Bildschirmtext - Voraussicht-
liche Kosten von BTX-Anwendungen im kommunalen Bereich -. In:
ÖGI/GI--Fachtagung "Neue Informationstechnologien und Verwaltung", September 1983 in Linz/Österreich (wird in 1984 veröffentlicht im Springer-Verlag).

SEIBT, D.: Transfer von Anwendungserfahrungen aus Btx-Pilotpro-
jekten. In: Elektronische Textkommunikation in Deutschland und
Japan. Ergebnisse des 4. Deutsch-Japanischen Kommunikations-
wissenschaftlichen Seminars, hrsg. vom Münchener Kreis (im
Druck).

SEIBT, D.; BREITHARDT, J.; WISSING, W.; WACHTER, A.: BTX aktuell - Teilprojekt 4. Entwicklung eines BTX-gestützten Aus-
kunfts- und Platzbuchungssystems für kulturelle Einrichtungen
bei der Düsseldorf. In: net-Zeitschrift für angewandte Telekommunikation. Heft 5/1984.

SEIBT, D.; LANGEN, B.: Betriebswirtschaftliche und organisatorische Aspekte der Entwicklung von Informationssystemen auf
BTX-Basis. Vortrag Telecom 1983. Köln 1983.

SEIBT, D.; LANGEN, B.: Wirtschaftlichkeitsuntersuchungen für
Bildschirmtext-Informationssysteme. Vortrag BTX-Informations-
forum, Köln. Juni 1983.

SEIBT, D.; LANGEN, B.: BTX aktuell - Pilotprojekt. In: net -
Zeitschrift für angewandte Telekommunikation (R. v. Decker's
Verlag), Heft 1/1984, S. 23-24.

SEIBT, D.; RÜSCHENBAUM, F.; EICHINGER, F.; LIEFFERING, W.: BTX
aktuell - Teilprojekt 1, - BTX-Einsatz zur Steuerung des
Außendienstes -. In: net-Zeitschrift für angewandte Telekommunikation. Heft 2/1984, S. 64-70.

TIEDEMANN, C.; BEKELAER, K.; GOHL, I.; SEIBT, D.: BTX-aktuell -
Teilprojekt 2. BTX-Einsatz bei der BMW AG zur Kommunikation
mit BMW-Vertragshändlern aus vertrieblicher Sicht. In: Net -
Zeitschrift für angewandte Telekommunikation. Heft 3/1984, S.
94-101.

Kostenerfassungsschema für Bildschirmtextanwendungen (Anhang)

- Informationsanbieter -

A. EINMALIGE KOSTEN

<table>
<tr><td>

I. Kosten der Systemerstellung

    1. Kosten im Rahmen der Vorüberlegungen zur System-
       einführung

    2. Informationsbeschaffungskosten

    3. Beratungskosten bzgl. der Gestaltung von Btx-
       Seiten

    4. Kosten der Erstellung von Btx-Seiten

    5. Kosten der Dateianpassung

    6. Schulungs- und Einweisungskosten

        6.1 Einweisungskosten für Systembedienung

        6.2 Schulungskosten für Btx-Anwendungsprogramme

</td><td></td></tr>
</table>

<table>
<tr><td>

II. Hardwarekosten einschl. Installation

    1. Kaufpreis Hardwarekonfiguration

        1.1 Zentraleinheit

        1.2 Vorrechner

        1.3 Periphere Speichereinheiten

        1.4 Bildschirmarbeitsplätze

            1.4.1 Bildschirmtext-Terminals

            1.4.2 Editierplätze

        1.5 Drucker

    2. Transportkosten

    3. Installationskosten

</td><td></td></tr>
</table>

<table>
<tr><td>

III. Softwarekosten einschl. Implementierung

    1. Kaufpreis/Lizenzgebühr für

        1.1 Basissystemsoftware (Betriebssystem)

        1.2 Dienstprogramme

        1.3 Bildschirmtext-Rechnerverbundsoftware

    2. Kaufpreis/Lizenzgebühr/Entwicklungskosten für
       Anwendungsprogramme

    3. Programmanpassungs-/-entwicklungskosten für

        3.1 Bildschirmtext-Rechnerverbundsoftware

        3.2 Anwendungsprogramme

    4. Kosten für abschließende Test- und Parallel-
       läufe

</td><td></td></tr>
</table>

IV. Einrichtungskosten für Datenübertragung

   1. Einmalige Telefongebühren

      1.1 Einmalige Anschlußgebühr je Hauptanschluß

   2. Einmalige Btx-Gebühren

      2.1 Änderung eines bestehenden Teilnehmerver-
          hältnisses in ein Btx-Teilnehmerverhältnis
          (je Anschluß)

      2.2 Berechtigung für das Herstellen von Verbin-
          dungen zu einem externen Rechner
          (je zugeteilter Berechtigung)

      2.3 Berechtigung zum Eingeben von Btx-Seiten
          mit Zuteilung einer Leitseite
          (je zugeteilter Berechtigung)

      2.4 Berechtigung für eine geschlossene Benut-
          zergruppe

      2.5 Berechtigung für den Anschluß eines exter-
          nen Rechners

   3. Einmalige DATEX-P-Gebühren

      3.1 Einmalige Anschlußgebühr je DATEX-P-Haupt-
          anschluß

V. Material- und Systemzubehörkosten

   1. Erstausstattung mit Datenträgern

   2. Schränke und Mobiliar

   3. Sonstige Raumeinrichtungskosten

   4. Programmbeschreibungen

   5. Bedienerhandbücher

   6. Sonstiges Zubehör

B. LAUFENDE KOSTEN (mengenunabhängig)

<table>
<tr><td>

I. Schulungs-, Weiterbildungs- und Beratungskosten

   1. Schulung und Einweisung neuer Mitarbeiter

   2. Weiterbildung alter Mitarbeiter

   3. Beratungskosten (Btx-Seitengestaltung)

</td><td></td></tr>
</table>

<table>
<tr><td>

II. Hardwarekosten

   1. Hardwarewartung und -instandhaltung

</td><td></td></tr>
</table>

<table>
<tr><td>

III. Softwarekosten

   1. Softwarewartung und ergänzende Softwarepflege-
      leistungen

</td><td></td></tr>
</table>

<table>
<tr><td>

IV. Personalkosten

   1. Kosten der Pflege von Btx-Seiten

   2. Kosten der Anwendungsentwicklung

   3. Kosten der (ständigen) Systembetreuung

   4. Kosten für Datenschutz und Datensicherung

</td><td></td></tr>
</table>

<table>
<tr><td>

V. Datenübertragungskosten

   1. Monatliche Telefongebühren

      1.1 Monatliche Grundgebühren

   2. Monatliche Btx-Gebühren

      2.1 Monatliche Grundgebühr, bundesweit, je
          Leitseite

      2.2 Monatliche Grundgebühr, erster regionaler
          Bereich, je Leitseite

      2.3 Monatliche Grundgebühr, weiterer regiona-
          ler Bereich, je Leitseite

      2.4 Berechtigung für eine GBG

      2.5 Monatliche Grundgebühr je Btx-Anschluß

      2.6 Verbindung externer Rechner mit dem
          Btx-System

</td><td></td></tr>
</table>

V. Datenübertragungskosten (Fortsetzung)

   3. Monatliche DATEX-P-Gebühren

      3.1 Monatliche Grundgebühr je Hauptanschluß

      3.2 Zuschlag je weiterem logischen Kanal

      3.3 Zuschlag je Teilnehmerbetriebsklasse

      3.4 Zuschlag für Einrichtungen zur Gebühren-
          übernahme bei ankommenden Verbindungen

VI. Sonstige Betriebskosten

   1. Materialkosten

   2. Energiekosten

   3. Versicherungskosten

   4. Raumkosten

C. LAUFENDE KOSTEN (mengenabhängig)

I. Anwendungsbezogene Telefongebühren

II. Anwendungsbezogene Btx-Gebühren

   1. für Mitteilungsdienst

      1.1 Absenden einer Mitteilung (je Seite)

      1.2 Empfängerliste für das Versenden
          gleichlautender Mitteilungen
          (je Empfänger/Tag)

      1.3 Speichern einer abgerufenen Mitteilung
          (je Seite/Tag)

   2. für Bereitstellung, Nutzung, Abrechnung
      des Informationsangebots in der
      Bildschirmtext-Vermittlungsstelle

      2.1 Abrufen aus fremden Regionalbereichen
          (je Seite)

      2.2 Speichern einer Seite bundesweit (je Tag)

      2.3 Speichern einer Seite regional (je Tag)

      2.4 Berechtigungsliste für GBG
          (je Tag/Adresse)

      2.5 Absenden einer Antwortseite zum Anbieter
          (je Seite)

2.6 Speichern einer abgerufenen Antwortseite
(je Seite/Tag)

2.7 Eintrag in Anbieterliste, Stichwort-
verzeichnis (je Tag/Stichwort)

2.8 Bearbeiten der Anbietervergütung,
Zuschlag (je Vergütungsbetrag)

2.9 Aufstellung der erhobenen Vergütungen,
erstes Blatt (je Antrag)

2.10 Aufstellung der erhobenen Vergütungen,
weitere Blätter (je Blatt)

3. für Änderung des Informationsangebots in
der Bildschirmtext-Vermittlungsstelle

3.1 Eingeben von Btx-Seiten mit Benutzerführung (je Minute)

3.2 Einarbeiten von Btx-Seiten zeitgleich
(je Seite)

3.3 Einarbeiten von Btx-Seiten verzögert
(je Seite)

3.4 Übernehmen von Btx-Seiten von materiel-
len Datenträgern (je Datenträger)

4. für Anwendungen im externen Rechnerverbund

4.1 Anpassungsgebühr

4.2 Zeitgebühr je Minute

4.3 Verbindungszuschlag je Verbindung

4.4 Volumengebühr je Segment (Taggebühr/
Nachtgebühr I/ Nachtgebühr II)

4.5 Übertragen einer Seite nach externen
Rechnern (je Seite)

BILDSCHIRMTEXT ALS MULTIFUNKTIONALER ARBEITSPLATZ

IM REISEBÜRO

Falk von Bornstaedt

Gesellschaft für Mathematik
und Datenverarbeitung
Schloß Birlinghoven
5205 Sankt Augustin

I N H A L T

1. Zur Situation im Reisesektor

In der Bundesrepublik Deutschland gibt es über 20.000 Reisevertriebsstellen, die zu ca. 90% mittelständisch strukturiert sind, d.h. daß
diese Betriebe juristisch und wirtschaftlich selbständig sind und keine Verflechtungen zu größeren Unternehmen vorliegen. Mehr als 15000
betreiben die Reisevermittlung nur im Nebenerwerb, wie z.B. Toto-
Annahmestellen. Die Zahl der Haupterwerbsreisebüros liegt bei etwa
5600, etwa 3/4 davon könnte man als mittelständisch bezeichnen.

Der Jahresumsatz der deutschen Reisebüros beträgt rund 15 Milliarden
DM. Er kommt zu 63 % aus dem Touristikgeschäft, zu 23 % aus dem Flug-
und zu 7,5 % aus dem Bahngeschäft, der Rest sind sonstige Umsätze.
Schlüsselt man den Umsatz kundenorientiert auf, so kommen 78 % aus dem
privaten Reiseverkehr und 22 % von Geschäftsreisenden.

Ein großer Teil des Reiseumsatzes wird ohne die Reisebüros abgewickelt: Nur 4 % der rund 20 Millionen Individualreisenden und 82 %
der rund 7,1 Millionen Veranstalterreisenden kaufen im Reisebüro. Im
Geschäftsreiseverkehr buchen dagegen etwa 70 % im Reisebüro.

Der Umsatz im Reisemarkt zeigt nicht mehr die früher gewohnten
Wachstumsraten. Nun kommt mit Bildschirmtext eine weitere Umsatzeinbuße für Reisebüros in Sicht. Die Buchungsmöglichkeiten aus dem Wohnzimmer drohen gerade den lukrativen Teil des Geschäfts aus den Reisebüros
abzuziehen und nur den beratungsintensiven Teil zurückzulassen.

Andererseits könnte Bildschirmtext auch gerade für kleinere Reisebüros
erstmalig den Zugang zu preiswerten Informations- und Buchungssystemen
ermöglichen.

2. Die Kommunikationsbeziehung mit den Leistungsträgern

Die Leistungsträger im Reisesektor (Fähren, Fluggesellschaften, Eisenbahnen und Hotels) müssen schnell und zuverlässig mit den Reisemittlern kommunizieren, die Leistungsfähigkeit dieser Kommunikationsbeziehung entscheidet mit über die Zukunft dieses Vertriebsweges.

Schon jetzt wird eine Fülle von Informations- und Kommunikationsmöglichkeiten für Reisemittler über Bildschirmtext angeboten. Einen Überblick über den Stand im Herbst 1983 gibt die folgende Tabelle 1 (links die Zahlen aus Deutschland, rechts die Zahlen aus Großbritannien), die die Entwicklungsmöglichkeiten bei uns deutlich machen sollen. Die Anzahl der Informationsanbieter ist kein befriedigendes Maß für die Menge an Information und Interaktionsmöglichkeit, mag aber für eine erste Orientierung genügen.

In Großbritannien sind an den dortigen BTX-Dienst (Prestel) schon rund 4800 Reisemittler angeschlossen. In Deutschland haben dagegen zur Zeit nur rund 100 Reisebüros Zugang zu Bildschirmtext. Will man die Anzahl der Informationsanbieter mit Reiseinformation wissen, darf man nicht die Summe über alle Bereiche in Tabelle 1 ziehen, da sonst einige Anbieter mehrfach erfaßt würden. Bei großzügiger Auslegung (z.B. incl. Wechselkursangaben) kommt man derzeit auf rund 500 Unternehmen, die Informationen hierzu in BTX anbieten.

Tabelle 1

Anzahl der Informationsanbieter mit Reiseverkehrsinformation in den BTX-Systemen in Deutschland/ Großbritannien im Herbst 1983						
Bereich	Verfüg-barkeit Vakan-zen	Reser-vierung	Flug/ Fahr-pläne/ Reise-details	Preise	Infos	Bestell und Mittei-lungs-seiten	Summe der Infor-mations-anbieter
	BRD/GB	BRD/ GB	BRD/ GB	BRD/ GB	BRD/ GB	BRD/ GB	BRD / GB
Luftverkehr	- / 23	1/ 22	16/ 95	10/ 83	2/ 58	13/ 48	23 /109
Autover-mietung	- / -	- / -	- / -	21/ 22	8/ 29	20/ 25	21 / 29
Schnell-busse	- / -	- / 2	2 / 14	2/ 16	1/ 15	2/ 12	10 / 16
Konferenzen Messen	- / -	- / -	- / -	-/ -	10/ 18	8/ 11	10 / 18
Länder-information	- / -	- / -	- / -	- / -	24/ 67	12/ 35	24 / 68
Schiffs-reisen	1/ 9	1/ 7	10/ 28	8/ 24	1/ 31	7/ 19	10 / 34
Unterkunft	- / 12	227/ 55	16/ -	355/ 86	???/101	288/ 81	390 /104
Pauschal-reisen	- / 58	25/ 24	40/137	97/165	38/159	???/170	145 /211
Kurzreisen	- / -	4/ -	4/ 13	8/ 19	8/ 18	8/ 15	8 / 25
Schienen-verkehr	- / 2	- / 2	3/ 6	3/ 7	2/ 11	3/ 11	3 / 11
Theater/ Konzerte	- / -	- / 1	- / -	- / 5	- / 8	- / 3	56 / 8
Rei/ sicherungen	- / -	3/ -	- / -	8/ 9	17/ 12	16/ 7	19 / 13

Quellen: Institut Bildschirmtext(Hrsg.): BIX - Bildschirmtext-Führer für die Reisebranche, Nr.2, Worms 1983; ABC Travel Guides/Prestel: Videotex Travel Directory No.5, November 1983 (Dunstable); und eigene Zählung Prestel November 83, Düsseldorf/Berlin Dezember 1983. Reine Schlagwortanbindung ohne Information wurde nicht gezählt.

Bisher wurden nur Anwendungen des Bildschirmtextes im Einsatz der Post-Zentralen erläutert. In der Kommunikationsbeziehung zwischen Leistungsträgern und Reisemittlern lassen sich jedoch anspruchsvollere Anwendungen erst bei Einsatz des Rechnerverbundes erschließen. Im folgenden soll exemplarisch der Einsatz von Bildschirmtext bei der Fluginformation und -buchung dargestellt werden, obwohl dort noch einige Hindernisse zu überwinden sein werden. So hat z.B. die Lufthansa mit START bereits ein leistungsfähiges System implementiert, deshalb werden andere Fluggesellschaften hier eine Vorreiterrolle übernehmen. PANAM hat auch schon ein entsprechendes System für Deutschland angekündigt. Mir scheint es dennoch interessanter, statt der Planungen in Deutschland ein schon realisiertes System in Großbritannien vorzustellen.

Es gibt dort im Rechnerverbund die Systeme CHANNEL, Holidymaster, Panther (PANAM), Reservision und Skytrack, letzteres verdient eine nähere Betrachtung. Skytrack wurde im April 1983 in Betrieb genommen. (Vgl. Prestel Directory, October 1983, S.83). Mit seiner Hilfe kann mit jedem normalen Prestel-Gerät auf das Reservierungssystem von über 400 Luftverkehrs-Gesellschaften zugegriffen werden. In deren System können direkt bestätigte einzelne oder mehrfache Flüge mit Anschlußflügen, Mietwagen und Hotelzimmer gebucht werden. Der Einstieg in den weltweiten Verbund der Fluggesellschaften erfolgt über Transworld Airlines, PANAM, KLM oder Iberia, auch wenn diese Gesellschaften nicht wenigstens mit einer Teilstrecke beteiligt sind, wie es drei weitere beteiligte Gesellschaften fordern. Skytrack steht ganzjährig 24 Stunden zur Verfügung. Anschlußberechtigt sind nicht nur Reisebüros mit einer IATA-Lizenz, sondern alle Mitglieder des Britischen Reisebüroverbandes ABTA (Association of Britisch Travel Agents). Das würden die deutschen IATA-Agenturen nicht ohne weiteres hinnehmen. Innerhalb eines halben Jahres haben sich 600 Reisemittler an Skytrack angeschlossen. Bis Mitte 1984 werden 1800 Nutzer angestrebt, geplant ist ein Ausbau mit Suchhilfen, Ticketdruck und ein Abrechnungsmodus.

Bildschirmtext erreicht damit eine Qualitätsstufe, die bisher nur professionelle Systeme wie Travicom in Großbritannien und START bei uns innehatten, und das bei weit geringeren Kosten, wie es im folgenden kurz skizziert wird.

Zunächst muß ein Bildschirmtext-Gerät mit Tastatur gekauft oder geleast werden. Dann müssen die üblichen Gebühren für Prestel gezahlt werden:

- Grundgebühr 16,50 £ pro Quartal plus

- Telefongebühren (Zeittakt, meist Nahbereich)

- Nutzungsgebühr 5 pence pro Minute.

In Deutschland beträgt die Grundgebühr nur 8,- DM pro Monat, der Nahbereichstarif beträgt 23 Pfennig pro 8 Minuten, die Nutzungsgebühr entfällt.

Speziell für Skytrack sind dann zusätzlich zu zahlen:

- Entweder 100 £ pro Quartal und 5 pence pro Minute

- Oder 200 £ pro Quartal und freie Nutzungszeit bis zum Gegenwert von 200 £, das sind 66 Stunden, darüber hinaus wird nur noch 50% für die Nutzungszeit berechnet, nämlich 2,5 pence pro Minute.

Natürlich läßt sich ein solcher Vergleich nicht nur auf die Kosten beschränken, es sind auch die unterschiedlichen Leistungsspektren zu berücksichtigen, wie das in der folgenden Tabelle 2 versucht wird.

Tabelle 2

Vergleich von START und Bildschirmtext		
	START	Bildschirmtext
Ausbaustand	2200 Daten- sichtgeräte 1500 Betriebs- stellen	ca. 100 bis 200 Geräte im Reise- sektor (Deutschland)
Ubertragung	Standleitung 2400 Baud	Wählleitung 1200/75 Baud
Darstellung	Einfarbiger Text	Farbig, Text und Grafiken
fixe Kosten	monatlich 583,- (nur TUI) bis zu 1643,- (Vollterminal) entfernungs- unabhängig	monatlich 8,- DM + Teilnehmergebühr an geschlossener Benutzergruppe (?) +Kaufpreis oder Miete für BTX-Gerät + Wartungskosten
variable Kosten	Stromkosten, keine Leitungs- kosten	Stromkosten, Telefongebühren, gebührenpflichtige Seiten Datex-P Gebühren im Rechnerverbund
Zugang	nur mit Lizenz, nur Reisebüros	offen bis auf geschlossene Benutzergruppen
Verfügbarkeit	8 bis 19 Uhr	Dienst 24 Stunden Externe Rechner ??
Leistungsumfang für Reisebüros	Lufthansa, TUI Bundesbahn	NUR, ITS, Fremden- verkehrsverbände..
international kompatibel	nein	ja, aber noch nicht realisiert
Ticketdruck	möglich, mit Belegprüfung	noch nicht möglich
Zugang für Fir- menreisestellen	nein	wahrscheinlich
Schulungsmodus	vorhanden	noch nicht, wird aber kommen

3. Die Kommunikationsbeziehung mit den Reiseveranstaltern

In der Kommunikationsbeziehung zwischen Reisebüro und Reiseveranstalter ist derzeit ebenfalls START an erster Stelle zu nennen mit dem TUI-Segment. (Umsatz-Marktanteil der TUI ca. 27% am Veranstaltermarkt) Aus wettbewerbspolitischer Sicht ist es zu begrüßen, wenn durch die Einführung des Bildschirmtextes auch kleinere Reiseveranstalter in die Lage versetzt werden, ein elektronisches Buchungs- und Reservierungssystem zu benutzen, und wenn vor allem mehrere Veranstalter mit einem Medium buchbar sind.

START hat sich in letzter Zeit bemüht, neue Veranstalter mit aufzunehmen (Club Mediterranee, Hetzel, Ruoff, Wolters und ADAC). Es kam jedoch zu keinem Vertragsabschluß, vermutlich weil die von START verlangte "Eintrittsgebühr" angesichts von Bildschirmtext zu hoch erschien.

Lange Zeit wurde START als 'closed shop' geführt. Die jetzige Öffnung kommt wohl zu spät, um noch eine entscheidende Wende herbeizuführen. Trotz aller Kritik an START darf aber nicht übersehen werden, daß es das größte System seiner Art in der Welt darstellt und Buchungssysteme über Bildschirmtext in ihrer Leistungsfähigkeit noch hinter START zurückstehen.

Die Erfahrungen bei den Feldversuchen lassen jedoch nur begrenzte Schlußfolgerungen zu, weil die geringe Teilnehmerzahl viele Dienste erst gar nicht lohnend werden ließ. Insbesondere mittelständische Reisebüros wollten und konnten die mit der Erprobung einhergehenden Kosten nicht tragen. Den Rechnerverbund erprobte zuerst die TUI, die sogar einen eigenen Veranstalter hierfür schuf, die "teletours". Die Buchungsmöglichkeit im Rechnerverbund steht allerdings nicht mehr zur Verfügung, weil die TUI genug Erfahrungen gesammelt hatte und weil die Resonanz der Feldversuchsteilnehmer zu gering war.

Im Gegensatz zur TUI haben ITS und NUR im Rechnerverbund auch Reisebüros einbezogen, NUR bietet derzeit auch Kunden eine Direktbuchungsmöglichkeit. Etwa 80 Büros bei NUR und 20 bei ITS nutzen den Rechnerverbund mit guten Erfahrungen, man rechnet bei NUR mit der Halbierung der Kosten pro Terminal durch den Einsatz von Bildschirmtext.

4. Die Kommunikationsbeziehung mit dem Kunden

Reisemittler können Bildschirmtext auch in der Kommunikationsbeziehung mit dem Kunden vorteilhaft einsetzen, falls dieser, wenn er erst einmal Bildschirmtext besitzt, nicht am Reisebüro vorbei direkt bei Lufthansa, Bundesbahn, Hotel oder beim Veranstalter bucht. Insbesondere die Firmenreisestellen warten auf diese Direktbuchungsmöglichkeiten. Soweit sich Bundesbahn, Lufthansa und große Veranstalter bisher dazu äußern, sind noch keine Direktbuchungsmöglichkeiten in größerem Umfang in 1984/85 zu erwarten. Was danach geschehen wird, ist noch weitgehend Spekulation.

Sicher wird es auch weiterhin Menschen geben, die in einem kompetenten Reisebüro beraten werden wollen. Auch der Katalog ist nicht überflüssig geworden, trotz der wesentlich besseren Darstellungsmöglichkeiten im neuen CEPT-Standard.

RECHNERARBEITSPLÄTZE FÜR BLINDE

Frank-Peter Schmidt-Lademann
Karl Dürre

Institut für Informatik I
Universität Karlsruhe

Kurzfassung

Die Durchdringung der Arbeitswelt mit Rechnerarbeitsplätzen eröffnet
Blinden neue Möglichkeiten der Integration in den Arbeitsprozeß. Voraussetzung dafür sind allerdings angepaßte, kostengünstige Dialog-
schnittstellen. Vorgestellt wird eine universelle Schnittstelle, die an
existierende Systeme anschließbar ist und blinden Sachbearbeitern ein
effektives Arbeiten am Rechner ermöglicht.

1 Einleitung

Immer mehr Tätigkeiten werden auf den Rechner verlagert. Dies gilt für
den Büroarbeitsplatz wie auch für viele andere Arbeitsplätze der Indu-
strie und des Handels. Diese Entwicklung eröffnet blinden Arbeitnehmern
ganz neue Chancen, in den Arbeitsprozeß integriert zu werden [Foulke82].
Der Aufwand, die Benutzerschnittstelle eines Rechners den individuellen
Bedürfnissen des Benutzers anzupassen, ist verhältnismäßig gering. Wir
glauben, daß ein Blinder an einem Rechner ebenso effektiv einzusetzen
ist wie sein sehender Kollege, und zwar für alle Aufgaben der Textverarbeitung, der Datenerfassung, der Datenwartung, der rechnergestützten
Auskunft und der Programmierung. Wir stellen im Folgenden eine universelle Benutzerschnittstelle vor, die es Blinden erlaubt komfortabel mit
existierenden Software-Systemen zu arbeiten, ohne daß kostspielige An-
passungen an der Software selbst vorgenommen werden müssen. Ferner werden ein speziell angepaßter Editor und eine Datenstation vorgestellt,
die mit dieser Benutzerschnittstelle ausgestattet sind. Zum Schluß werden einige Einsatzmöglichkeiten besprochen.

2 Ausgabegerät für Blinde

Das wesentliche Problem eines blinden Rechnerbenutzers sind Wahrnehmung und Erkennung der Aufgabe des Rechners in angemessener Zeit. Für Text-Eingaben können ohne weiteres vorhandene Tastaturen und auch spezielle, nicht allzu aufwendig herzustellende Blindenschrift-Tastaturen benutzt werden. Positionseingaben mit Steuerknüppel, Maus oder Datentablett sind ohne weiteres möglich, wenn nur die Rückkopplung über die Ausgabe hinreichend gut möglich ist. Aus diesen Gründen liegt der Schwerpunkt von Forschung und Entwicklung der Rechnerkommunikation für Blinde bei Ausgabegeräten, ihrer ergonomischen Gestaltung und ihres optimalen Einsatzes [Schiff and Foulke 82] [Welsh and Blasch 80].

Welche Zeit bei der Erkennung der Rechnerausgabe als "angemessen" akzeptiert wird, hängt im Wesentlichen von den zur Verfügung stehenden technischen Geräten ab. Die Geräteentwicklung im letzten Jahrzehnt ist, verglichen mit der Zeit davor, als geradezu stürmisch zu bezeichnen. Stark gebremst wird diese Entwicklung durch die sehr geringe Anzahl benötigter Geräte; eine Serienproduktion im großen Stil ist unmöglich, und der Anteil der Entwicklungskosten für jedes einzelne Gerät ist immens. Hier liegen wohl auch die Gründe dafür, daß das Hauptaugenmerk auf die Geräte in ihrer konkreten Gestalt gerichtet ist und weit weniger auf die Art und Weise ihres Einsatzes. Der Käufer wird lapidar auf die "umfangreiche Standardsoftware" hingewiesen - und damit in fast allen Fällen allein gelassen. Dies ist - wie zahlreiche Beispiele zeigen - für blinde Informatiker und Programmierer, ja auch für stark motivierte Personen anderer Fachrichtungen durchaus akzeptabel, jedoch nicht für den Normalfall.

Wir stellen die verschiedenen Ausgabemethoden im Folgenden kurz vor und betrachten sie insbesondere unter dem Aspekt ihrer Eignung für interaktiven Rechnerbetrieb. In den meisten Fällen wird Blindenschrift als Ausgabeform verwendet.

Das Grundmuster eines Blindenschriftzeichens besteht aus zwei nebeneinander stehenden Spalten von je 3 Punkten (Braille-Zelle). Ein Buchstabe oder Sonderzeichen wird durch die erhabene Darstellung bestimmter Punkte der Braille-Zelle tastbar gemacht.

Bisher gebräuchliche Ausgabemethoden

1. Stanzen der Braille-Zeichen auf Papierstreifen oder Papierseiten

Derartige Geräte sind in erster Linie geeignet, um Blindenschrift-Texte oder Strichgraphiken auf Papier zu erzeugen. Ihre Dialogfähigkeit ist minimal und entspricht der von Fernschreibern.

2. Sprachausgabe

Eine Sprachausgabe von hoher Qualität erscheint auf den ersten Blick als ideales Ausgabemedium. Bei näherer Betrachtung gilt dies jedoch nur noch eingeschränkt, und zwar für unerwartete Rechnermeldungen und das schnelle Lesen längerer einfacher Textstücke. Die Orientierung inner- halb eines Textdokuments, die Veränderung und die Bearbeitung von Tex- ten und insbesondere die Rückkopplung sind erschwert durch das tempo- räre und nur wenig räumliche Verhalten von Sprache. Der Abtastvorgang ist nur schwer sich verändernden Erkennungsgeschwindigkeiten anpaßbar (z.B. bei unbekannten Wörtern). Wenn Genauigkeit gefordert ist, wird man in bestimmten Fällen nicht um das Buchstabieren herumkommen. Dann jedoch wird die Erkennungsgeschwindigkeit kleiner als beim Abtasten von Braille-Zeichen. Wiedergabe von Graphik ist nicht möglich.

3. Darstellung der Braille - Zeichen durch elektromechanisch oder
   piezoelektrisch gesteuerte Stifte

Geräte auf der Grundlage dieser Technik werden mit Zeilen von 20 bis 40 Zeichen und bis zu zwei Zeilen (also maximal 80 Zeichen) angeboten. Bei hinreichender Unterstützung der Wanderung des "Zeilenfensters" durch das Textdokument unter Verwendung von Positions-Eingabegeräten wie Cursortasten, Tabulatoren, Steuerknüppel (Joystick) oder Maus kann ein durchaus zufriedenstellendes Dialogverhalten erreicht werden, wenn ge- nügend Funktionen zur Orientierung zur Verfügung stehen. Wiedergabe und Erkennung von Graphik ist in eingeschränktem Maße möglich.

3 Eine universelle Rechnerschnittstelle für Blinde

3.1 Konzept einer Rechnerschnittstelle für Blinde

Ausgangspunkt unserer Entwicklung war die Tatsache, daß die existierenden Benutzerschnittstellen sich für viele Anwendungen als völlig unzureichend herausstellten [Dürre and Schmidt-Lademann 83]. Viele Entwicklungen in diesem Bereich erwecken den Eindruck, als gingen die Konstrukteure davon aus, daß der Blinde froh sein muß, wenn er überhaupt einen Rechner benutzen kann.

Unser Ansatz soll zeigen, daß für Blinde annähernd so komfortable und ergonomische Benutzerschnittstellen bereitgestellt werden können wie für Sehende. Insbesondere lassen sich folgende Ziele verwirklichen:

- Komfortable Kommunikation mit beliebigen Dialogprogrammen ist möglich, sofern der Dialog sich auf alphanumerische E/A beschränkt.
  Dabei ist es gleichgültig ob der Dialog zeilenorientiert oder bildschirmorientiert abläuft.

- Sehende und Blinde können am selben Arbeitsplatz gleichermaßen komfortabel arbeiten. Die Darstellung von Bildschirminhalten ist für
  beide die Gleiche. Beide können über die dargestellten Objekte kommunizieren. Damit ist die Integration des Blinden in den allgemeinen
  Arbeitsablauf leicht möglich.

- Zweidimensionale Strukturen z.B. Tabellen, Programme u.a. können
  leicht erfaßt und manipuliert werden.

- Einfache nichtalphanumerische Ausgaben wie etwa Strichgraphik können
  erkannt werden.

- Ausgabe von komplexer Graphik, z.B. BTX ist prinzipiell möglich.
  Automatische Verfahren, diese Graphik für den Blinden auch noch bei
  hoher Komplexität erfaßbar zu machen, sind in Entwicklung.

- Ein Arbeitsplatz für Blinde kann kostengünstig eingerichtet werden,
  da handelsübliche Geräte benutzt werden können.

Realisiert wurde diese Schnittstelle durch eine Ergänzung des Betriebssystems um einen parallelen Prozeß, der dem blinden Benutzer unabhängig
vom übrigen Betriebsablauf das Abtasten des Bildschirminhalts über ein
taktiles Ausgabegerät erlaubt. Damit konnte die standordmäßige Bildschirm - Ein - Ausgabe unverändert erhalten bleiben und für den sehenden Benutzer auf dem Monitor dargestellt werden. Existierende Programme können unverändert benutzt werden und über dem Abtastprozeß auch
vom Blinden bedient werden. Die Arbeit des Blinden kann von einem
Sehenden über den Monitor verfolgt werden, da die Abtastposition dort
mittels eines Cursors dargestellt wird, und dann auch übernommen oder
dirigiert werden. Umgekehrt kann auch der Blinde die Tätigkeit eines
Sehenden am Rechner verfolgen. Der Abtastprozeß wird vom Blinden mittels einer Positioniereinrichtung wie Graphik, Maus oder Tablett sowie
Zusatztasten gesteuert. Dabei wird er durch verschiedene Zusatzfunktio-
nen bei der Orientierung auf dem Bildschirm unterstützt. Anwendungsprogramme können den Abtastprozeß ansprechen und damit Maus-gesteuerte
Dialoge realisieren. Damit können auch dem blinden Benutzer komfortable
und effizient zu bedienende Systeme zur Verfügung gestellt werden.

Die Implementierung der Schnittstelle erfolgte bisher auf einem Mikrorechner Apple IIe unter dem UCSD-Betriebssystem. Sie erlaubt den Dialog mit dem Betriebssystem und allen unter diesem System laufenden
Programmen. Ein Terminal-Emulator erlaubt die Kommunikation mit Pro-
grammsystemen auf anderen Rechnern.

3.2.Der Leseprozeß

Als taktiles Ausgabegerät wurde das Optacon gewählt. Das Optacon ist
eine verbreitete Lesehilfe, um Blinden das Lesen von normal gedruckten
Vorlagen zu ermöglich.
*Das Optacon besteht aus einer kleinen Kamera und einem Ausgabegerät. Die Kamera wird
mit der rechten Hand über die gedruckte Vorlage geführt. Der Zeigefinger der linken
Hand ruht auf dem Ausgaberät, einer Matrix von 6 x 24 Stiften, die das von der Kamera
aufgenommene Bild taktil wiedergeben. Der dargestellte Ausschnitt enthält etwa ein
Zeichen.*
Dieses Gerät wird auch von einigen blinden Programmierern zum Lesen von
Bildschirmausgaben benutzt, indem sie die Oberfläche des Bildschirms mit
der Kamera abtasten.

Der Umgang mit dem Optacon erfordert ein intensives Training, und es
sind dann Lesegeschwindigheiten zwischen 30 und 50 Wörtern pro Minute
zu erreichen, in Einzelfällen wurden sogar Leseleistungen bis zu 100
WpM festgestellt [Craig and Sherrick 82]. Einige Benutzer verwenden
das Optacon inzwischen auch zum Erkennen von Strichzeichnungen [Levi
and Amick 82]. Sowohl hierbei als auch beim Lesen gedruckter Texte ist
der Blinde beim Führen der Kamera über die Vorlagen und bei der Orientierung auf ihnen völlig auf sich gestellt. Hingegen kann beim Einsatz
des Optacon zur Erkennung digital gespeicherter Information der Rechner
wesentliche Unterstützungsfunktionen übernehmen.

Der auf dem Apple implementierte Leseprozeß ersetzt die optische Kamera
durch eine Software-Kamera. Das heißt: über ein virtuelles Feld von
560 x 576 Punkten wird ein Fenster von 6 x 24 Punkten, entsprechend
der Ausgabematrix des Optacons, bewegt und der Inhalt des Fensters
auf dem Tastfeld des Optacon abgebildet. Bei einem gesetzten Punkt
vibriert der entsprechende Stift auf dem Optacon. Die übrigen, nicht
gesetzten Punkten zugeordneten Stifte sind in Ruhe. Die Bewegung des
Fensters über das Punktefeld wird vom Benutzer durch Joystick, Maus
oder Datentablett gesteuert. Das Fenster wird dabei in Schritten von
je einem Punkteabstand in 8 verschiedene Richtungen bewegt, womit eine
fließende Bewegung der auf den Feld dargestellten Muster auf dem Tastfeld des Optacon erreicht wird.

Das Punktefeld wird dynamisch in der Umgebung der Fensterposition vom
Inhalt des aktiven Bildspeichers generiert. Der aktive Bildspeicher
kann der Bildspeicher für die alphanumerische Darstellung von 24 Zeilen
zu je 80 Zeichen oder der graphische Bildspeicher von 280 x 192 Punkten
sein.

Für die Abbildung des alphanumerischen Bildspeichers ist jeder Position
ein Ausschnitt von 24 x 7 Punkten des virtuellen Punkt-Feldes zugeordnet. In diesem Ausschnitt wird das an der zugehörigen Position auf dem
Bildschirm sichtbare Zeichen für die Präsentation auf dem Optacon in
erweiterter Brailleschrift abgebildet. Obwohl geübte Optaconleser ohne
Probleme auch Schrift in der üblichen Druckform ertasten können, wurde
von uns die Darstellung in Braille gewählt, da die Erkennung damit auch
für Blinde, die nicht den Umgang mit dem Optacon gewohnt sind, möglich
wird. Acht Punkte des für ein Zeichen vorgesehenen Ausschnitts bilden
auf dem virtuellen Punkt-Feld die Grundmatrix für ein Braillezeichen.

Der hochauflösende Graphik-Bildspeicher von 280 x 192 Punkten wird entweder 1 : 1 in einem Teil des Punkte-Feldes oder vergrößert (ein Pixel belegt 2 x 3 Punkte des Punktefeldes) abgebildet.

Durch die direkte Abtastung des Pixelrasters können nicht nur Linien erkannt werden, sondern es werden auch unterschiedliche Flächenstrukturen wie Schraffuren und Punktraster wahrgenommen werden. Diese Eigenschaft ermöglicht es, die üblichen Methoden bei der Darstellung tastbarer Graphiken [Bentzen 80, Bentzen 82, Kennedy 82] auch auf die im Rechner gespeicherten Bilder zu übertragen.

3.3 Unterstützende Funktionen

Wesentlicher Vorteil der Software-Kamera gegenüber der optischen Kamera ist die Möglichkeit, den Benutzer beim Lesen und Erkennen zu unterstützen. Um die Bedeutung solcher Unterstützung zu erkennen, muß man sich vorstellen, daß der blinde Benutzer immer nur einen sehr kleinen Ausschnitt der Gesamtinformation sieht. Er muß daher im wesentlichen bei der Orientierung auf dem Bildschirm unterstützt werden. Ferner sind optimale Bedingungen zu schaffen, um eine möglichst hohe Lesegeschwindigkeit zu erzielen. Auch hier werden unterstützende Funktionen bereitgestellt; unter anderem stehen folgende Funktionen dem Benutzer zur Verfügung:

- Erreicht man beim Abtasten das Zeilenende, kann automatisch zur nächsten Zeile übergegangen werden. Es entfällt das Suchen des nächsten Zeilenanfangs.

- Auf Wunsch werden beim Abtasten größere Zwischenräume automatisch übersprungen.

- Nach Wunsch ist das Abtastfenster in allen Richtungen frei beweglich oder es wird fest in einer Zeile oder Spalte geführt.

- Das Abtastfenster kann für den Benutzer zum Cursor geführt werden oder z.B. bei Bildschirm-Editoren, der Cursor an die Lese-Position gebracht werden.

- Der Benutzer kann über die Position des Abtastfensters informiert werden, sowie eine bestimmte Position exakt anwählen.

- Anwendungsprogramme können die Position des Abtastfensters erfragen und damit eine Zeigefunktion realisieren. Sie können das Abtastfenster positionieren und den Abtastbereich eingrenzen, um den Benutzer zu führen.

Für das Abtasten graphischer Information werden ebenfalls unterstützende Funktionen zur Verfügung gestellt:

- Die für das Erkennen eines graphischen Musters sehr hilfreiche Einbettung der Abtastbewegung in eine reale Fläche wird dadurch erreicht, daß die Steuerung des Abtastfensters durch Überstreichen eines Datentabletts erfolgt.

- Durch die Möglichkeit, das Abtastfenster zu vergrößern, kann der Benutzer nach Bedarf größere Bereiche unmittelbar überblicken. Diese Funktion ermöglicht es, zunächst in einer Gesamtsicht der Bildfläche die Stellen auszumachen in der Informationen stehen, um sich dann durch Verkleinerung und Positionierung des Fensters an Details heranzupirschen.

Weitere unterstützende Funktionen sind geplant. Im wesentlichen sollen hierbei bisherige Erkenntnisse über die haptische Erkennung tastbarer Bilder [Kennedy 82, Berlá 82] eingebracht werden.

Die Benutzerfunktionen werden nach Betätigung einer Funktionstaste am Steuergerät durch ein Menü angeboten und können dann durch die oben beschriebene Zeigefunktion ausgewählt werden. Das Abtastfenster wird dabei automatisch zunächst auf das Menü und anschließend zurück auf die Ausgangsposition oder -je nach Funktion- auf eine neue Position gesetzt.

3.4 Steuerung des Abtastfensters (Software-Kamera)

Zur Erzielung eines optimalen Erkennungsprozesses muß das Abtastfenster leicht über den Bildschirm dirigierbar sein. Dazu bieten sich die bekannten Positioniereinrichtungen wie Joystick, Maus, Graphiktablett u.a. an. Diese Geräte weisen unterschiedliche Qualitäten und Einsatzmöglichkeiten auf:

- Das Tablett positioniert absolut und schaltet damit Führungsfunktio-
  nen durch den Rechner aus. Es ist vor allem sinnvoll einsetzbar bei
  der Datenerfassung über Masken und für graphische Eingabe. Dazu können auf der Oberfläche des Tabletts Orientierungshilfen wie tastbare
  Raster oder tastbare Formularvordrucke ausgelegt werden.

- Die Maus liefert einen sehr direkten Eindruck von der Bewegung des
  Abtastfensters. Sie macht keine Aussage über die Absolutposition
  auf dem Bildschirm, dafür kann der Rechner die Position des Abtastfensters zu Zwecken der Benutzerführung verändern.

- Der Joystick dient als Kommandogerät und bestimmt mit der Auslenk-
  richtung die Bewegungsrichtung des Abtastfensters und mit dem Ab-
  lenkungswinkel die Geschwindigkeit. In neutraler Stellung bleibt
  das Abtastfenster an der momentanen Position stehen. Der Vorteil ist
  eine gleichmäßige Bewegung des Abtastfensters, die automatische Steuerung erlaubt eine bessere Konzentration auf das eigentliche Lesen.

4 Ein Textsystem für Blinde

Da die Textverarbeitung die wohl häufigste Tätigkeit am Rechner ist
und gleichzeitig eine intensive Interaktion mit dem Rechner erfordert,
wurde von uns für diesen Anwendungsbereich ein spezieller Texteditor
entwickelt, der die Möglichkeiten der Abtastschnittstelle nutzt und
den Bedürfnissen des Blinden weitestgehend Rechnung trägt.

Zentrale Interaktionsform ist das Zeigen. Diese Interaktionsform bietet
sich an, da die vom blinden Benutzer gelesene Position ständig vom Rechner mitverfolgt und entsprechend ausgewertet werden kann. Die Zeigefunktion wird benutzt, um zu bearbeitende Textstellen zu markieren, um Elemente einer Liste auszuwählen (z.B. aus dem Datenkatalog) oder Menüaus-
wahlen zu treffen. Viele Funktionen können damit durchgeführt werden,
ohne den Lesevorgang durch Betätigung der Tastatur unterbrechen zu müssen. Der Rechner unterstützt den Blinden, indem der das Abtastfenster
für ihn zu der im Augenblick relevanten Information führt und auf diese
Information einschränkt (z.B. Menüzeile, Fehlermeldung, Dateikatalog,
alte Arbeitsposition im Text).

Neben den für die Textverarbeitung üblichen Funktionen zur Textmanipu-
lation, Suchen im Text, Formulierung u.s.w. enthält der Editor weitere
für den Blinden besonders wichtige Funktionen.
Hierzu zählen:

- Ausführliche Statusinformationen

- Eröffnung von mehreren Arbeitspositionen in der gleichen oder
  verschiedenen Dateien, um Informationen zusammentragen zu können,
  um sich Zusatzinformationen zu beschaffen oder um Textblöcke zu
  übernehmen.

- Großes Repertoire an Positionierbefehlen und Orientierungshilfen.

Ein Prototyp dieses Editors wird inzwischen erfolgreich eingesetzt für
die vollständige Textkommunikation eines blinden Kindes mit seinen
nicht die Blindenschrift beherrschenden Lehrern und für die Produktion von Blindenschrift-Büchern und Texten durch blinde und sehbehin-
derte Schreibkräfte in der Blindenschule Zollikofen (Schweiz).

Auch für Sehende erweist sich dieser Maus-gesteuerte Editor als sehr
komfortabel.

5 Terminal-Emulator

Um die vorgestellte Schnittstelle auch an anderen Rechnern verfügbar zu
machen wird ein Terminal-Emulator entwickelt. Eine Implementierung der
Schnittstelle auf anderen Rechnern wäre unter den vorgegebenen Randbedingungen sehr aufwendig oder gar unmöglich.

Durch umfangreiche "Setup"-Möglichkeiten ist dieser Terminal-Emulator
an eine Vielzahl von Terminal-Schnittstellen anpaßbar (VT100, Teleray,
Tektronix) und emuliert im wesentlichen deren Funktionsumfang. Die auf
dem Apple verfügbaren Funktionen zur Ansteuerung des Abtastprozesses
(Lesen der Abtastposition, Setzen des Abtastfensters usw.) stehen auch
dem angeschlossenen Rechner zur Verfügung.

Mit weiteren Funktionen ist es möglich, Textdateien auf die lokalen
Datenträger zu laden und diese dann mit dem auf dem Apple verfügbaren,
speziell angepaßten Textsystemen zu bearbeiten.

6 BTX für Blinde

BTX stellt ein hervorragendes universelles Kommunikationsmedium für
Blinde dar, da die elektronisch kodierte Information leicht für den
Blinden lesbar gemacht werden kann, soweit es sich um alphanumerisch
kodierte Information handelt. Graphische Information muß vom Rechner
aufbereitet werden (z.B. durch Erzeugen eines Konturenbildes) und kann
dadurch bedingt erfaßt werden. In jedem Fall kann BTX eine wesentliche
Hilfe für Blinde bedeuten:

- Zugriff auf aktuelle Information ist möglich, die bisher nur erheblich zeitverzögert oder überhaupt nicht auf für Blinde lesbaren
  Medien zur Verfügung stand.

- Da Blinde erheblich auch in ihrer Mobilität behindert sind, bedeutet der Zugriff auf Dienstleistungen über BTX eine erhebliche Ent-
  lastung.

- Insgesamt bedeutet BTX eine außerordentliche Erweiterung des den
  Blinden zugänglichen Informationsangebotes.

Durch die Möglichkeit mit der vorgestellten Benutzerschnittstelle neben alphanumerischer Information auch Graphik darstellen zu können,
eignet sie sich für die Aufbereitung von BTX-Seiten für Blinde. Untersuchungen zur Darstellung von BTX-Seiten für Blinde mit Braille-Zeilen
wurden an der Universität Stuttgart schon durchgeführt [Klöpfer und
Schweikhardt 83] und sind sehr ermutigend. Durch die höhere Auflösung
des Tastfeldes des Optacon und durch die bessere Beweglichkeit der
Muster auf dem Tastfeld, läßt sich die Darstellung von graphischen
Information noch verbessern. Für einen geübten Benutzer wird damit neben der alphanumerischen Information auch ein Großteil der graphischen
Information erfaßbar werden.

7 Einsatzmöglichkeiten

Die bisher gemachten Erfahrungen sind sehr ermutigend. Es hat sich gezeigt, daß blinde Programmierer und Informatiker effektiv am Rechner
arbeiten können. Daß dies auch für blinde Benutzer gelten kann, die
keine Computer- und Programmierfachleute sind, zeigen die aus dem

Karlsruher Braille-Butler-Projekt hervorgegangenen, vorher bereits
erwähnten Textbearbeitungssysteme.

Wesentliches Merkmal dieser Systeme ist, daß neben einem Braille-Ter-
minal mit Braille-Tastatur und taktiler Braillezeile auch durchdachte
Software zur Verfügung steht, die eine komfortable und einfache Bedienung erst ermöglicht.

Eine derartig ausgestattete Rechnerschnittstelle - die eben weit mehr
als nur die reine Hardware enthält - ist Voraussetzung dafür, daß
ein blinder Sachbearbeiter ebenso effektiv arbeiten kann wie sein
sehender Kollege. Damit eröffnen sich für Blinde eine Vielzahl von
neuen Tätigkeitsfeldern.

Im Folgenden möchten wir einige davon erwähnen.

- Erstellung von Texten nach Diktaten

- Korrekturlesen von Druckvorlagen

- Erfassung telefonischer Kundenaufträge, etwa in Versandhäusern

- Rechnergestützte Auskunftsplätze und Telefonisten-Arbeitsplätze

- Programmierarbeitsplätze

Allgemein wird jeder Arbeitsplatz, bei dem im Wesentlichen mit maschi-
nell gespeicherten Daten umgegangen wird, auch durch Blinde besetzbar
sein.

Die vorgestellte Benutzerschnittstelle erlaubt prinzipiell auch die
Vermittlung von graphischer Information. Einfache Strichzeichnungen
werden problemlos erkannt. Komplexere Graphik muß allerdings vom Rechner angepaßt werden, um sie erfaßbar zu machen. Entsprechende Verfahren werden untersucht. Erstes Ziel im Rahmen dieser Untersuchung ist
die Entwicklung eines BTX - Terminals für Blinde.

Literatur

[Bentzen 80]

    Bentzen, B.L.; Orientation Aids. In [Welsh and Blasch 80],
    291 - 355.

[Bentzen 82]

Bentzen, B.L.: Tangible graphic displays in education
In [Schiff and Foulke 82], 387-404.

[Berlá 82]

Berlá, E.P.: Haptic perception of tangible displays.
In [Schiff and Foulke 82], 364-386.

[Craig and Sherrick 82]

Craig, J.C. and Sherrick, C.E.: Dynamic tactile Displays.
In [Schiff and Foulke 82], 209-233.

[Dürre and Schmidt-Lademann 83]

Dürre, K. and Schmidt-Lademann, F.-P.: Interactive Computer
Interfaces for the Blind. In Proceedings IEEE Computer Soc.
Workshop on Computers in the Education and Employment of the
Handicapped, IEEE Computer Society Press, No. 505, 1983,89-96.

[Kennedy 82]

Kennedy, J.M.: Haptic pictures. In [Schiff and Foulke 82],
305-333.

[Klöpfer und Schweikhardt 83]

Klöpfer, K., Schweikhardt, W.: Anpassung der Benutzerschnittstelle des Bildschirmtextsystems der Deutschen Bundespost für
blinde Teilnehmer. Proc. GI-13. Jahrestagung, Informatik-
Fachberichte 73, Springer Verlag 1983, 403-410.

[Levi and Amick 82]

Levi, J.M. and Amick, N.S.: Tangible graphics: producers view.
Part 2. Designing drawings for the blind. In [Schiff and
Foulke 82], 417-429.

[Foulke 82]

Foulke, E.: Microcomputers, VIPs, and the Communication
Network. In Uses of Computers in Aiding the Disabled
(J. Raviv, ed.), North Holland Publ. Co., 1982, 393-403.

[Schiff and Foulke 82]

      Schiff, W. and Foulke, E. (eds.): Tactual perception:
a sourcebook. Cambridge University Press, 1982.

[Welsh and Blasch 80]

      Welsh, R.L. and Blasch, B.B. (eds.): Foundations of Orientation
and Mobility. American Foundation for the Blind. New York 1980.

VIP
VIDEOTEX INTERFACE PROGRAM

Dipl.-Ing. Georg Bruckner
Dipl.-Ing. Pavel Rada

Management Data
Datenverarbeitungs- und Unternehmensberatungsges. m. b. H.
Julius-Tandler-Platz 3, A-1090 Wien

Kurzfassung:

Mit dem BTX-Rechnerverbund ist BTX-Teilnehmern der Zugriff auf Anwendungsprogramme in externen Rechnern möglich. Die BTX-Protokolle im
Rechnerverbund werden durch Standardsoftware der Computerhersteller
realisiert. Das Videotex Interface Program (VIP) bietet eine flexible
Schnittstelle zwischen der Standard BTX-Software auf der IBM Serie/1
und Anwendungsprogrammen auf verschiedenen Hostrechnern. Es stellt die
Zuordnung zwischen BTX-Seite und Anwendungsprogramm über eine einfache
Tabellensteuerung her. Auf der Serie/1 ist keine Programmierung
erforderlich, sondern lediglich die Definition des BTX-Dialogs über die
VIP-Tabellen.

1. Überblick

Der Bildschirmtextdienst der Post bietet in Deutschland nun schon seit
drei Jahren, in Österreich voraussichtlich erst im Herbst dieses
Jahres, die Möglichkeit des Rechnerverbundes. Über das Datex-P-Netz
können externe Rechner (ER) an die BTX-Zentrale der Post angeschlossen
werden. Die Software im ER muß sich dabei an vorgegebene
Standardprotokolle halten und die Formate von BTX-Seiten beachten.

Während beim BTX-Dienst in der BRD die EHKP 4 bis 6 für die Verbindung zwischen ER und BTX-Zentrale zum Einsatz kommen, übernimmt Österreich vorerst die BTX-Protokolle ans dem deutschen Feldversuch, um in einer späteren Phase gleich auf die ISO-Standardprotokolle umsteigen zu können.

Auch bei der Einführung des CEPT-Decoder-Standards wartet Österreich noch zu und wird für die erste Zeit den BTX-Rechnerverbund mit dem Prestel-Standard realisieren.

In der BRD bringt daher die Einführung der neuen BTX-Protokolle eine wesentliche Umstellung mit sich, die sich in vielen Fällen auch auf die Schnittstellen zu nachgelagerten Anwendungsprogrammen auswirkt.

Für den Einsatz des IBM-Rechners Serie/1 als externer Rechner war im deutschen Feldversuch die IBM-Standardsoftware "Inhouse-Information System" (IIS) erforderlich. Das IIS wird auch im österreichischen Rechnerverbund (RV) zum Einsatz kommen, ist aber auch als BTX-Inhouse-System mit Prestel-Standard geeigent.

Für den deutschen BTX-Dienst mit EHKP und CEPT-Standard hat IBM bereits das Videotex Communication System (VCS) angekündigt, wobei sich jedoch die Schnittstelle zu nachgelagerten Anwendungsprogrammen nur geringfügig ändern wird.

Als Schnittstelle zu Anwendungsprogrammen, die in verschiedenen Hostrechnern, z.B. unter CICS oder IMS ablaufen, sind das IIS und in der Folge auch das VCS nur bedingt geeignet.

Das Videotex Interface Program (VIP) von MANAGEMENT DATA verbindet nun auf einfache und komfortable Weise Anwendungsprogramme in diversen Hostrechnern mit dem IIS bzw. VCS auf der Serie/1.

Das VIP bietet Anwendungsprogrammen eine einfache Schnittstelle, sodaß der Anwendungsprogrammierer mit dem Aufbau eines Suchbaumes und anderen spezifischen BTX-Charakteristika nicht belastet wird. Damit wird das Anwendungsprogramm auch unabhängig vom jeweils verwendeten BTX-Standard, sei es Prestel oder CEPT, seien es auch die unterschiedlichen RV-Protokolle in Österreich und Deutschland.

Der Dialog eines Benutzers am BTX-Terminal mit einer Anwendung im ER
läuft über BTX-Seiten ab. Vom Benutzer am BTX-Terminal freigegebene
BTX-Seiten, mit oder ohne vom Benutzer eingegebene Daten, gelangen
über den BTX-RV in die S/1. Dort verwaltet das IIS bzw. VCS die BTX-
Seiten und überwacht den Dialog mit den BTX-Terminals mittels der
jeweiligen BTX-Protokolle.

Es werden zwei Haupttypen von BTX-Seiten unterschieden:

- Informationsseiten:
      Sie werden im BTX-Rechner gespeichert und beinhalten beliebi-
      ge, aber nicht variable Informationen. Sie können vom Benutzer
      auf die auch im öffentlichen BTX-System übliche Weise abgeru-
      fen werden. Weder das VIP noch ein Anwendungsprogramm ist da-
      von betroffen.

- Datensammelseiten (Data Collect Seiten, DC-Seiten):
      Sie bestehen aus einer fixen Maske, die im BTX-Rechner ge-
      speichert ist und Datenfeldern, deren Inhalt variabel ist.
      Diese Datenfelder enthalten die Informationen, welche zwi-
      schen BTX-Terminal und Anwendungsprogramm ausgetauscht
      werden.

Das VIP verarbeitet ausschließlich Datensammelseiten. Die in den
Datensammelseiten enthaltenen Eingabedaten werden an das VIP weitergegeben und dort analysiert. Die Zuordnung zwischen der BTX-Seite und
dem zugehörigen Anwendungsprogramm geschieht tabellengesteuert im
VIP. Seitennummmer und einzelne Eingabefelder sind die Kriterien,
nach denen über Parameter-Tabellen die Zuordnung der Benutzereingabe
zu einem bestimmten von beliebig vielen Anwendungsprogrammen erkannt
wird. Die Eingabedaten werden zur Verarbeitung an das betreffende
Anwendungsprogramm weitergegeben.

Anwendungsprogramme können auf der S/1 selbst implementiert sein
und/oder sich auf einem angeschlossenen Host-Rechner befinden.

Die aus einer Verarbeitung resultierenden Antworten bindet das VIP in
die zugehörigen BTX-Seiten ein und gibt sie am BTX-Terminal wieder
aus.

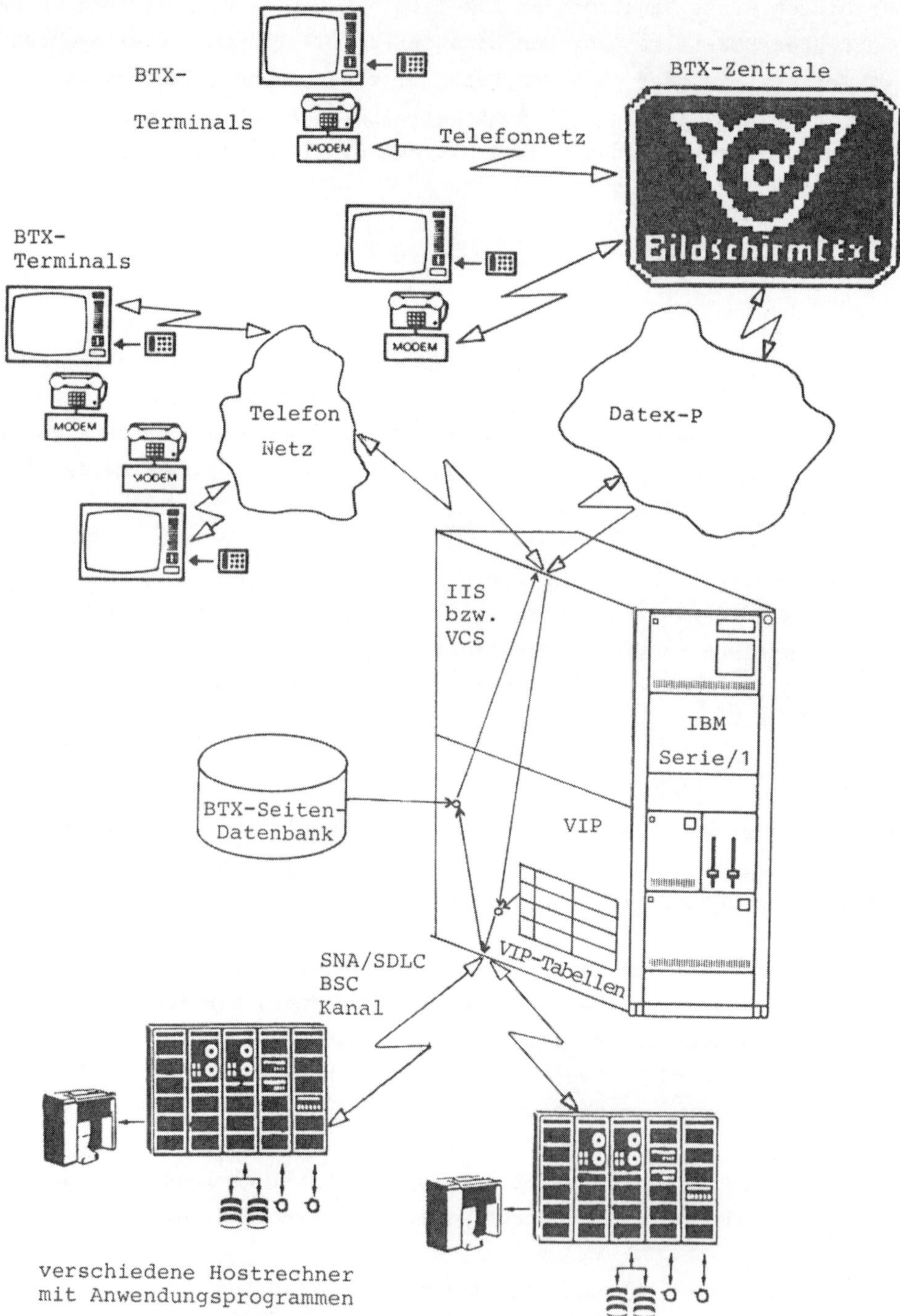

Abb.1: Die Grundfunktionen des VIP

Das VIP ermöglicht damit sowohl die Übertragung von Informationen, die vom Benutzer in ein Datenfeld eingegeben werden, vom Terminal zum Anwendungsprogramm, als auch die Übertragung von Daten aus dem Anwendungsprogramm zum BTX-Terminal des jeweiligen Benutzers, wobei die Daten in die Felder einer Datensammelseite vor der Ausgabe eingeblendet werden.

Mit Hilfe der Parameter-Tabellen ist es möglich, mehrere Applikationen parallel anzustoßen und damit eine größere Zahl von Benutzern gleichzeitig zu bedienen. In der Tabelle wird der jeweilige Zustand jedes Benutzers festgehalten.

Für Applikationen, die aus mehreren Dialogschritten oder Fortsetzungsseiten bestehen, wird auf diese Weise der Zustand des Dialoges pro Benutzer nach jedem Dialogschritt vom VIP gesichert und verwaltet.

Außerdem dient die Zustandsinformation dazu, Kommunikationsstörungen erkennen zu können. Jeder Dialog wird mittels timeouts überwacht. Wird eine Störung im Ablauf des Dialogs erkannt, wird der Benutzer davon informiert. Ein korrektes Wiederaufsetzen der Applikation wird dadurch ermöglicht.

2. Die Kommunikationsebenen des VIP

Die Kommunikation zwischen einem BTX-Benutzer und einem Anwendungsprogramm läuft im wesentlichen in drei Ebenen ab. Das VIP führt dabei eine Vermittlungsfunktion aus. Im Sinne des ISO-Modells befinden sich die Anwendungsebene und die Kommunikationssteuerung beide in der Schicht 7, liegen also über den Standard-BTX-Protokollen und sind daher unabhängig vom jeweiligen BTX-Standard.

2.1. Anwendungsebene

Auf der höchsten Ebene, der Anwendungsebene, tritt der BTX-Teilnehmer direkt mit einem Anwendungsprogramm in einen Dialog. Die Vermittlungsfunktion des VIP bleibt für den Benutzer unsichtbar. Ein solcher Dialog, in ISO-Terminologie in einer Schicht 7', läuft wie folgt ab:

Ruft ein Benutzer im Rahmen des normalen BTX-Dialogs eine Datensammelseite ab, so erhält er die Möglichkeit, die Datenfelder dieser Seite
mit seinen Eingabedaten zu belegen. Gegebenenfalls können die Datenfelder bereits mit Ausgabedaten des vorhergehenden Dialogschrittes
belegt sein.

Auf einer Datensammelseite können eine beliebige Anzahl von Datenfeldern definiert werden. Die Gesamtlänge aller Datenfelder ist mit
840 Zeichen begrenzt. Es sind zwei Haupttypen von Datenfeldern zu
unterscheiden:

- geschützte Felder: in diese ist keine Eingabe durch den Benutzer
                     möglich. Der Inhalt dieser Felder (vom Anwen-
                     dungsprogramm eingesetzt) wird am Bildschirm
                     sichtbar.

- ungeschützte Felder: in diesen können vom Benutzer Eintragungen er-
                       folgen. Beendet der Benutzer die Eingabe mit #
                       (ohne die gesamte Länge eines Feldes auszunüt-
                       zen), so wird das Feld folgendermaßen gefüllt:
                       - mit vorlaufenden Nullen bei einem numerisch
                         definierten Feld,
                       - mit anschließenden Leerzeichen, wenn das
                         Feld als alphanumerisch definiert ist.

                       Sind Eingabefelder bereits vom Anwendungs-
                       programm belegt, so wird diese Information in
                       jedem Fall überschrieben.

Nach Freigabe der Datenübertragung durch den Benutzer werden sämtliche Datenfelder - geschützte und ungeschützte - aneinandergereiht
und unverändert an das betreffende Anwendungsprogramm weitergegeben
(siehe Abb.2).

Das Anwendungsprogramm interpretiert und verarbeitet die Eingabedaten
des Benutzers. Es ist dafür verantwortlich, die Datenfelder für die
Antwort an das BTX-Terminal des Benutzers aufzubauen. Zusammen mit
einem Farbcode für jedes Datenfeld in der Seitenmaske werden die
Ausgabedaten aneinandergereiht, in eine Datensammelseite eingeblendet
und an das BTX-Terminal übermittelt, wo sie im Rahmen einer BTX-Seite
für den Benutzer sichtbar werden (siehe Abb. 3)

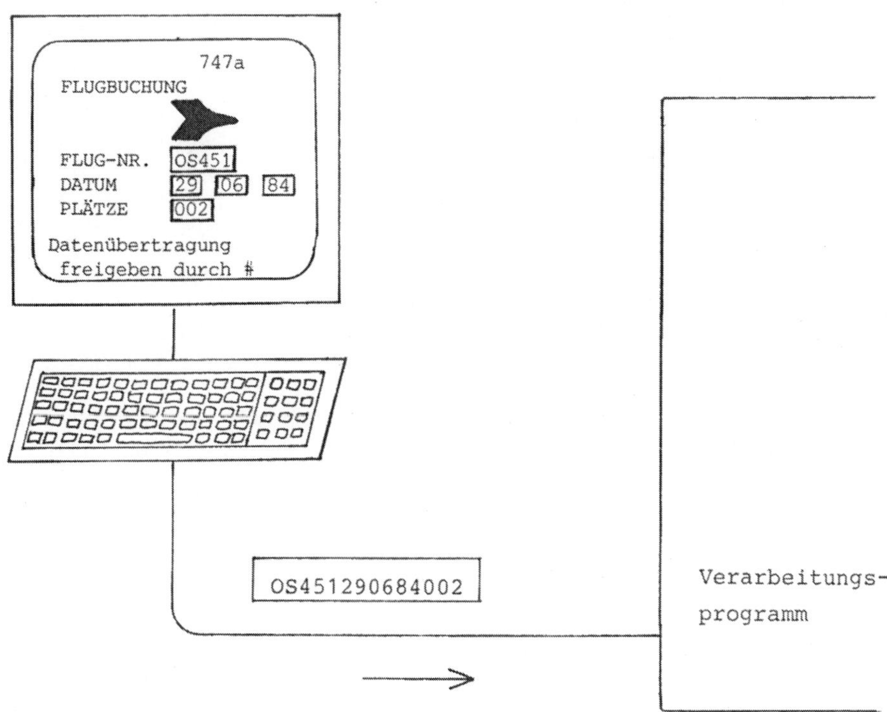

Abb. 2: Datenübergabe vom BTX-Terminal an das Anwendungsprogramm

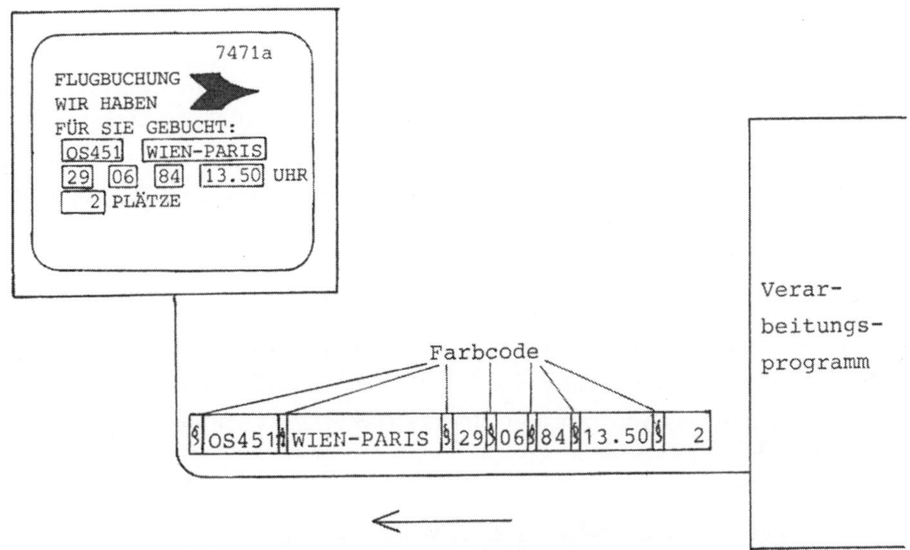

Abb. 3: Datenübergabe an das BTX-Terminal

Der Farbcode kann folgende Werte annehmen:

'Ø' .... die in der BTX-Seitendatenbank definierte Farbe wird
                 unverändert übernommen
'W' .... weiß
'C' .... cyan
'Y' .... gelb
'R' .... rot
'G' .... grün
'B' .... blau

2.2. Kommunikationssteuerung

Zweck des VIP ist es, die Kommunikation zwischen BTX-Terminal und
Anwendungsprogramm derart zu steuern, daß die auf der Anwendungsebene
ausgetauschten Daten dem entsprechenden Anwendungsprogramm einerseits
und der geeigneten BTX-Seite und dem entsprechenden Benutzerterminal
andererseits zugeordnet werden.

Die Aufgabe der Steuerungsebene gliedert sich in zwei Teile, und zwar
in die Steuerung der Kommunikation zwischen
- BTX-Terminal und VIP,
- Anwendungssystem und VIP.

2.2.1. Kommunikation VIP - BTX-Terminal

Zwischen dem BTX-Terminal und dem VIP liegt auf der Serie/1 noch das
IIS bzw. VCS von IBM, sodaß der Dialog zwischen BTX-Terminal und VIP
in der ISO-Schicht 7 folgendermaßen abläuft:

Nach Freigabe der Datenübertragung durch den Benutzer wird die BTX-
Seite direkt (im Inhouse-System) oder indirekt (über die BTX-Zentrale
der Post) an den BTX-Rechner übergeben und vom IIS analysiert. Das
VIP wird ausschließlich bei der Übergabe von Datensammelseiten aktiviert. (Bei Informationsseiten wird das VIP überhaupt nicht invol-
viert, sondern lediglich entsprechend der Auswahl durch den Benutzer
(z.B. *Seitennr.# oder 0 bis 9 bei einer Auswahlseite) die nächste
BTX-Seite an das BTX-Terminal gesendet.)

Das IIS bzw. VCS löst die Datenfelder der Datensammelseite aus der
gesamten Seite heraus und übergibt folgende Informationen an das VIP:

- User Past   (Identifikation des BTX-Gerätes, gültig während der
                Anschaltzeit des Gerätes)
- Seitennummer der Datensammelseite
- Datenfelder der Datensammelseite als Zeichenkette (vgl. Abb. 2).

Für die Ausgabe von BTX-Seiten am Terminal werden vom VIP die
gleichen Informationen an das IIS bzw. VCS übergeben:

- User Past
- Seitennummer für Ausgabeseite
- Datenfelder als Zeichenkette mit Farbcode vor jedem Feld (vgl.
  Abb. 3)

Mittels der Seitennummer ruft das IIS bzw. VCS die entsprechende
BTX-Seite aus der BTX-Datenbank ab. Ist diese eine Informationsseite,
gibt es keine Datenfelder und die Seite wird an das durch den User
Past identifizierte BTX-Terminal übergeben.

Ist die Seite eine Datensammelseite, so werden die Datenfelder in die
vorbereitete Seitenmaske eingefügt und an das BTX-Terminal übergeben.

2.2.2. <u>Kommunikation VIP - Anwendungssystem</u>

Die wesentlichen Funktionen des VIP liegen in der Kommunikation mit
diversen Anwendungssystemen. Die Steuerung dieser Kommunikation
erfolgt ausschließlich tabellengesteuert. Für den Anwender des VIP
ist daher keine Programmierung erforderlich. Die Beziehung zwischen
BTX-Seiten und Anwendungsprogrammen wird durch entsprechende Eintragungen in die Parametertabellen hergestellt.

Die vom BTX-Terminal an das VIP übergebenen Informationen (User Past,
Seitennummer, Datenfelder) werden folgendermaßen analysiert:

Hauptkriterium für die Weiterverarbeitung ist die Seitennummer. Zu
jeder Datensammelseite gibt es eine Eintragung in der Parametertabelle, in der die Möglichkeiten der Weiterverarbeitung definiert sind.

Zusätzlich zur Seitennummer kann die weitere Verarbeitung von einem
numerischen Zeichen innerhalb eines der Datenfelder abhängig gemacht
werden. Die Position dieses Zeichens sowie die Länge des betreffenden
Feldes werden ebenfalls in der Parametertabelle definiert.

Ist die Position mit 0 angegeben, so ist die weitere Verarbeitung allein von der Seitennummer abhängig. Es ist daher nur eine Eintragung
in die Tabelle bei Auswahl 9 erforderlich (siehe Abb.4). Sonst werden
für die Werte 0-9 dieses Parameters bis zu zehn verschiedene Fortsetzungen des BTX-Dialogs definiert. Dieses Zeichen kann entweder in einem geschützten oder einem ungeschützten Datenfeld liegen. Liegt es
in einem ungeschützten Feld, so erhält der Benutzer am BTX-Terminal
die Gelegenheit, durch seine Eingabe die weitere Verarbeitung im Ein-
klang mit den Eintragungen der Parametertabelle zu steuern (siehe
Beispiel Abb.5), wiewohl das Zeichen von einer Anwendung etwa mit
einem Standardwert vorbelegt sein kann.

Seitennr.	Pos.	9	0	. . . .	8
001000	0	T=TR01	–		–
001001	15	T=TR02	T=TR03		000777
001002	53	001004	T=TR04		001000

Abb.4: Beispiel Parametertabelle, A-Satz

Liegt das Zeichen in einem geschützten Feld, so wird die Fortsetzung
des Dialogs bereits durch die Verarbeitung im vorhergehenden Dialogschritt festgelegt. Ein geschütztes Feld wird vom Anwendungsprogramm
mit Werten belegt, dem Benutzer am Terminal angezeigt und im nächsten
Schritt unverändert wieder an das VIP übergeben. Der Benutzer hat
daher keine Möglichkeit, dieses Feld zu verändern.

Die Parametertabelle kann für die Fortsetzung des Dialogs zwei Arten
von Eintragungen enthalten:
- BTX-Seitennummer, um lediglich eine BTX-Seite an das Terminal
  zurückzuschicken, ohne ein Anwendungsprogramm aufzurufen
- Transaktionscode für den Aufruf eines Anwendungsprogrammes
  (T=xxxx).

Eine BTX-Seitennummer wird dann als Fortsetzung des Dialogs in der
Parametertabelle angegeben, wenn keine Verarbeitung eventueller
Eingabedaten erfolgen, sondern lediglich eine BTX-Seite (Informa-
tions- oder Datensammelseite) an das BTX-Terminal geschickt werden
soll (z.B. Wiederholung der selben Seite nach Eingabefehler, Ab-
brechen einer Transaktion mit definierter Folgeseite). Handelt es
sich um eine Datensammelseite, so sind die Datenfelder leer, auch
eventuelle geschützte Felder.

Der Transaktionscode in der Parametertabelle ist die Kennung des Anwendungsprogrammes, welches aufzurufen ist. Da sich das betreffende
Anwendungsprogramm in der S/1 selbst oder in einem von mehreren angeschlossenen Hostrechnern befinden kann, wird über die Gruppeneintragung die Zuordnung zu dem Anwendungssystem, auf dem das Programm
läuft, hergestellt. Wird aufgrund eines Transaktionscodes in der
Parametertabelle eine Transaktion ausgewählt, so werden die Parameter
der Kommunikationsschnittstelle an das Anwendungssystem übergeben.
Diese bestehen neben dem Transaktionscode aus:

- Message Nummer
- Benutzerzuordnung
- Post/Inhouse Code
- Seitennummer
- Länge der Daten
- Statusinformation
- Daten der Datensammelseite

Der Transaktionscode muß dem Anwendungssystem (z.B. CICS oder IMS)
bekannt sein, um die gewünschte Transaktion aufrufen zu können.

Die Message Nummer wird vom VIP generiert und muß vom Anwendungssystem in der Antwort unverändert zurückgegeben werden. Damit wird eine
eindeutige Zuordnung zwischen Transaktionsaufruf und Antwort erzielt.

Die Benutzerzuordnung ist eine temporäre Identifikation des BTX-Gerätes, von dem die Anforderung kommt. Sie enthält keinen Hinweis auf die Teilnehmernummer und kann vom Anwendungsprogramm nicht als eindeutige Teilnehmeridentifikation verwendet werden. Allerdings verwaltet das VIP eine "User Tabelle", die während der gesamten Anschaltezeit eines Teilnehmers teilnehmerbezogene Informationen enthält. Dadurch ist das VIP in der Lage, eine Vielzahl von Teilnehmern und eine Vielzahl von Anwendungen gleichzeitig zu bedienen.

Der Post/Inhouse Code gibt an, ob der Benutzer über den Rechnerverbund des öffentlichen BTX-Systems der Post oder von einem Inhouse-Terminal auf den BTX-Rechner zugreift.

Die Seitennummer der Datensammelseite wird übergeben und kann vom Anwendungsprogramm genutzt werden.

Die Länge der nachfolgenden Datenfelder wird angegeben. Sie beträgt maximal 840 Zeichen.

Die Statusinformation steht dem Anwendungsprogramm für teilnehmerbezogene Informationen zur Verfügung. Sie wird für jeden Teilnehmer in der User Tabelle des VIP verwaltet und dient dazu, Informationen über den Teilnehmer und seinen augenblicklichen Dialogzustand festzuhalten. Zu Beginn eines Dialogs ist dieses Feld leer und wird nur vom Anwendungsprogramm verändert. Nach jedem weiteren Dialogschritt enthält die Statusinformation die am Ende des vorhergehenden Schrittes vom Anwendungsprogramm eingefügten Werte. Sie wird vom VIP nicht verändert und ermöglicht dem Anwendungsprogramm, die aktuelle Verarbeitung einer Benutzereingabe auch von vorangegangenen Dialogschritten abhängig zu machen. Die einzelnen Dialogschritte können daher als kurzlebige Transaktionen konzipiert werden, die nur über diese Statusinformation eine gegenseitige Abhängigkeit haben.

So kann etwa zu Beginn einer komplexen Anwendung die Eingabe eines Passwortes verlangt werden. Das Anwendungsprogramm stellt für diesen Teilnehmer ein für alle mal die Berechtigung fest. Dies wird in der Statusinformation dieses Teilnehmers abgespeichert. Bei jedem weiteren Dialogschritt wird die jedem Teilnehmer eigene Statusinformation mitgegeben und dient somit als einfache Berechtigungsprüfung während des gesamten Dialogs.

Die Datenfelder der Datensammelseite werden unverändert wie sie vom
BTX- Terminal an das VIP gekommen sind als Zeichenkette an das Anwendungsprogramm weitergegeben (vgl. Abb. 2). Die Länge der Datenfelder
ist von der zugehörigen BTX-Seite abhängig und muß somit auch dem
Anwendungsprogramm bekannt sein. Die Maximallänge ist 840 Bytes.

In Abb. 5 wird die Tabellensteuerung anhand eines Beispiels
erläutert:

Aufgrund einer Eingabe durch den Benutzer erhält dieser auf seinem
BTX-Gerät eine Datensammelseite mit Nr. 747 mit mehreren Datenfeldern. Durch Eingabe in ein ungeschütztes Feld kann der Benutzer aus
folgenden Fortsetzungen des Dialogs wählen:

        0 ..... Auswahl eines anderen Fluges
        1 ..... Buchen des angezeigten Fluges
        2 .... Zusatzinformationen über den Flugplan abrufen
        9 ..... Beenden

Die Parametertabelle enthält für die Seite 747 den Hinweis auf Position 15. Diese Position wird beim Erstellen der BTX-Seite festgelegt
und in die Parametertabelle eingetragen. Werden die Datenfelder der
Seite geändert, kann sich auch diese Position ändern. Diese weist auf
das Feld, in das der Benutzer seine Auswahl der Fortsetzung des Dialogs eingibt. In den Spalten 0-9 sind nun sämtliche Möglichkeiten der
Fortsetzung angegeben:

0 ..... der Benutzer erhält die Seite 740 für eine neue Eingabe
1 ..... Transaktion TR01 wird aufgerufen
2 ..... Transaktion TR02 wird aufgerufen
3 - 8 ..... Eingabefehler; der Benutzer erhält nochmals Seite 747, um
            die Eingabe zu korrigieren
9 ..... der Benutzer erhält die Leitseite 74.

Bei der Übergabe der Parameter an das Anwendungssystem wird in der
User Tabelle ein Timer gesetzt, um das Verhalten der aufgerufenen
Transaktion zu überwachen. Kommt vom Anwendungssystem innerhalb einer
ebenfalls in der User Tabelle vorgegebenen Zeit keine Antwort, so
wird eine entsprechende Meldung an das BTX-Terminal in Zeile 24
geschickt.

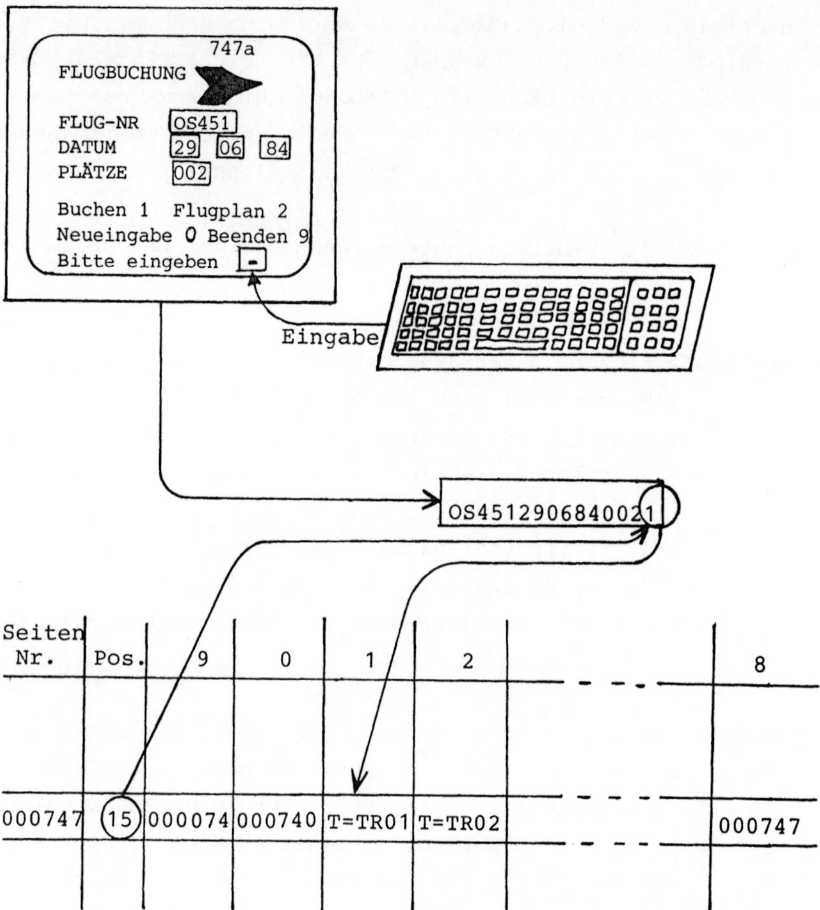

Abb.5: Auswahl der Verarbeitung mittels Parametertabelle

Im Normalfall erhält das VIP eine Antwort vom Anwendungssystem, wobei die Kommunikationsschnittstelle genauso strukturiert ist wie für den Aufruf der Transaktion (ohne Transaktionscode).

Die Messagenummer muß unverändert vom Anwendungssystem zurückkommen, um etwaige Asynchronitäten im Dialog zu erkennen und die Zuordnung zur ursprünglichen Anfrage zu gewährleisten.

Die Benutzerzuordnung dient wieder als temporäre Identifikation des BTX-Gerätes, von dem die Anforderung gekommen ist und dem die Antwort zugeordnet wird.

Der Post/Inhouse-Code wird unverändert an das VIP zurückgegeben.

Die Seitennummer enthält die Nummer derjenigen BTX-Seite, die dem Teilnehmer als Antwort auf den Aufruf der Transaktion auf sein BTX-Gerät geschickt werden soll. Es obliegt daher dem Anwendungsprogramm, abhängig vom Ergebnis der Verarbeitung die passende Folgeseite auszuwählen.

Die Länge der nachfolgenden Daten wird angegeben. Sie muß mit der Definition der BTX-Seitenmaske übereinstimmen. Ist die Folgeseite lediglich eine Informationsseite, so ist die Länge 0.

Die Statusinformation wird vom Anwendungsprogramm dem VIP zur Verwaltung übergeben. Sie wird in der User Tabelle gespeichert und vom VIP nicht verändert. Sie wird im nächsten Dialogschritt desselben Teilnehmers unverändert wieder an das Anwendungsprogramm übergeben.

Falls jedoch die BTX-Seite, über die eine Transaktion aufgerufen wird, in der Code-Eintragung der Parametertabelle das Zeichen '$' aufweist, so wird die Statusinformation gelöscht. Damit wird erreicht, daß bei bestimmten Seiten jeweils ein neuer Dialog begonnen wird, ohne daß Information des vorhergehenden Dialogs erhalten bleibt.

Die Datenfelder werden als Zeichenkette dem VIP übergeben. Sie müssen mit den Definitionen der angegebenen Folgeseite übereinstimmen. Ist die Folgeseite eine Informationsseite, so sind die Datenfelder nicht vorhanden.

Ist die Folgeseite eine Datensammelseite, so werden die Datenfelder, denen jeweils ein Farbcode vorangesetzt sein muß (vgl. Abb.3), in die vorbereitete Seitenmaske eingefügt und an das BTX-Terminal übergeben.

Der in Abb. 2 und 3 nur auf der Anwendungsebene dargestellte Dialog wird in Abb. 6 zusammen mit der Kommunikationssteuerung durch das VIP erläutert.

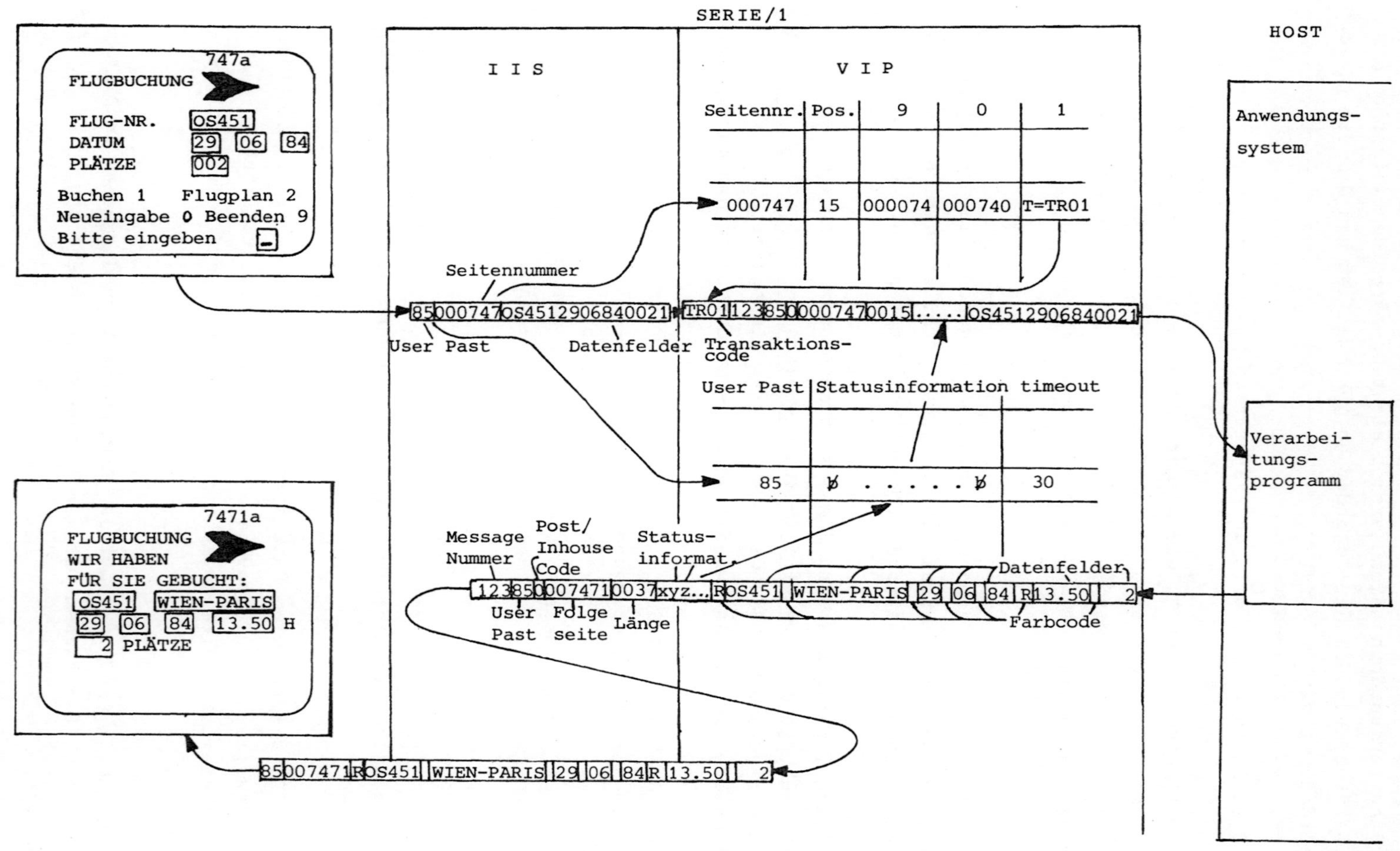

Abb. 6: VIP-Funktionen im zeitlichen Ablauf

2.3. Datentransport

Der Transport der Daten vom BTX-Terminal zum VIP, vom VIP zum Anwendungssystem und zurück wird durch Kommunikationsprotokolle bewerk-
stelligt, die die Inkompatibilitäten der betroffenen Systeme über-
brücken. Diese Protokolle sind nicht Bestandteil des VIP und liegen auf
der Ebene der Systemsoftware und sind ohne Einfluß auf die Funktion des
VIP.

Für die Kommunikation mit den BTX-Terminals werden die im öffentlichen
Bildschirmtextdienst vorgeschriebenen Standardprotokolle eingesetzt.
Diese sind im IIS bzw. im VCS realisiert und umfassen die ISO-Schichten
1 - 6. Dies gilt sowohl für die im Inhouse-System direkt an den Rechner
angeschlossenen als auch für die im Rechnerverbund über die BTX-Zentrale der Post geschalteten BTX-Geräte. Innerhalb der Serie/1 werden
die Protokolle in den Communications Monitor CM/1 eingebettet.

Über einen Datex-P-Anschluß (X.25-Protokoll) ist somit die Serie/1 als
externer Rechner im öffentlichen Bildschirmtext-Rechnerverbund
erreichbar.

Die Anwendungsprogramme können sich in verschiedenen Anwendungssystemen
befinden, so etwa im BTX-Rechner (Serie/1) selbst oder in einem oder
mehreren Hostrechnern. Die korrekte Zuordnung der zwischen dem VIP und
den Anwendungssystemen auszutauschenden Information wird durch die
Funktionen des CM/1 und durch die Definition von "Stations" tabellengesteuert vorgenommen und ist für den Benutzer transparent.

Station	Gruppe
SLU2	GRU1
SLU3	GRU1
SLU4	GRU1
SLU5	GRU2

Abb. 7: Stationtabelle (S-Satz)

In der Stationtabelle wird die Zuordnung zwischen der Gruppeneintragung
der Parametertabelle und den für diese Gruppe definierten CM/1-Stations
hergestellt. Sind für eine Gruppe mehrere Stations definiert, wird eine
beliebige freie Station dieser Gruppe ausgewählt.

Der Communications Monitor unterstützt folgende Anschlüsse von Host-
rechern:

        SNA-SDLC

        BSC

        Kanalverbindung (lokale 3270)

        Asynchron

Das VIP kommuniziert mit einem Anwendungssystem, zu dem mittels einer
CM/1-Station eine logische Verbindung aufgebaut werden kann (z.B. ein
"Task Set" in der Serie/1, Anwendungen unter CICS oder IMS in einem IBM
Großrechner). Der Verbindungsaufbau zu dem jeweiligen System wird vom
VIP selbsttätig initiiert. In einer weiteren Tabelle (LOGON-Tabelle)
ist für jede Gruppe eine LOGON-Nachricht definiert, sofern dies für das
betreffende Anwendungssystem erforderlich ist.

Das VIP überwacht diese Verbindung ständig und erkennt auch den Abbruch
einer solchen Verbindung. In diesem Fall versucht das VIP, die unterbrochene Verbindung wiederherzustellen.

Versucht ein Teilnehmer eine Anwendung aufzurufen, zu der die Verbindung unterbrochen ist, wird er durch die Meldung "BEARBEITUNG ZUR
ZEIT NICHT MÖGLICH" in Zeile 24 seines BTX-Gerätes davon unterrichtet.
Dies hat keinerlei Einfluß auf die Verbindung zu etwaigen anderen Anwendungssystemen.

Über das VIP im externen Rechner wird somit der Zugang von einem BTX-
Gerät im öffentlichen Netz zu Anwendungsprogrammen in einer großen Zahl
von Verarbeitungsrechnern ermöglicht.

3. Zusammenfassung

Das Videotex Interface Program (VIP) von Management Data bietet somit
einen einfachen und flexiblen Zugang zu beliebigen Anwendungsprogrammen
im Rahmen des Bildschirmtext-Rechnerverbundes. Der Einsatz des VIP auf
der IBM Serie/1 ist unabhängig von den im jeweiligen öffentlichen BTX-
System verwendeten Standardprotokollen. Das VIP wird derzeit in Verbindung mit dem IIS von IBM in Österreich und der BRD eingesetzt. Adaptie-
rungen für den Einsatz mit VCS im CEPT-Standard werden in der Weise vorgenommen, daß die Schnittstelle zu den Host-Anwendungen völlig unverändert bleibt.

Der entscheidende Vorteil für den Betreiber eines Hostrechners ist der, Daten über den BTX-RV anbieten zu können, ohne mit der Programmierung auf der Serie/1 befaßt zu werden. Der Informationsanbieter muß lediglich seine BTX-Seiten editieren, den Suchbaum und den Dialog entwerfen und in den Tabellen des VIP definieren.

Die Anwendungsprogrammierung (Zugriff auf Datenbanken, Berechnungen etc.) erfolgt ausschließlich am Hostrechner in einer von BTX nahezu unabhängigen Weise. Auf der Serie/1 gilt das Motto: Definieren statt programmieren.

Literatur:

IBM   IBM Serie/1, Inhouse Information System, Programm-/ Bedienerhandbuch, Okt. 1982

ÖPTV   Kommunikationsprotokolle für den Rechnerverbund im österreichischen Bildschirmtextsystem (Stand Dez. 1983)

DBP   Bildschirmtext-Rechnerverbund Protokoll-Handbuch für den Anschluß externer Rechner über DATEX-P (1983)

Hegenbarth BTX-Rechnerverbund im neuen System, aus: Kommunikation in verteilten Systemen - Anwendungen und Betrieb, GI-NTG-Fachtagung, Springer-Verlag, Jan. 1983

Band 49: Modelle und Strukturen. DAG 11 Symposium, Hamburg, Oktober 1981. Herausgegeben von B. Radig. XII, 404 Seiten. 1981.

Band 50: GI – 11. Jahrestagung. Herausgegeben von W. Brauer. XIV, 617 Seiten. 1981.

Band 51: G. Pfeiffer, Erzeugung interaktiver Bildverarbeitungssysteme im Dialog. X, 154 Seiten. 1982.

Band 52: Application and Theory of Petri Nets. Proceedings, Strasbourg 1980, Bad Honnef 1981. Edited by C. Girault and W. Reisig. X, 337 pages. 1982.

Band 53: Programmiersprachen und Programmentwicklung. Fachtagung der GI, München, März 1982. Herausgegeben von H. Wössner. VIII, 237 Seiten. 1982.

Band 54: Fehlertolerierende Rechnersysteme. GI-Fachtagung, München, März 1982. Herausgegeben von E. Nett und H. Schwärtzel. VII, 322 Seiten. 1982.

Band 55: W. Kowalk, Verkehrsanalyse in endlichen Zeiträumen. VI, 181 Seiten. 1982.

Band 56: Simulationstechnik. Proceedings, 1982. Herausgegeben von M. Goller. VIII, 544 Seiten. 1982.

Band 57: GI – 12. Jahrestagung. Proceedings, 1982. Herausgegeben von J. Nehmer. IX, 732 Seiten. 1982.

Band 58: GWAI-82. 6th German Workshop on Artificial Intelligence. Bad Honnef, September 1982. Edited by W. Wahlster. VI, 246 pages. 1982.

Band 59: Künstliche Intelligenz. Frühjahrsschule Teisendorf, März 1982. Herausgegeben von W. Bibel und J. H. Siekmann. XIII, 383 Seiten. 1982.

Band 60: Kommunikation in Verteilten Systemen. Anwendungen und Betrieb. Proceedings, 1983. Herausgegeben von Sigram Schindler und Otto Spaniol. IX, 738 Seiten. 1983.

Band 61: Messung, Modellierung und Bewertung von Rechensystemen. 2. GI/NTG-Fachtagung, Stuttgart, Februar 1983. Herausgegeben von P. J. Kühn und K. M. Schulz. VII, 421 Seiten. 1983.

Band 62: Ein inhaltsadressierbares Speichersystem zur Unterstützung zeitkritischer Prozesse der Informationswiedergewinnung in Datenbanksystemen. Michael Malms. XII, 228 Seiten. 1983.

Band 63: H. Bender, Korrekte Zugriffe zu Verteilten Daten. VIII, 203 Seiten. 1983.

Band 64: F. Hoßfeld, Parallele Algorithmen. VIII, 232 Seiten. 1983.

Band 65: Geometrisches Modellieren. Proceedings, 1982. Herausgegeben von H. Nowacki und R. Gnatz. VII, 399 Seiten. 1983.

Band 66: Applications and Theory of Petri Nets. Proceedings, 1982. Edited by G. Rozenberg. VI, 315 pages. 1983.

Band 67: Data Networks with Satellites. GI/NTG Working Conference, Cologne, September 1982. Edited by J. Majus and O. Spaniol. VI, 251 pages. 1983.

Band 68: B. Kutzler, F. Lichtenberger, Bibliography on Abstract Data Types. V, 194 Seiten. 1983.

Band 69: Betrieb von DN-Systemen in der Zukunft. GI-Fachgespräch, Tübingen, März 1983. Herausgegeben von M. A. Graef. VIII, 343 Seiten. 1983.

Band 70: W. E. Fischer, Datenbanksystem für CAD-Arbeitsplätze. VII, 222 Seiten. 1983.

Band 71: First European Simulation Congress ESC 83. Proceedings, 1983. Edited by W. Ameling. XII, 653 pages. 1983.

Band 72: Sprachen für Datenbanken. GI-Jahrestagung, Hamburg, Oktober 1983. Herausgegeben von J. W. Schmidt. VII, 237 Seiten. 1983.

Band 73: GI – 13. Jahrestagung, Hamburg, Oktober 1983. Proceedings. Herausgegeben von J. Kupka. VIII, 502 Seiten. 1983.

Band 74: Requirements Engineering. Arbeitstagung der GI, 1983. Herausgegeben von G. Hommel und D. Krönig. VIII, 247 Seiten. 1983.

Band 75: K. R. Dittrich, Ein universelles Konzept zum flexiblen Informationsschutz in und mit Rechensystemen. VIII, 246 pages. 1983.

Band 76: GWAI-83. German Workshop on Artificial Intelligence. September 1983. Herausgegeben von B. Neumann. VI, 240 Seiten. 1983.

Band 77: Programmiersprachen und Programmentwicklung. 8. Fachtagung der GI, Zürich, März 1984. Herausgegeben von U. Ammann. VIII, 239 Seiten. 1984.

Band 78: Architektur und Betrieb von Rechensystemen. 8. GI-NTG-Fachtagung, Karlsruhe, März 1984. Herausgegeben von H. Wettstein. IX, 391 Seiten. 1984.

Band 79: Programmierumgebungen: Entwicklungswerkzeuge und Programmiersprachen. Herausgegeben von W. Sammer und W. Remmele. VIII. 236 Seiten. 1984.

Band 80: Neue Informationstechnologien und Verwaltung. Proceedings, 1983. Herausgegeben von R. Traunmüller, H. Fiedler, K. Grimmer und H. Reinermann. XI, 402 Seiten. 1984.

Band 81: Koordination von Informationen. Proceedings, 1983. Herausgegeben von R. Kuhlen. VI, 366 Seiten. 1984.

Band 82: A. Bode, Mikroarchitekturen und Mikroprogrammierung: Formale Beschreibung und Optimierung. 6,1-277 Seiten. 1984.

Band 83: Software-Fehlertoleranz und -Zuverlässigkeit. Herausgegeben von F. Belli, S. Pfleger und M. Seifert. VII, 297 Seiten. 1984.

Band 84: Fehlertolerierende Rechensysteme. 2. GI/NTG/GMR-Fachtagung, Bonn 1984. Herausgegeben von K.-E. Großpietsch und M. Dal Cin. X, 433 Seiten. 1984.

Band 85: Simulationstechnik. Proceedings, 1984. Herausgegeben von F. Breitenecker und W. Kleinert. XII, 676 Seiten. 1984.

Band 86: Prozeßrechner 1984. 4. GI/GMR/KfK-Fachtagung, Karlsruhe, September 1984. Herausgegeben von H. Tauboth und A. Jaeschke. XII, 710 Seiten. 1984.

Band 87: Mustererkennung 1984. Proceedings, 1984. Herausgegeben von W. Kropatsch. IX, 351 Seiten. 1984.

Band 88: GI – 14. Jahrestagung. Braunschweig, Oktober 1984. Proceedings. Herausgegeben von H.-D. Ehrich. IX, 451 Seiten. 1984.

Band 89: Fachgespräche auf der 14. GI-Jahrestagung. Braunschweig, Oktober 1984. Herausgegeben von H.-D. Ehrich. V, 267 Seiten. 1984.

Band 90: Informatik als Herausforderung an Schule und Ausbildung. GI-Fachtagung, Berlin, Oktober 1984. Herausgegeben von W. Arlt und K. Haefner. X, 416 Seiten. 1984.

Band 91: H. Stoyan, Maschinen-unabhängige Code-Erzeugung als semantikerhaltende beweisbare Programmtransformation. IV, 365 Seiten. 1984.

Band 92: Offene Multifunktionale Büroarbeitsplätze. Proceedings, 1984. Herausgegeben von F. Krückeberg, S. Schindler und O. Spaniol. VI, 335 Seiten. 1985.